程博闻◎主　编

刘　亚　康卫民◎副主编

熔喷
非织造材料

Meltblown
Nonwovens

中国纺织出版社有限公司

内 容 提 要

本书从基础理论着手，系统介绍了熔喷非织造材料的生产原理、适用原料、生产工艺流程及生产设备，重点总结了目前新型熔喷非织造生产技术及其产品特点，包括新型复合熔喷非织造材料、新型熔喷非织造制备技术以及基于溶液纺丝（非熔体）的新型溶喷工艺，同时介绍了熔喷非织造材料的应用领域及测试标准与方法。

本书尽可能反映当前熔喷非织造技术的基本理论、最新进展、应用领域及测试方法，可作为高等院校纺织工程、非织造材料与工程、高分子材料及其成品加工等相关专业的教材或参考书，也可供纺织、材料、环保、化工等领域的科研人员、工程技术人员、营销人员阅读参考。

图书在版编目（CIP）数据

熔喷非织造材料／程博闻主编；刘亚，康卫民副主编 . -- 北京：中国纺织出版社有限公司，2022.8

ISBN 978-7-5180-9617-6

Ⅰ . ①熔… Ⅱ . ①程… ②刘… ③康… Ⅲ . ①非织造织物 Ⅳ . ①TS17

中国版本图书馆 CIP 数据核字（2022）第 103706 号

RONGPEN FEIZHIZAO CAILIAO

责任编辑：孔会云 特约编辑：裴 康 周真佳
责任校对：楼旭红 责任印制：王艳丽

中国纺织出版社有限公司出版发行
地址：北京市朝阳区百子湾东里A407号楼 邮政编码：100124
销售电话：010—67004422 传真：010—87155801
http：//www.c-textilep.com
中国纺织出版社天猫旗舰店
官方微博 http：//weibo.com/2119887771
唐山玺诚印务有限公司印刷 各地新华书店经销
2022年8月第1版第1次印刷
开本：710×1000 1/16 印张：19
字数：316千字 定价：128.00元

序

随着生活水平的改善,人们对环境质量要求越来越高。然而,工业的高速发展产生了大量废气、烟尘,如工业废气、汽车尾气等,严重污染了人类的生存环境。人们在经受住了SARS病毒、禽流感病毒和甲型H1N1流感病毒的进攻后,近两年,新型冠状病毒又在世界各地相继暴发,严重危及人类的生命和健康。熔喷非织造材料具有独特的孔隙结构和特殊的曲径式孔径分布,且纤维直径极细,比表面积大,过滤性能优异,被称作口罩的"心脏",是生产高效防护口罩等个体防护材料的关键材料,名副其实地成为抗击新型冠状病毒的"盾牌"。

熔喷非织造生产技术的研发起源于20世纪50年代,于20世纪70年代后期逐渐产业化,是非织造材料中较年轻的品种。由于其工艺简单、生产流程短、生产成本相对较低、应用广泛等特点,发展速度十分惊人,特别是新冠肺炎疫情期间,"熔喷非织造材料"不仅成为人们最关注的一种产业用纺织材料,也是世界上近两年发展速度最快的产业用纺织材料之一。

熔喷非织造生产技术是一种非稳态的纤维成型工艺,生产涉及聚合物流变学、流体动力学、热力学等诸多科学问题,熔喷非织造材料的发展非常迅速,其应用领域也在不断扩大,既面临着难得的发展机遇,同时也存在许多挑战。无论国内或国外,尚未有专门的书籍能够详细系统地介绍熔喷非织造材料在国内外学术界的发展和工业界的应用情况,来供从业人员学习参考、指导生产并促进技术的发展。

本书由程博闻任主编,刘亚、康卫民任副主编,庄旭品、杨文娟、宋俊、赵义侠、石磊等很多行业内的专家、学者共同参与编写完成,在一定程度上提高了国内外熔喷非织造领域专业书籍的水平。此外,本书既有理论论述,又结合生产实际进行讲解,总结了新型熔喷非织造生产技术及产品的最新进展,介绍了熔喷非织造材料应用领域及测试标准与方法,相信对业内人士会有很大帮助,对推动熔喷非织造行业的结构调整及技术进步具有积极的意义。

中国工程院院士

2021年12月

前　言

　　熔喷非织造技术是将螺杆挤出机挤出的高聚物熔体用高速热气流喷吹或采用其他措施（如离心力、静电力等）使熔体细流受到极度拉伸形成超细纤维，然后将其聚集到成网帘或成网滚筒上形成纤网，再经自黏合、热黏合或其他固网作用加固，从而制成非织造材料的一种生产技术。

　　熔喷非织造材料制备技术属于聚合物成网非织造材料的重要工艺技术之一，自20世纪50年代开始研发以来，全球熔喷非织造材料的产量整体呈不断增长的趋势。特别是新型冠状病毒肺炎疫情期间，全球应用于医用防护材料的熔喷非织造材料需求量大幅增加，2020年仅在北美就新增近40条熔喷非织造生产线，我国新增各类熔喷非织造生产线达2000多条，行业整体实力显著提高，熔喷新技术也得到了快速发展。

　　为了适应熔喷非织造材料生产与发展的需要，推动我国熔喷非织造工业的快速发展，本编写组决定编写《熔喷非织造材料》一书。本书的编写力争做到既有一定的学术水平，又有一定的实用价值。从熔喷非织造材料基础理论出发，对十余年来我国熔喷非织造技术在生产原料、工艺参数、设备应用等方面的丰富经验进行了系统总结，对熔喷非织造材料的最新生产技术及产品、应用领域、测试标准与方法等作了详细的介绍，希望帮助相关专业院校的师生、熔喷非织造行业及相关领域的科研人员、工程技术人员、经营者及相关人士系统完整地了解熔喷非织造材料的生产原理、生产设备、生产工艺和操作以及最新的技术发展方向。

　　本书由程博闻任主编，刘亚、康卫民任副主编。

　　编写分工如下：

　　第1章由程博闻编写；

　　第2章2.1～2.5由刘亚编写，2.6由康卫民、杨文娟编写；

　　第3章3.1～3.5由赵义侠编写，3.6由张传强、赵义侠编写；

　　第4章4.1由刘亚、康卫民编写，4.2由杨文娟编写，4.3由李晨阳、杨硕、程博闻、任元林编写，4.4由康卫民、邓南平编写；

　　第5章5.1由程博闻、康卫民编写，5.2由刘亚、宋俊、程博闻编写，5.3由李振环、张马亮编写，5.4由康卫民、邓南平编写，5.5由康卫民、鞠敬鸽编写；

　　第6章由庄旭品、王航编写；

第7章7.1～7.4由石磊编写，7.5、7.7由李磊编写，7.6、7.8由闫静编写，7.9由石磊、李磊编写；

第8章8.1～8.4、8.8由鞠敬鸽编写，8.5～8.7、8.9～8.13由厉宗洁编写；

附录由康卫民编写。

本书在编写过程中得到了中国工程院孙晋良院士、中国纺织工业联合会李陵申副会长、中国产业用纺织品行业协会李桂梅会长和中国纺织出版社有限公司的大力支持与帮助。作者在编写过程中参考了大量国内外书籍和文献，在此对被参考的作者和帮助本书编写、出版的同志们表示真诚的敬意和衷心的感谢！

作者在编写过程中虽尽最大努力以求本书能够系统、全面地介绍熔喷非织造材料，但由于水平所限，编写出版时间仓促，并且熔喷非织造技术的发展日新月异，书中不可避免存在错误、遗漏及不确切之处，敬请行业内专家和广大读者批评指正，以便再版时修正，不胜感激。

程博闻

2021年12月于天津

目　录

第1章 概述

产业用纺织品是指经专门设计、具有特定功能，应用于工业、医疗卫生、环境保护、土工及建筑、交通运输、航空航天、新能源、农林渔业等领域的纺织品。产业用纺织品是未来纺织行业发展的技术制高点，是纺织行业新的经济增长点，也是全球战略性新兴产业不可或缺的关键材料。长期以来，全球产业用纺织品的需求量以每年高于5%的速度增长，全球年产值高达3000亿美元，由于技术含量高，应用范围广，市场潜力大的优势，其发展水平已成为衡量一个国家纺织工业综合实力的重要标志之一。

非织造技术是产业用纺织品的重要加工手段之一，占产业用纺织品加工量的70%以上，非织造生产技术正由传统的短纤维梳理成网技术向生产高速化、大型化（宽幅）、技术组合与集成的聚合物成网技术方向发展；其中超细纳微纤维非织造技术的进步更是为非织造材料在产业用纺织品领域的应用提供了新技术和新机遇。

熔喷非织造技术是高效生产和加工产业用纺织品的重要手段，其工艺流程短、生产效率高，产品具有纤维超细、比表面积大、孔隙率高等特点，在医卫防护（雾霾、禽流感、新冠病毒疫情等）、保暖隔热（高寒防护、高温绝热等）、吸音降噪（隔音棉等）、工业净化（烟尘过滤袋等）等领域具有独特的优势。熔喷非织造材料作为口罩和防护服等医疗防疫物资的关键材料，在全球新型冠状病毒疫情暴发的背景下，受到广泛关注。疫情期间，口罩和医用防护服成为市场上异常紧缺的物资，熔喷非织造材料被称作口罩的"心脏"，其质量决定口罩的质量，是生产医用KN95、KN99口罩的关键材料，名副其实地成为抗击新冠病毒的盾牌。特别是通过熔喷新技术生产出的高性能纳微纤维非织造材料和新型复合熔喷非织造材料的"广泛应用与无限替代"的特性，使其具有更加广阔的应用前景。

1.1 熔喷非织造材料的定义

熔喷非织造技术是将螺杆挤出机挤出的高聚物熔体用高速高温气流喷吹或其他措施（如离心力、静电力等），使熔体细流受到极度拉伸形成超细纤维，然后将其聚集到成网帘或成网滚筒上形成纤网，再经自黏合、热黏合或其他固网作用得以加固而制成非织造材料的一种生产技术，这种技术制备的产品称为熔喷非织造材料，也可称为熔喷非织造布。

1.2 熔喷非织造材料的特性

熔喷非织造材料制备技术属于聚合物成网非织造材料中的重要工艺技术，它具有工艺简单、生产流程短、生产成本低、应用广泛等优点。通过熔喷法制备的非织造材料，纤网中的纤维互相缠结，主要是通过纤维之间自身的热熔黏合和超细纤维具有的较好的表面吸引力黏合在一起，使纤网具有多孔性及一定的强度。熔喷非织造材料的性能特点主要有以下几个方面。

（1）熔喷非织造纤网中的纤维是随机分布排列的，具有一定的杂乱性。纤维粗细差异在0.5～5μm之间，这种随机分布给纤维间提供了更多的黏合机会，这与传统织物和梳理成网制备的非织造材料中的纤维分布不同，相比而言，熔喷非织造材料具有更大的比表面积，更细微的空隙和更高的孔隙率等特点，所以，其具有优异的过滤性能。

（2）熔喷法制备的非织造材料中的纤维是超细纤维，手感柔软。纤维网呈三维杂乱结构，纵向纤维与横向纤维分布的比值趋向于1，分布较均匀，纤网中形成大量的立体曲径通道体系，高孔隙率、低孔径，有利于静态空气含量的增加，使静态空气持久地保持在纤网中，能大幅度提高非织造材料的保暖性能和吸音性能。

（3）熔喷所用的原料为热塑性聚合物，最常用的是聚丙烯，聚丙烯原料价格低廉，是一种典型的非极性、疏水性高聚物，并且它的电阻率高，是一种性能较好的本征驻极体材料，经电晕放电等驻极工艺处理后，在熔喷超细纤维非织造材料中可以形成永久性荷电，可以大大提高熔喷非织造材料的过滤性能，所以，聚丙烯是制备高效低阻过滤材料的最佳原料。

（4）聚丙烯熔喷非织造材料具有耐酸碱、耐有机溶剂性能，产品可应用于酸碱和有机溶剂条件下的液体过滤；由于聚丙烯的疏水亲油性能，聚丙烯熔喷非织造材料也可广泛应用于吸油材料。

（5）聚丙烯熔喷非织造材料由自身纤维热黏合而成，易于加工，生产成本低，且具有无污染、耐虫蛀、耐霉烂和无毒等特点，可广泛应用于食品、医疗等领域。

1.3　熔喷非织造材料的发展历程

熔喷非织造材料的研发始于20世纪50年代，当时美国海军研究所为了收集美国和苏联核试验产生的放射性微粒，开始研制具有超细过滤效果的过滤材料，即开始了气流喷射纺丝法的研究，纺得直径在5μm以下的极细纤维，并制得由这种超细纤维组成的非织造材料，这就是熔喷非织造材料的雏形。20世纪60年代中期，美国的Exxon Mobil公司开始对熔喷非织造技术进行研究，5年后成功生产出超细纤维。但直到20世纪70年代后期，Exxon Mobil公司才将这一技术转为民用，开始工业化生产，使熔喷非织造生产技术得以迅速发展，成为聚合物直接成网非织造材料中的第二大生产技术。

随后，世界上许多工程技术人员和科研人员为深入研究熔喷非织造技术和改进熔喷设备付出了巨大的努力，尤其对熔喷模头结构的探索，使熔喷非织造技术在生产能力、产品质量、产品多功能性和能源成本等方面取得了较大突破。美国3M公司、德国Freudenberg公司、日本NKK公司、旭化成等公司也成功开发了各自的熔喷非织造材料工业化制备技术。世界上有关熔喷技术的专利及其产品开发的相关专利出现了300多项，美国Exxon Mobil公司、Biax Fiberfilm公司和Accurate Products公司，德国Kimberly-Clark公司、Reifenhauser公司和Nordson公司等都是熔喷非织造材料制备技术和设备开发的引领者。目前，Exxon Mobil公司和Biax Fiberfilm公司设计的最关键的熔喷模头结构，代表了世界上两种典型的技术类型。Exxon Mobil公司设计的熔喷模头是由带有一排喷丝孔、坡口角度呈30°～90°的鼻型模头尖和两个气闸组成的。Biax Fiberfilm公司设计的熔喷模头则由多排纺丝喷嘴和同心气孔组成，具有较高的生产能力和效率，并保证良好的产品质量。

美国Accurate公司（Reifenhauser公司）则改进了熔喷接收装置，用于生产熔喷管状材料，配合设备自动改变牵伸气流速度，实现了滤芯内侧和外侧存在纤维直径分布梯度，提高了过滤精度并增加了液体通量。

德国Nanoval公司开发了一种熔喷分裂纺技术，使熔体细流通过拉伐尔喷嘴实现局部范围内熔体流"爆裂"效应，实现了单丝分裂成超细纤维的目的，既可用于1μm以下的纤维制备，也可以用于5～15μm连续超细长丝的制备。

日本Chisso公司开发了一种新型共轭型/海岛型熔喷非织造专用模头，美国Hills公司开发的双组分熔喷模头摒弃了衣架式分配结构，通过机械加工及化学精密蚀刻技术实现了多薄板多路缝隙设计，可按要求将不同聚合物通过不同熔体分配细流道同时达到喷丝孔位置。结合多级纺丝泵熔体输送装置，有效解决了双组分熔喷纤维制备中熔体间的传热现象，保证了纤维的稳定成形。

美国Hills公司、德国Reifenhauser公司和Nordson公司则成功开发了双组分熔喷非织造材料制备技术及双组分熔喷非织造生产设备，主要包括皮芯型、并列型、三角形等，熔喷喷丝组件的孔数可达每英寸100孔，每孔的挤出量可达0.5g/min。生产出的熔喷纳微纤维非织造材料的纤维平均直径最小可达0.7mm，成功开发出高效低阻熔喷纳微纤维过滤材料和具有良好液体屏蔽性能的液体过滤材料。

我国熔喷非织造技术的研发开始于20世纪50年代末，主要由中国核工业二院、北京化工研究院等机构开始这方面的研究，在产品开发和工艺理论等方面做了大量工作，当时，在生产设备的研发、设计和制造方面一直处于相对落后的状态。20世纪70年代中期，上海市纺织科学研究院率先开始了熔喷非织造材料生产技术的研究，仅用两年时间就试验成功，生产出了聚丙烯熔喷非织造材料。20世纪80年代，中国纺织大学（现东华大学）研制出了间隙式熔喷非织造生产线。之后，熔喷非织造技术在国内很多地区推广和应用，相继有数十条国产熔喷非织造生产线投入使用。20世纪90年代初，北京化工研究院、中国纺织大学、北京市超纶无纺技术公司等设计出了熔喷设备，在国内很多地方投产，开启了采用国产熔喷设备生产熔喷非织造材料的时代。当时熔喷非织造材料主要应用于过滤材料、吸油材料、保暖材料等领域，由于国内市场需求不足，熔喷非织造材料的市场开发在较长一段时间内一直发展缓慢。2003年我国发生的非典疫情，因熔喷非织造材料严重短缺，促使我国的熔喷非织造行业进入快速发展阶段，江阴金凤非织造布制品有限公司、安徽奥宏无纺布有限公司、天津泰达股份有限公司和山东俊富无纺布有限公司等陆续投产了5条国外引进的连续式熔喷生产线，使我国熔喷非织造材料的生产技术上了一个新的台阶。

基于全球熔喷非织造材料整体趋势不断增加的大趋势，我国熔喷非织造行业产能及产量也逐年增长。从熔喷非织造生产线来看，2019年9月，纺粘法非织造布分会发布《2018年中国纺丝成网非织造布工业生产统计摘要》，数据显示，2014~2018年，我国熔喷非织造生产线呈现波动变化态势。其中，截至2018年底，我国的熔喷非织造材料产量为5万吨，连续式熔喷非织造生产线为136条，在此期间，我国熔喷非织造材料的生产能力和水平有了较大提高，熔喷非织造材料的应用领域也正在逐步扩大。

尤其是2019年底开始，由于新型冠状病毒（2019-nCoV）在全球的快速传播，严重危及人类的生命和健康，在2020年新型冠状病毒疫情期间，全球应用于医用防护材料的熔喷非织造材料需求量大幅增加，2020年仅在北美就新增了近40条熔喷生产线，我国增加各类熔喷非织造生产线达2000多条，特别是中国石化、中国石油等中央企业积极布局熔喷非织造材料生产线，金发科技有限公司、京博化工集团等大型股份企业进入熔喷非织造行业，对于行业供给产生较大的影响。根据国资委的信息披露，随着2020年4月中国石化、中国石油、京博化工等企业新建的近100条生产线陆续达产，熔喷非织造材料产能预计将提升至每天100t以上。总体来看，由于疫情的影响，我国熔喷非织造材料行业的整体产能以及产量水平均得到了显著提升。熔喷非织造材料在疫情的影响下，行业整体实力显著提高，未来随着全球疫情预计得到有效控制，市场对于熔喷非织造材料的需求逐渐趋于理性，行业产能及产量都将会趋于理性。

1.4 熔喷非织造材料的发展趋势

熔喷技术是一种非稳态的纤维成型工艺，生产涉及聚合物流变学、流体动力学、热力学等诸多科学领域，在熔喷非织造材料生产与应用过程中也存在诸多亟待解决的关键技术难题，如：①原料适应性相对单一，仅适用于热塑性聚合物，难以制备耐高温熔喷非织造材料；②熔喷设备的关键部件国产化，生产的高速化、大型化、智能化已成为制约我国熔喷技术及产品发展的瓶颈；③熔喷纤维超细、纤网蓬松导致产品使用过程中抗拉、抗压、耐磨等力学性能不足；④熔喷超细纤维非织造材料作为过滤材料无法同时兼具高过滤效率与低阻、高容尘量等。针对上述难题，国内外许多专业院校、生产企业的研究学者和科研团队为提升熔喷非织造技术和装备水平不断攻关，使得熔喷非织造材料的生产技术水平和产品质量得到了快速提升。

1.4.1　纺粘/熔喷复合非织造材料制备新技术

随着各种非织造材料加工技术的成熟，各工艺之间相互渗透，复合化、高速化、宽幅化、智能化是当前熔喷非织造材料的发展趋势。Reifenhauser公司和Exxon公司通过进行技术合作，使熔喷（M）纺粘（S）复合（SMS）产品得以商业化生产，极大地推动了熔喷技术的发展。目前Reifenhauser、Kimberly-Clark、Nordson和我国恒天集团等公司的设备均可生产SMS、SMMS和SSMMS非织造材料，SMS复合非织造技术中的熔喷技术代表了熔喷非织造材料中的先进技术，并成为先进的发展趋势。

为了进一步提高复合熔喷非织造材料的过滤效率，熔喷非织造材料与静电纺丝纳米纤维的复合也是一种非常具有发展前途的技术。

还有一种插入式双组分复合熔喷非织造材料，通过在聚丙烯（PP）熔喷纤维中插入中空聚酯（PET）纤维、木浆、羽绒等短纤，形成特殊的三维立体纤维结构，在具备较高的孔隙率和较大比表面积的同时，同等克重下，比常规熔喷非织造材料具有更高的厚度与回弹性，更适用于隔热、保暖领域。其中，木浆复合熔喷非织造材料可开发和生产全生物基非织造材料、可冲散非织造材料、复合吸水芯体材料等多种新型热门材料，需求量巨大，且符合双碳发展要求。

1.4.2　采用特殊熔喷非织造设备的非织造材料制备技术

熔喷模头是熔喷非织造设备的关键部件，尤其是特殊熔喷模头的设计与制造，如采用多喷头技术可提高熔喷产量；采用特殊结构的波形喷嘴及叠片式熔喷头，可获得纳米级纤维熔喷非织造材料，并将进一步拓展纳微米纤维非织造材料的用途，这一技术也将成为熔喷技术的发展趋势。

各种复合方式的复合熔喷非织造设备为开发生产丰富多彩的熔喷非织造新材料提供了重要保障，已成为熔喷非织造产业中发展速度最快、最活跃的方向。

1.4.3　生物可降解和高性能聚合物熔喷非织造材料制备技术

目前，采用生物可降解聚乳酸（PLA）、聚碳酸亚丙酯（PPC）、改性纤维素生产生物可降解熔喷非织造材料符合碳中和碳达峰战略，发展前景广阔。此外利用高性能聚合物聚苯硫醚（PPS）和聚对苯撑苯并双噁唑（PBO）生产耐高温熔喷非织造材料也是熔喷非织造生产企业关注的热点。

1.4.4 双组分熔喷非织造材料制备技术

采用双组分熔喷非织造生产设备，通过精准控制双组分熔体在熔喷模头中汇流的时间，使PP、PET熔体间形成一定程度的微界面，经拉伸细化和快速冷却，利用PP、PET收缩性能的差异，使并列型复合纤维产生弯曲和部分开纤，实现了双组分熔喷复合纤维的纳微化和高卷曲特性，为生产兼具高过滤效率与低阻的熔喷非织造材料提供了新途径。利用弹性体聚合物和PP或PET复合熔喷可制备柔软性突出的双组分熔喷非织造材料，在面膜、擦拭和卫生领域应用广泛。

1.4.5 一步法熔喷微纳交替纤维非织造材料制备技术

采用常规熔喷工艺，基于高聚物间高温流动差异特性，将两种低相容、高倍差熔指聚合物共混（如PP和PXX），其中PXX可选聚苯乙烯、聚对苯二甲酸丁二酯和PU等原料，开发出一步法熔喷微纳交替纤维非织造材料制备技术，这是一种低成本、生产高效、低阻熔喷非织造材料的新技术。

1.4.6 辅助静电熔喷纳微米纤维非织造材料制备技术

熔喷非织造设备都采用金属制造，防止高压静电的安全性是该技术的关键，国内外专利介绍了采用在接收网上接高压静电，建立辅助静电场的熔喷非织造材料生产工艺，可获得纳微米纤维非织造材料，这项专利技术可成为规模化制备纳微米纤维的重要发展方向。

1.4.7 采用新型驻极体与驻极技术的非织造材料制备技术

驻极熔喷非织造材料是目前粉尘过滤与细菌屏蔽用个体防护材料的主要介质。一般的驻极熔喷过滤材料存在过滤阻力高、驻极电荷衰减快的问题。目前新型双介电聚合物高效驻极体和新型驻极技术，如采用电、磁长效双驻极技术和水驻极技术，制备兼具高滤效、低滤阻、优良驻极耐久性的熔喷非织造过滤材料是熔喷技术领域中非常实用的技术方向。

1.4.8 溶喷纳米纤维非织造材料制备技术

溶喷纳米纤维非织造材料制备技术也称液喷技术或溶液气流纺丝技术，可以成功制备非热塑性聚合物纳米纤维非织造材料。与熔喷成网技术相比该技术的原料适用性更广，由于很多聚合物无法熔融或其热分解温度低于熔融温度（如聚丙烯腈等），从而无法利用熔喷技术纺制纤维。液喷技术纺制的纤维直径更细，最小可达几十纳米，溶液喷射纺丝无需高温加热设备，因而工艺能耗低，装置简单。与静电纺丝技术相比，溶液喷射纺丝技术生产效率高，其单针头纺丝速度可达静电纺丝速度的10倍；无需高压电场及相关配套保护装置，生产操作灵活、简单，更适合工业化生产。天津工业大学程博闻团队自2010年以来做了大量工作，取得了溶液喷射纺丝技术的发明专利，设计了多模头溶液喷射纺丝模头，开发了溶液喷射纺丝中试生产线，该方法未来可生产耐高温、耐酸碱、耐腐蚀的聚合物纳米纤维非织造材料，应用前景广阔。

1.4.9　静电溶喷纳微米纤维非织造材料制备技术

该技术是基于气流力和静电力双重耦合的一种新型纳米纤维非织造材料生产技术，特别适合难以纳米化的无机纳微米纤维制备，如传统喷吹氧化铝纤维制备工艺，结合先进的静电纺技术，以溶胶—凝胶纺丝液为前驱体，开发出新型静电溶液喷射制备纳微氧化铝纤维制备技术，该技术结合了气流力和静电力的双重耦合作用，兼具喷吹法生产效率高和电纺法纤维直径细的优点。所开发的柔性微纳米氧化铝纤维在保温棉、耐火板和耐火砖等高温工业炉窑的优质耐火制品中具有广泛的应用前景，在微纳米氧化铝纤维粉尘除尘器、吸音材料和催化载体材料领域具有很大的发展前景。

1.5　熔喷非织造产业发展

从产业发展的角度来看，为了解决熔喷非织造材料产业的深层次矛盾，保持产业的生命力，必须走可持续、高端化道路。整合联动产学研力量，攻克高端核心设备，培育一批主导企业，从原材料、设备、生产工艺、产品和市场构建全新的产业链。如开发高性能熔喷非织造材料，生产高附加值产品，拓展在汽车、飞机、国防和环保等高端领域的应用是熔喷非织造产业的发展趋势。

参考文献

［1］郭秉臣. 非织造布学［M］. 北京：中国纺织出版社，2002.

［2］柯勤飞，靳向煜.非织造学［M］.3版.上海：东华大学出版社，2016.

［3］赵博.熔喷法非织造技术的新发展［J］.非织造材料，2006，14（5）：9-11.

［4］张娜，赵永霞.医用防护纺织材料及制品的发展现状及前景［C］.//纺织工业科学技术发展中心.中国纺织科技发展报告：2021.北京：中国纺织出版社有限公司，2021.

［5］刘亚，吴汉泽，程博闻，等.非织造医用防护材料技术进展及发展趋势［J］.纺织学报，2017（S1）：78-82.

［6］芦长椿.纺丝成网技术新进展及其在医用领域中的应用［J］.纺织导报，2020（11）：37-40.

［7］郑伟，刘亚.SMS非织造布的生产工艺和应用［J］.合成纤维，2007（4）：29-32.

［8］蒋欣.单螺杆挤出机螺杆的设计与改进［J］.橡塑技术与装备，2016，42（20）：72-78.

［9］刘亚，程博闻，周哲，等.聚乳酸熔喷非织造布的研制［J］.纺织学报，2007，28（10）：49-53.

［10］DONG ZHANG, CHRISTINE SUN, JOHN BEARD, et al. Development and characterization of poly (trimethylene terephthalate) -based bicomponent meltblown nonwovens［J］. Journal of Applied Polymer Science, 2002, 83 (6): 1280-1287.

［11］NANPING DENG, HONGSHENG HE, JING YAN, et al. One-step melt-blowing of multi-scale micro/nano fabric membrane for advanced air-filtration［J］. Polymer, 2019, 165: 174-179.

［12］程博闻，康卫民，焦晓宁.复合驻极体聚丙烯熔喷非织造布的研究［J］.纺织学报，2005，26（5）：8-10，13.

［13］Y GAO, J ZHANG, Y SU, et al. Recent progress and challenges in solution blow spinning［J］. Materials Horizons, 2021, 8 (2): 426-446.

［14］石磊.溶液喷射纳米纤维成形机理及其应用研究［D］.天津：天津工业大学，2010.

［15］王航，庄旭品，董锋，等.溶液喷射纺纳米纤维制备技术及其应用进展［J］.纺织学报，2018，39（7）：165-173.

［16］LEI LI, WEIMIN KANG, XUPIN ZHUANG, et al. A comparative study of alumina fibers prepared by electro-blown spinning (EBS) and solution blowing spinning (SBS)［J］. Materials Letters, 2015, 160: 533-536.

［17］何宏升，邓南平，范兰兰，等.熔喷非织造技术的研究及应用进展［J］.纺织导报，2016，10（C00）：71-80.

第 2 章　熔喷非织造材料生产原理

2.1　熔喷非织造工艺基本原理

熔喷法非织造工艺是将聚合物切片通过螺杆挤压机熔融，经过滤后从喷丝模头的喷丝孔中挤出，在模头两侧高速热气流的喷吹下，受到极度牵伸形成超细纤维，这些超细纤维被吸附在成网帘或成网滚筒上凝集成网。由于接收距离较短，纤维没有经过充分冷却，因此在凝聚成网后仍能保持较高的温度，通过纤维间相互粘连，使纤网得以加固，形成的熔喷非织造材料可根据需要进一步采用热轧黏合法或其他加固方式固网成布。其原理如图2-1所示。

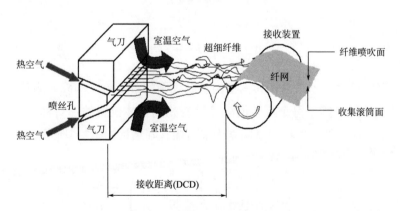

图2-1　熔喷法非织造工艺原理

2.2　熔喷非织造材料生产用原料

熔喷非织造材料生产所用的原料都是热塑性材料，热塑性是指在特定温度范围内材料能够反复加热软化，冷却后能够硬化的特性。熔喷非织造生产所用原料在常温下都是固态的，也称为"切片"或"树脂"。目前，熔喷非织造生产工艺采用的原料主要有聚丙烯（PP）、聚酯（PET）、聚乳酸（PLA）、聚碳酸酯（PC）、聚酰胺（PA）、聚氨酯（PU）和聚苯硫醚（PPS）等。

有些非热塑性高聚物也可以通过增塑改性，如纤维素（CELL）和聚乙烯醇（PVA）等也可作为熔喷非织造材料的原料，这些将会成为未来熔喷非织造材料制备技术的发展方向。由于采用不同的原料，产品的特性也会不同，生产流程也会有差异，设备的性能及配置也不相同，这将会对产品的用途、市场、经济效益及生产线的成本预算产生重大影响。

2.2.1 聚丙烯（PP）

聚丙烯具有优良的加工成型性、稳定性、相容性、低色泽、无臭味和良好的经济性等优点，被用作熔喷非织造材料的首选原料，我国有近95%的熔喷非织造材料所用原料都是聚丙烯。聚丙烯由以碳原子为主链的大分子组成，其结构如图2-2所示。根据甲基在空间排列位置的不同，存在三种立体结构，即等规、间规和无规结构。

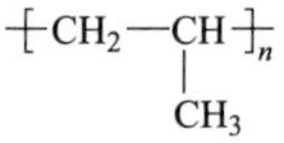

$$\left[CH_2-CH \right]_n$$
$$\qquad\qquad CH_3$$

图2-2　聚丙烯分子结构

等规聚丙烯大分子是由相同构型的、有规则的重复单元构成，侧基（—CH$_3$）在主链平面的同一侧，每个链节沿分子链有相同立体位置的不对称中心，这种规则的结构很容易结晶，也称为全同立构聚丙烯，其结构如图2-3所示。

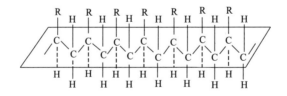

图2-3　全同立构（isotactic）聚丙烯结构

间规聚丙烯是由相反的构型单元交替有规则地排列构成的，其侧基（—CH$_3$）在主链平面上下有次序地交替布置，具有这种规则立体结构的分子链也容易结晶，也称为间同立构聚丙烯，其结构如图2-4所示。

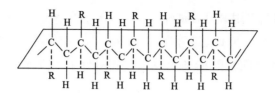

图2-4　间同立构（syndiotactic）聚丙烯结构

无规聚丙烯的侧基（—CH₃）完全无秩序地配置，是一种结晶困难的无定型聚合物，也称无规立构聚丙烯，其结构如图2-5所示。

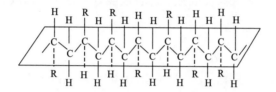

图2-5　无规立构（atactic）聚丙烯结构

熔喷非织造材料的加工，一般采用等规聚丙烯为原料。在聚丙烯成型加工中，熔体流动性能是一个重要指标，一般采用熔体流动指数，即熔融指数（MI）来表征，它是指在一定的温度下，熔融状态的高聚物熔体在2.16kg的标准负荷下，10min内从直径为2.095mm、长度为8mm的标准毛细管中流出的重量，单位为g/10min。熔融指数的大小与PP的相对分子质量有关，一般相对分子质量越高，熔融指数值越小。在熔喷非织造材料加工成型过程中，为了更利于热空气喷吹形成超细纤维，所选PP的熔融指数一般为400～2000g/10min，国内常用1200～1500g/10min。

熔喷非织造材料专用聚丙烯原料的生产分为两步。第一步是制备超高熔融指数的聚丙烯产品，可利用茂金属催化剂在大装置中聚合得到，其产品相对分子质量分布窄，熔融指数波动小，产品质量优良；另外也可在双螺杆挤出机上利用过氧化物降解得到。第二步是粒子的成型，直接聚合的产品可采用液滴成型，添加剂以喷雾的形式添加。

超高熔融指数的聚丙烯流动性好、黏度低、难以成丝，因而熔喷料的成型较困难。因为物料黏度高，流动困难，出口形变大；物料黏度低，流动较前者容易，但流速快，切粒机速度无法满足要求，加上物料本身强度低，所以非常容易断裂。因此必须将物料黏度控制在一定范围，才能得到熔融指数在1000g/10min以上的熔喷非织造材料专用聚丙烯原料。

PP的熔点为164~170℃（纯等规PP为176℃），纺丝温度需控制在熔点以上。在纺丝成型过程中，随着PP的 *MI* 值增大，相对分子质量降低，纺丝温度应相应降低。

2.2.2 聚酯（PET）

聚酯的学名为聚对苯二甲酸乙二酯，商品名为涤纶，其结构式如图2-6所示。聚酯是一类性能出色、用途广泛的热塑性聚合物，由于其具有优良的力学性能和加工性能，强度高、耐气候性能强、综合性能好，近年来已成为熔喷非织造材料的重要原料之一。

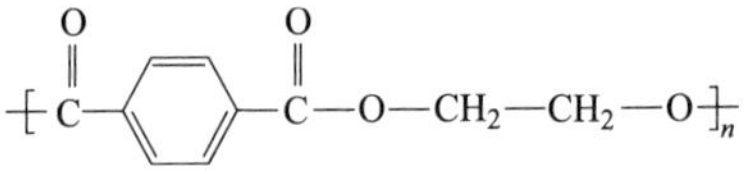

图2-6 聚酯分子结构

PET分子链为线性结构，具有高度的立构规整性，所有的芳香环几乎处于同一平面，因此具有结晶倾向；由于没有大的支链，分子容易沿着纤维拉伸方向取向平行排列。链节或重复单元由一个苯环（—〇—）、两个酯基（ —C—O— ）和两个亚甲基（—CH₂—）构成。—CH₂—CH₂—是柔性链；苯环使分子链的刚性增大，熔融熵减小，结晶速率减缓，所以按传统的熔体纺丝法得到的初生纤维一般为非晶态，但经过拉伸取向可诱导快速结晶，不仅取向度高，而且结晶度也高。

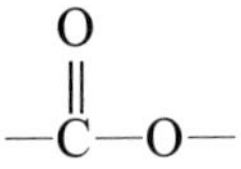

PET分子链通过酯基相连，其化学性质多与酯基有关，如在高温和水存在下或在强碱性介质中容易发生酯键的水解，使分子链断裂，聚合度下降。所以PET纺丝成型过程中必须严格控制水分含量，一般要求切片的含水率小于50mg/kg。

PET对酸（尤其是有机酸）很稳定，但在室温下不能抵抗浓硫酸或浓硝酸的长时间作用，对一般非极性有机溶剂有极强的抵抗力，即使对极性有机溶剂在室温下也有相当强的抵抗力，且耐微生物作用、耐虫蛀，不受霉菌等影响。PET具有良好的耐热性，软化点为238~240℃，一般工业产品用PET的熔点在255~260℃。PET可在较宽的温度范围内保持其良好的力学性能，在−20~80℃范围内受温度影响较小，长期使用温度可达120℃，且能在150℃使用一定时间。

2.2.3　聚酰胺（PA）

聚酰胺纤维又称尼龙（nylon），我国商品名为锦纶。聚酰胺纤维是世界上最早投入工业化生产的合成纤维，根据聚酰胺的分子单元结构所含有碳原子数目的不同，可以得到不同品种的聚酰胺，如聚酰胺6（PA6）也叫尼龙6，其分子结构如图2-7所示。根据二元胺和二元酸的碳原子数可以用于不同品种的命名，如聚酰胺66（PA66），其分子结构如图2-8所示，其中前一个数字是二元胺的碳原子数，后一个数字是二元酸的碳原子数。

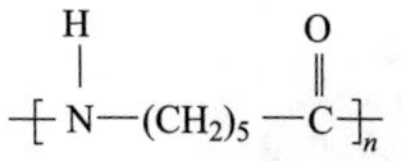

图2-7　PA6分子结构 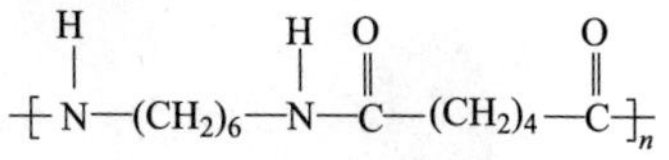　　　　图2-8　PA66分子结构

由于聚酰胺在高温有水分存在的条件下容易产生降解，大分子链断裂，使产品的力学性能下降。因此，用于非织造材料生产的聚酰胺树脂切片在纺丝前一定要充分干燥，脱除水分，以保证纺丝的顺利进行和非织造材料产品的质量，一般含水率应控制在0.05%以下。

随着聚酰胺在各行各业中的广泛应用，其优异的力学性能、亲水性、润滑性、耐磨性、耐腐蚀性以及易于加工成型性越来越为人们所熟悉。PA66和PA6具有吸湿性好、染色性好和耐磨等优点，但是价格相对较高，所以用量较PP、PET要少，多与PP、PET共同用于双组分熔喷非织造材料的原料。东华大学陈廷等以PA熔喷非织造材料作过滤材料为出发点，对熔喷非织造工艺参数和纤维直径的关系进行了一系列研究。结果表明：纤维的最小直径为3.30μm，此工艺可大大提高PA熔喷非织造材料的过滤性能。但是，在纤维的生产过程中过高的气流初始速度和接收距离不利于PA熔体的牵伸。

2.2.4　聚乳酸（PLA）

聚乳酸是以可再生的玉米、木薯等淀粉为原料，经发酵制取乳酸，然后由乳酸聚合而成，是100%可生物降解的材料。聚乳酸切片通过纺丝即可制成聚乳酸纤维，所以聚乳酸纤维又称玉米纤维。早在1932年，美国杜邦公司就已经生产出低分子量玉米聚乳酸，但因其强伸度低而不能作为纤维材料使用。1997年，美国NatureWorks LLC公司生产出商品名为NatureWorks的聚乳酸纤维，被正式认可为一种新型纤维。目前美国CDP（Cargill Dow Polymer）公司的聚乳酸已成为日本钟纺、尤尼吉卡、三菱树脂等企业的主要原料，当前聚乳酸的生产在欧洲、美国、日本等地区已初具规模，年生产能力超过26000t。

聚乳酸不仅具有较好的强度、化学惰性和易加工等特点，更重要的是其具有优良的生物相容性和可生物降解性，在机体内或自然环境中，在酶、微生物及酸、碱和水等介质的作用下会逐渐分解，最终成为二氧化碳和水，对环境无污染。其循环使用过程如图2-9所示。

图2-9　聚乳酸纤维的循环使用过程

聚乳酸是热塑性聚合物，可采用常规的熔喷设备生产聚乳酸熔喷非织造材料，这种材料可以降解，是一种环境友好材料，成为近年来一种新型的熔喷非织造原料。聚乳酸只有一个活性炭，有旋光性，可分为左旋、右旋、外消旋及非消旋等。其中左旋聚乳酸（PLLA）具有结晶性，熔点较高，为175℃左右，且相对容易得到，因此一般用它来纺制纤维和生产熔喷非织造材料，其结构式如图2-10所示。

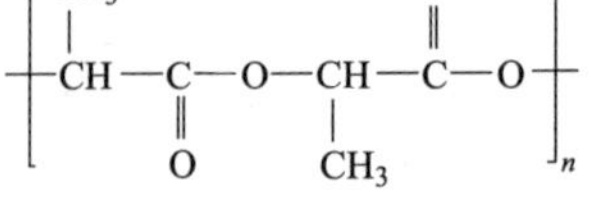

图2-10　PLA分子结构

聚乳酸纤维的降解性能优良，一般PLA纤维的平均降解时间为一年左右。由于无有害气体放出，对大气环境没有污染，是一种完全意义上的环保纤维。因此，聚乳酸熔喷非织造材料可用于医疗卫生领域，与纺粘非织造布复合制作手术衣、手术覆盖布、口罩等，也可用作尿布、卫生巾的面料及其他生理卫生用品，也可用作擦布、厨房用滤水袋、滤渣袋等过滤材料。

随着双碳目标的确立，可生物降解熔喷非织造材料已成为产业用纺织品领域的一个热点。近年来，美国、日本、德国等国家加大投入研究聚乳酸材料，其中的代表企业是美国的Nature Works公司，田纳西大学和不莱梅大学首先进行了聚乳酸材料的熔喷工艺研究，但是由于采用的聚乳酸原料本身存在性能缺陷以及加工工艺存在一定问题，进展并不顺利。目前，国外多家公司已经可以成功制备PLA熔喷非织造材料，拥有多项技术专利，并推出了相关产品。我国对PLA熔喷非织造材料的研究起步较晚，但是在多家研究单位和生产厂商的积极推动下，已经在PLA熔喷非织造材料的理论基础研究和产业化生产等方面取得了巨大进步。天津工业大学、东华大学、浙江理工大学等多所院校均成功制备出PLA熔喷非织造材料，并对其进行了系统研究，这些研究成果极大拓宽了PLA熔喷非织造材料的应用领域。

2.2.5　聚氨酯（PU）

弹性非织造材料一般指在外力作用下断裂伸长率超过60%，去除外力后弹性回复率在55%以上的一类材料。开发具备高弹特性的熔喷非织造材料，仍需从原料出发，使用弹性体原料进行制备。不同类别的弹性体，其分子结构与表现出的各项性能存在差异，不同程度影响了纺丝过程的难易和最终产品的性能，目前较为常用的弹性体有聚氨酯弹性体、乙烯—辛烯共聚物（POE）、苯乙烯—乙烯—丁烯—苯乙烯嵌段共聚物（SEBS）和乙烯—醋酸乙烯共聚物（EVA）等。热塑性聚氨酯弹性体（TPU）是最早用来制备熔喷弹性非织造材料的原料。

聚氨酯纤维我国称氨纶，它是由大分子二醇（聚酯或聚醚）、二异氰酸酯和小分子扩链剂（二醇或二胺）通过加成聚合反应制得的嵌段共聚物，具有高强度、高弹性、高耐磨性和高屈挠性等优良机械性能，又具有耐油、耐溶剂和耐一般化学品的性能，日本钟纺公司最早开发出了TPU熔喷非织造材料。

均聚聚氨基甲酸酯并不具有弹性，但是其嵌段共聚物中，由低相对分子质量的聚酯或聚醚构成软链段，并在常温下处于高弹态，在应力作用下，很容易发生变形，从而赋予纤维容易被拉长变形的性能；而由二异氰酸酯构成的硬链段，由于其容易结晶并可产生横向交联，在应力作用下基本不发生变形，防止了分子间的滑移，从而赋予纤维足够的回弹性。一般聚氨酯根据分子链结构中软链段是聚酯或聚醚而分为聚酯型和聚醚型，前者如美国橡胶公司生产的维林（Vyrene），后者如杜邦公司生产的莱卡（Lycra）。

线型聚氨酯嵌段共聚物的合成可分为两步。第一步为预聚合，即用摩尔比为1∶2的聚酯或聚醚与芳香族二异氰酸酯反应，生成分子两端含有异氰酸酯基（—NCO）的预聚物；第二步是扩链反应，即用含有活泼氢原子的双官能团化合物作链增长剂，与预聚物继续反应，生成相对分子质量在20000~50000之间的线型聚氨酯嵌段共聚物。具体的反应方程式如图2-11所示。

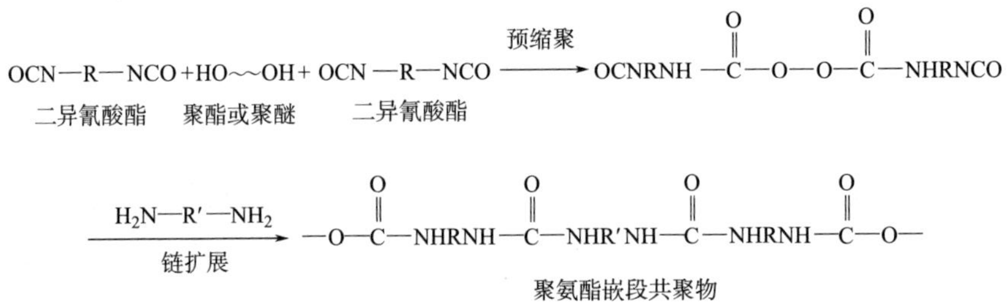

$$OCN-R-NCO+HO\sim\sim OH+OCN-R-NCO \xrightarrow{\text{预缩聚}} OCNRNH-\overset{O}{\underset{\|}{C}}-O-O-\overset{O}{\underset{\|}{C}}-NHRNCO$$

二异氰酸酯　　　聚酯或聚醚　　　二异氰酸酯

$$\xrightarrow[\text{链扩展}]{H_2N-R'-NH_2} -O-\overset{O}{\underset{\|}{C}}-NHRNH-\overset{O}{\underset{\|}{C}}-NHR'NH-\overset{O}{\underset{\|}{C}}-NHRNH-\overset{O}{\underset{\|}{C}}-O-$$

聚氨酯嵌段共聚物

图2-11　聚氨酯嵌段共聚反应式

一般而言，聚氨酯分子结构中软链段部分的相对分子质量越大，纤维的伸长弹性和回弹率就越高；化学交联型聚氨酯弹性纤维的回弹能力比物理交联型的更好；聚醚型氨纶比聚酯型氨纶弹性伸长、回弹率高。由于聚氨酯熔喷非织造材料不仅具有传统熔喷非织造材料的特点，而且具有优良的力学性能、弹性、延伸性和耐疲劳性，无毒，因此在医用绷带、医用辅料、婴幼儿纸尿裤覆面层等医用卫生材料方面具有广泛的应用前景。

近年来，日本Kanebo公司以PU为原料生产出高附加值弹性熔喷非织造材料，纤维直径分布在2~4μm，最大伸长率可达700%。我国在该领域起步较晚，但目前也取得了很大进步，东华大学研发了一种弹性材料（TPU），最大断裂伸长率达到500%，且在50%的伸长条件下弹性回复率可超过90%，并已取得了专利。

2.2.6　聚苯硫醚（PPS）

聚苯硫醚是一种半结晶性热塑性聚合物，是由苯环与硫原子交替连接而成的聚合物，其结构如图2-12所示。PPS的分子链由苯环和硫原子交替排列，苯环赋予

PPS刚性，硫醚键又为其提供柔顺性，大π键的存在使PPS材料拥有优异的综合性能。PPS是迄今为止性价比最高的特种工程塑料，被誉为继PA、PC、PET、聚甲醛（POM）、聚苯醚（PPO）之后的第六大通用工程塑料，是八大宇航材料之一，拥有"塑料黄金"的美誉。

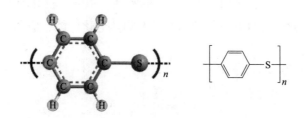

图2-12　PPS结构式

PPS玻璃化转变温度为90℃左右，熔点在285℃左右。PPS耐热性较强，热分解温度超过480℃，长期使用温度在200℃左右，短期内能承受260℃的高温。与耐高温的聚酰亚胺P84、芳纶1313相比，PPS耐酸碱性、耐腐蚀性和耐溶剂性更加优异。PPS几乎能耐所有非氧化性强酸强碱的腐蚀，在200℃以下不溶于任何有机溶剂，其耐酸碱、耐有机溶剂性能见表2-1。

表2-1　PPS纤维在不同化学试剂中的强度保持率

酸碱及有机溶剂	强度保持率/%	酸碱及有机溶剂	强度保持率/%
40%硫酸	100	N，N-二甲基甲酰胺（DMF）	100
浓盐酸	100	N-甲基吡咯烷酮（NMP）	100
浓硫酸	25	三氯甲烷	100
20%硝酸	60	丙酮	100
40%氢氧化钠	100	二甲苯	100

注　在93℃环境下，暴露在各种化学试剂中一星期后，测得纤维断裂强力保持率。

开发PPS熔喷非织造材料的优势主要包括：①PPS熔喷非织造材料加工成本低，生产流程短；②PPS熔喷非织造材料孔隙率高、比表面积大，大幅提高了过滤精度，实现高效低阻过滤，纤维膜通量提升数十倍；③PPS具有优良的耐溶剂性，能实现腐蚀性有机溶剂的直接处理，实现强酸性或强碱性流体直接分离；④PPS具有极佳的热稳定性，能够制备耐高温过滤材料。

2.2.7　聚对苯二甲酸丁二醇酯（PBT）

聚对苯二甲酸丁二醇酯是聚酯的一种，未改性的PBT并没有表现出优异的力学性能，存在结晶收缩率大、尺寸稳定性差、对缺口敏感等缺点，需要对其进行增强、增韧等改性。经改性的PBT具有出色的刚性、强度、较好的耐热性、尺寸稳定性及耐化学性，此外还具有卓越的耐候性及耐热老化性能，应用广泛。PBT的分子结构如图2-13所示。

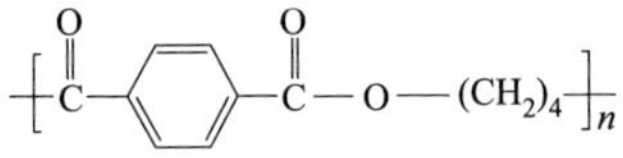

图2-13　PBT的分子结构

从分子结构可以看出，PBT大分子为线型结构，结构规整，重复结构单元中有刚性的苯环和极性的酯基，由于苯环和酯基间形成了一个共轭体系，使分子刚性较大，减小了分子链的柔曲性、溶解性和吸水性。极性酯基、羰基的存在，增大了分子间的作用力，使分子间靠得紧密，分子链刚性加强。这使得PBT树脂具有优良的力学性能、良好的耐候性、低吸湿性和良好的电绝缘性。其结构单元中还存在4个非极性亚甲基（—CH₂—），比PET多2个亚甲基，减小了分子间作用力，导致分子链的柔曲性和结晶能力均高于PET，在低温下比PET结晶速度快，易于成型加工。

另外，PBT的分子链末端含有羟基或羧基，其容易与环氧、酸酐、羧基或羟基等发生化学反应，在共混时可以与含有这些官能团的增韧剂更好地混合，与增韧剂的界面黏合性增强，从而达到更好的增韧效果。因此针对PBT的不足，结合其优良的性能，对PBT的改性成为扩大PBT使用范围的重要手段。聚酯弹性体是PBT共聚改性的主要品种，通过引入聚己内酰胺或聚四氢呋喃柔性组分比例来调整硬度和柔软性，其中聚四氢呋喃应用较多，可用于弹性纤维领域，也可用于制备弹性PBT纺粘和油水分离熔喷非织造材料。

纺丝级的PBT切片是一种半结晶性高分子材料，结晶速率快，结晶度可达40%。半结晶的聚酯中存在分子链有序排列的结晶态和无序排列的无定形态，还存在中间过渡态。PBT属于三斜晶系，能形成a和b两种晶型，有研究者发现，即使不施加外力，PBT熔体结晶中也形成b晶型，其C轴较长、分子链平面间距较宽，这样就减弱了分子链间的堆积密度和相互作用，使得其晶胞体积大、晶相密度小、熔点低，一般为225~235℃，在熔融状态下流动性好、黏度低，仅次于聚酰胺，在成型时易发生流延现象，在高温下遇水易水解，因此纺丝之前也需要切片干燥。

除此之外，聚乙烯（PE）、增塑改性纤维素、聚对苯二甲酸—己内酯—丁二醇酯（PBAT）、聚碳酸亚丙酯（PPC）、聚丁二酸丁二醇酯（PBS）、聚己内酯（PCL）、乙烯共聚物、乙烯—乙烯醇共聚物（EVOH）、聚四氟乙烯、沥青、有机硅、纤维素氨基甲酸酯等也可用于熔喷工艺以开拓产品市场。随着熔喷技术的发展，共混原料也被用来进行熔喷非织造材料的制备，如聚丙烯/聚酰胺、聚丙烯/聚乙烯、聚丙烯/聚苯乙烯等。

2.3 熔喷非织造材料生产工艺流程

传统的熔喷工艺流程如图2-14所示。

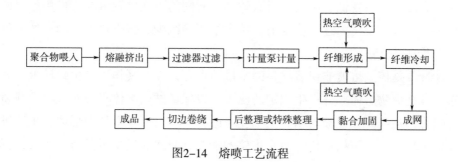

图2-14 熔喷工艺流程

聚合物纺丝成形是一个复杂的物理变化过程，在这个过程中，随着热和力的传递，聚合物要经历固（切片）—液（熔体）—固（纤维）的变化。这些变化历程对纤维性能产生着重要影响。

其中，聚合物一般都制成小球状或颗粒状切片，倒入料桶或料斗中，输入螺杆挤出机。喂料系统由主料桶、色母粒和功能母粒辅料桶三个料桶组成，其中主料桶加入主体聚合物切片，两个辅料桶分别加入色母粒和功能母粒，通过PLC/SBBL自动控制主料、色母粒及功能母粒的比例，实行定时定量喂料，满足挤出量的要求。其中每一料桶有一个料位水平指示仪，通过程序监控并显示计量桶中料的高度。定量加入的粒料在混合计量桶内进一步混合，桶内有一个螺旋搅拌器，通过搅拌使各种粒料混合均匀，再通过喂入管喂入螺杆挤压机。

在螺杆挤出机的进料端，原料经充分搅拌混合后进入螺杆挤出机，加热成为熔体，最后由计量泵经过滤器将熔体送入喷丝板。一方面，由于螺杆的转动，把切片推向前方，使切片不断吸收加热装置供给的热能；另一方面，因切片与切片、切片与螺杆及套筒的摩擦以及熔体层之间的剪切作用，使一部分机械能转化为热能，从而使切片在前进过程中温度升高而逐渐熔融成为熔体。

聚合物切片熔融是聚合物大分子热运动的结果，随着热运动的加剧和机械剪切力的作用，聚合物在温度、压力、黏度和形态等方面都发生了变化，由固态（玻璃态）转化为高弹态，随着温度的进一步提高，出现塑性流动，成为黏流态。在熔喷工艺中，一般挤压机也借其剪切作用与热降解作用来降低聚合物的分子量，有利于热空气喷吹。

之后熔体经过熔体过滤器过滤后送入计量泵。过滤器上配有上、下两个活塞杆，分别装在滤网更换器的两个孔中。在每个活塞杆上沿径向有一个熔体通道，上面有过滤网。在正常工作时，其中一个活塞杆上的熔体通道与熔体管相通，熔体经活塞杆上的过滤元件过滤后进入熔体管路。滤网采用的是复合滤网，共由5层组成，表面层目数较低，中间层目数较高，滤网的更换周期取决于使用原料的洁净程度。如果出现压力达到设定值、挤出量明显减少、挤出机动力消耗增大等情况，应及时更换滤网。

计量泵是控制熔喷非织造材料的定量的重要元件，其作用是精确计量、连续输送成纤高聚物熔体，并产生预定的压力，以保证纺丝熔体克服纺丝组件或喷丝头的阻力，从喷丝板或喷丝帽的毛细孔（微孔）喷出，在空气中形成初生纤维。用齿轮泵计量时，严格地说，每个齿轮的啮合点瞬间输液量也是由小到大，再由大到小不停地变化着，即存在周期性微小的波动，这是无法消除的。波动的大小与齿轮参数有关，如齿轮的齿数、齿顶高系数、齿轮啮合角、重叠系数等。

经熔体过滤器过滤、计量泵计量后的清洁熔体经分配系统均匀送入每组喷丝板，为保证每个喷丝板的挤出量一致，熔喷的分配系统有原来的T型分配系统改为了衣架式分配系统，如图2-15所示。

衣架式分配系统的歧管直径较小，熔体流经其中停留时间短，这对于热稳定性差或流变性对时间有依赖关系的聚合物的生产尤为适宜。歧管直径沿流动方向均匀递减，并与幅宽方向形成一定倾角，有利于熔体沿模头幅宽方向的均匀分配。流道的扇形区扩散角很大，对于引导熔体沿模头幅宽方向的放射分配作用显著，特别适宜宽幅布面的生产，单衣架模头的最大幅宽可达4~5m。衣架式流道的扩散角大，使模头整体高度缩短，熔体在流道中的压力损失减少，对生产中的节能降耗有利。

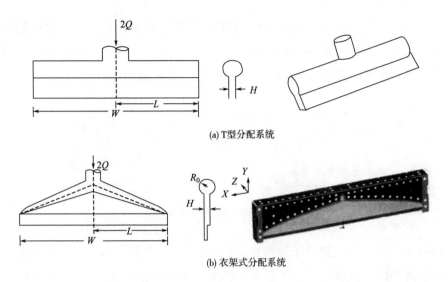

(a) T型分配系统

(b) 衣架式分配系统

图2-15　熔喷熔体分配系统

　　目前，熔喷模头在宽度、个数、安装形式及纺丝孔形状等多方面都有了极大的改进。以Accurate公司的模头宽度发展演变为例：该公司1967年开发出了世界上第一个熔喷喷头，宽为254mm；1969年开发出了宽度为1016mm的熔喷模头；1970～1979年，进一步改善模头设计，其有效尺寸可在254～1727.2mm之间调节；随后供给Kimberly-Clark公司的模头宽度可达2692mm；1992年为Corovin公司提供了3556mm宽的模头，目前可给用户提供254～4318mm之间任何宽度的模头。

　　熔喷的喷丝板与其他纺丝成网法不同，最初的熔喷设备，其模头为狭缝式双槽形喷头，即长而窄的热空气喷出口分布在一排圆形喷丝孔的两侧，如图2-16所示。

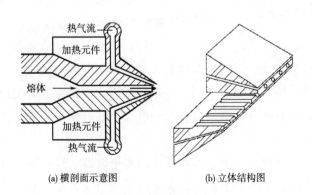

(a) 横剖面示意图　　(b) 立体结构图

图2-16　单排孔熔喷喷丝板

1983年，Schwarz设计了方形和三角形纺丝孔，如图2-17所示，并申请了专利。这种喷头不仅可以减少熔喷过程中聚合物的降解，还可以节约能量，在提高最终纤维强力的同时降低成本，纤维的直径能达到2μm以下。

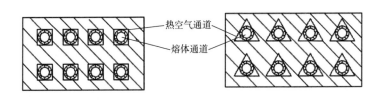

图2-17　方形和三角形纺丝孔

1995年，Schwarz又设计了圆形纺丝孔熔喷设备，如图2-18所示。纺丝孔的纺丝板与特殊的空气盖板组合，可形成一级和二级两个空气腔，保证了各个熔体孔周围气流的均匀分配，所以纺丝孔的排数可增加（至少4排），不仅提高了生产率，还保证了纤维的质量。

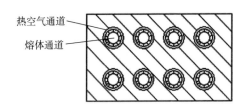

图2-18　圆形纺丝孔

经过多年努力，Biax Fiber Film公司在喷丝孔排数上有了突破，能生产出喷丝孔排数最多为12排的喷丝板，每排的孔间距约1.5mm，布孔密度为6～7孔/cm，如图2-19所示。

由喷丝孔挤出的聚合物熔体细流在两侧高速热气流的拉伸作用下迅速变细伸长，形成超细纤维。这时喷丝板两侧有大量室温空气同时被吸入，与含有超细纤维的热空气流相混使其降温，从而使纤维冷却固化。如果在熔喷模头和喷丝板之间进行可控气流或有条件地引入部分牵伸气流，则纤维的力学性能会有所提高，其原理如图2-20所示。

在熔喷非织造材料生产中，喷丝板可以水平放置，这时超细纤维喷在一个圆形收集滚筒上成网，如图2-21所示；也可以垂直放置，此时纤维落到一个水平移动的成网帘上凝集成网，如图2-22所示。

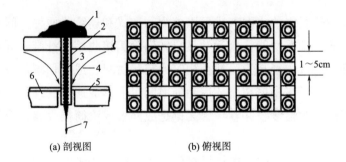

(a) 剖视图　　　　　　　　(b) 俯视图

图2-19　Biax Fiber Film公司的熔喷头结构

1—聚合物熔体　2—空气腔　3—毛细管　4—热空气流　5—喷嘴中心板　6—空气盖板　7—挤出纤维

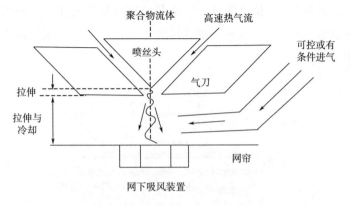

图2-20　熔喷纤维的气流牵伸示意图

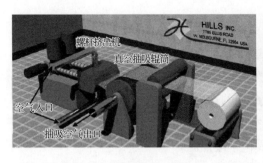

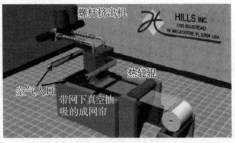

图2-21　喷丝板水平放置　　　　　　图2-22　喷丝板垂直放置

　　由高速气流和室温气流相混的混合气流带向成网帘的超细纤维基本上是以杂乱状态分布在气流中的，其中有些纤维相互间有少量的缠结。在适当工艺条件下，纤维凝结在成网帘上时仍带有余温，十分柔软有黏性。因此，纤网中部分纤维产生黏结作用，加上少量的缠结作用，使得纤网得到自身黏合加固。

　　熔喷非织造材料的成网方式可以分为间歇式和连续式两种。间歇式是指非连续式成网方式，即采用能往复运动且自转的滚筒接收熔喷纤维，纤维均匀地铺在其圆周表面，形成内径与滚筒外径相等的筒状材料，或经切割形成片状材料。连续式可以使熔喷纤维凝聚在循环运动的成网帘上形成连续的纤网，也可以使纤网通过一个滚筒接收器接收并卷绕，无论是成网帘或滚筒接收器，形成的都是连续的纤网。

　　熔喷工艺除了可以制备布状材料外，还可以立体成型，如把接收装置换成芯轴，在芯轴上接收纤维成型，就可以制备过滤筒。同样，芯轴可以设计成间歇式接收装置，如图2-23所示。接收装置往复移动，纤维多层缠绕在芯轴上；也可以改变芯轴与熔喷模头的接收距离，生产具有密度梯度的滤芯；还可改变芯轴尺寸，生产不同内径的滤芯。这种间歇式接收方式每根滤芯制成后都需更换芯轴，因此生产效率较低。

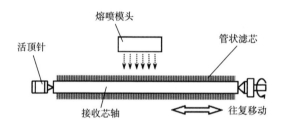

图2-23　间歇式熔喷滤筒接收示意图

　　连续式接收装置的接收芯轴呈悬臂梁形式，内有输出管状滤芯的传动轴，传动轴头端有螺纹，将管状滤芯从接收芯轴上拔出并送至切割系统。当生产有密度梯度的滤芯时，应配多个不同接收距离的模头，如图2-24所示。

　　这种自身黏合作用，可以满足结构蓬松的熔喷非织造材料的生产，使纤网具有较蓬松的结构、良好的空气保有率或空隙率等，而对于很多其他用途的产品来说，还需要进行热黏合或超声波黏合等其他手段加固。

　　在熔喷工艺中，适当作一些调整，就可以极大地改变成品的力学性能，开发出具有复合性能的新产品，这也是熔喷非织造材料工艺灵活变化的一个优点。一般是通过在成网过程中或对纤网进行后整理及特殊整理获得的，如在热气流中导入含有短纤维或木浆纤维的气流，使熔喷非织造材料具有更好的弹性、吸附性、强力等；还可将带有超吸收的聚合物粉末或活性炭粒子吹入热气流，提高熔喷非织造材料的吸附性或过滤效率；或通过对熔喷非织造材料进行驻极处理，即通过

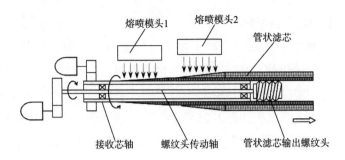

图2-24　连续式熔喷滤筒接收示意图

电源放电或水驻极处理，使熔喷非织造材料带有持久的静电，可依靠静电效应捕集微细尘埃，因此具有过滤效率高、过滤阻力低等优点。

　　制备好的熔喷非织造材料，还需要切边卷绕成最终的成品，即在卷绕前，先要将熔喷非织造材料两边的毛边部分切去。熔喷非织造材料具有超细纤维特征并且其所用的材料一般是疏水亲油材料，所以其具有极强的吸油性能，能吸收自身重量17倍以上的油脂，所以熔喷非织造材料的切边部分很少回收利用，而是将边料塞入编织袋中作为水面除油材料使用。切边后的材料全幅或分切成若干部分卷绕成卷，形成熔喷非织造产品。

2.4　熔喷非织造材料主要生产工艺参数

　　熔喷非织造材料的结构与性能的主要参数包括纤维直径、纤网的孔隙结构、力学性能、透气性、透湿性、过滤性能等。这些性能一方面与聚合物原料的性能有关，如聚合物的熔融指数、熔融温度、分子量和分子量分布等；另一方面与生产工艺参数有关，这些参数又可以分为离线参数和在线参数，离线参数包括喷丝孔直径、热空气狭缝宽度等，在线参数包括聚合物熔体的挤出量、计量泵转速、纺丝温度、热空气喷吹速度、热空气温度、接收距离等，现分述如下。

2.4.1　聚合物原料性能

　　熔喷法常用的聚合物原料为PP，在聚丙烯成型加工中，熔体流动性能是一个重要指标，一般采用熔体流动指数（熔融指数MI）来表征。熔融指数的大小与PP的相对分子质量有关，一般相对分子质量越小，熔体的流动性能越好，熔融指数值越大。对于不同的产品，性能要求各不相同，应根据最终产品的性能要求来选择不同熔融指数的高聚物原料。

　　熔融指数的高低不仅反映了高聚物本身的流动性，而且与其制成纤维及纤维网的力学性能密切相关。高熔融指数的聚丙烯树脂具有良好的流动性，成为熔喷法的首选原料。实验表明，熔喷非织造材料的强度随原料熔融指数的提高而下降，断裂伸长也随之降低，如图2-25所示。为使熔体细流能在热气流喷吹过程中得到较好的牵伸，在保证力学性能的基础上要求原料的熔融指数尽可能高一些。

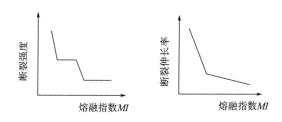

图2-25　PP切片熔融指数与力学性能关系

　　在螺杆速度相同的工艺条件下，采用高熔融指数的PP，可使产量提高约1/3，同时，热空气的温度可降低，能耗也会相应降低。表2-2列出了聚丙烯熔喷非织造材料定量与聚丙烯树脂熔融指数的关系。

表2-2　不同产品与熔融指数、定量的关系

产品	A	B	C	D
PP切片的MI/（g/10min）	1000	500	400	110
定量/（g/m²）	130	120	120	100

2.4.2　螺杆挤压机各区的温度

　　螺杆挤出机的温度是非常重要的工艺参数之一，它对聚合物的熔融、熔体的黏度影响较大，不仅会影响纺丝过程能否顺利进行，而且对最终产品的手感及机械性能有很大影响。温度设置不当，会产生堵塞喷头、磨损喷丝孔、增加布面疵点及飞花等现象，进而会影响纺丝效果。

　　进料段的主要作用是输送固体物料，物料在进料段基本上是呈固体状态的。温度设置过高，会导致聚合物提前软化熔融，发生环结阻料现象，不利于物料进入螺杆挤出机。压缩段主要作用是压实物料，使物料产生相变，由固体逐渐转化为熔体，并排出物料之间的空气，因此压缩段的温度设置要高，有利于固体物料

的熔融。计量段的作用是将压缩段熔融物料进一步均化、稳压和计量，然后以一定的温度、压力定量地从螺杆头部挤出，因此其温度略高于压缩段或与压缩段温度相同。不同原料所对应的螺杆挤压机各区的温度设置见表2-3。

表2-3　不同原料所需螺杆挤压机各区温度设置

产品	进料段/℃	压缩段/℃	计量段/℃
A（MI=1500g/10mim）	150	230	235
B（MI=1000g/10mim）	165	260	270
C（MI=500g/10mim）	170	270	275
D（MI=400g/10mim）	175	275	280
E（MI=110g/10mim）	180	280	290

2.4.3　螺杆挤出速度

在温度不变的条件下，熔喷非织造材料的强度随着挤出量的增加而增加，达到一个峰值后便趋于减小。PP树脂的熔融指数在400～800g/10min之间的原料在测试过程中，这一变化趋势不明显；但在对熔融指数为1000～2100g/10min之间的原料测试时，这一趋势变得较明显。这是因为，在其他参数不变的情况下，一开始随着挤出量的增加，产品的定量增加，强度增加。但是当挤出量过高时，气流作用降低，纤维直径增加，一方面纤维的相对强度下降，从而使产品的强度降低；另一方面纤维直径增加后，同样定量的条件下纤维根数减少，黏合点数量减小，所以产品的强度也会下降。

2.4.4　热空气速度

热空气速度是非常重要的一项工艺参数，它是对熔体进行牵伸而成超细纤维的重要因素，对纤维的线密度和产品的物理特性都有直接影响。一般热空气速度的改变是通过调节热空气的压力来实现的。在较高的压力下，热空气的速度也会比较高。在相同的温度、螺杆转速和接收距离下，风速越高，对熔体的牵伸效率越高，纤维的线密度越细，结晶度越高。这是由于较高的风速会产生较大的牵伸力，在这种力的作用下，熔体被迅速拉伸，其中的大分子会产生较高的取向，随着牵伸程度的增大，纤维变细，此时大分子的排列较为致密，利于结晶的形成，这对纺丝过程较为有利。表现在布面上，就是手感由硬变软，纤维缠结增多，纤网密实、光滑，强度有所增加。

但过高的风速会对熔体产生过大的喷吹作用，导致断丝增多，从而难以形成均匀性良好的纤网，会出现飞花现象，严重影响布面外观。因此，热风速度不能无限度提高，应控制在适宜的范围内。

2.4.5 热空气喷射角

热空气喷射角指气流与模头底面的夹角，如图2-26所示，θ角就是热空气喷射角，会显著影响拉伸效果和纤维形态。高温高速的热空气从熔喷组合模头的空气通道中喷射出来，两股气流发生碰撞，形成了复杂的流场。

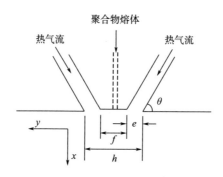

图2-26 热空气喷射角

对熔喷热空气喷射角的数值模拟结果表明：夹角越大，气流在喷丝孔轴线方向的分量越大，热空气喷射角接近90°时，将产生高度分散而湍动的气流，使纤维在成网帘上形成无规则的分布，角度越小，越易形成平行的纤维束。但是，80°夹角和60°夹角流场产生的效果相差不大，同时，80°夹角在机械结构上较难实现，因此生产上常采用60°夹角，其流场计算结果速度矢量图如图2-27所示。

2.4.6 接收距离

在熔喷非织造材料生产过程中，接收距离（DCD）是一个非常重要的工艺参数，它是指喷丝面板到成网帘或成网滚筒之间的距离。一般情况下，随着接收距离的增加，纤维直径呈现先减小再增大的趋势，这是由于纤维在被热空气牵伸时，具有回缩的特性。一开始接收距离小时，纤维温度高，弹性回缩大，纤维直径较大；当接收距离增大到一定程度时，温度降低，纤维牵伸完全，纤维直径变小；再增大接收距离，虽然温度进一步降低，但同时牵伸力大大减弱，弹性回缩

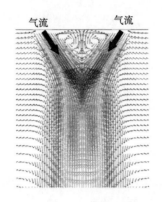

图2-27　气流喷射角度为60°的流场计算结果速度矢量图

增强，纤维直径变粗。

表现在布面上，一般随着接收距离的增大，非织造材料的纵横向强度和弯曲刚度降低，产品手感变得蓬松、柔软，如用作过滤材料，则过滤效率和过滤阻力下降。接收距离减小，热空气冷却和扩散不充分，黏合效果得到改善，纤维多呈团聚状，产品蓬松度下降，强度增大。

2.5　熔喷非织造产量及成网工艺计算

在熔喷非织造生产过程中，其产量主要取决于计量泵和成网帘速度。生产运转过程中，计量泵不需要特别管理，但其转速必须根据产品定量人工设定，并根据检测出的非织造材料产品定量差异做相应微调，以保证定量达到设定的要求。

计量泵的转速决定了生产线的产量，根据计量泵的每转排量、转速、熔体密度，便可直接计算出计量泵的泵供量W，也即生产线的产量（Q）。

$$Q=W=q\rho n \tag{2-1}$$

式中：q——纺丝泵每转排量，cm^3/r；

　　　ρ——熔体密度，g/cm^3；

　　　n——纺丝泵转速，r/min。

在熔喷非织造生产中，成网机的最高速度已由生产线的设计规格确定，产品幅宽也是定数，实际操作成网速度取决于产品规格（g/m^2）和泵供量，也就是计量泵的转速n（r/min）。成网帘的运行线速度是决定非织造材料产品规格的主要参数之一，成网帘线速度V的计算公式如下：

$$V = \frac{KW}{GB} \qquad\qquad (2\text{-}2)$$

式中：V——成网帘线速度，m/min；

G——产品定量，g/m^2；

W——计量泵挤出量总和，g/min；

B——有效铺网宽度，m；

K——速度系数，一般取$K=1$。

把泵供量式（2-1）代入式（2-2）求解，再经变换，可得：

$$G = \frac{Kq\rho n}{VB} \qquad\qquad (2\text{-}3)$$

从式（2-3）可以得出，产品的定量仅取决于纺丝泵的转速及成网帘的线速度。因此，生产同一定量规格的产品，生产线的运行参数n、V并不是唯一的，只要n与V保持同一比例关系，则均可生产出相同定量的产品。但不同的参数，对产品的质量、产量、工艺稳定性、能耗的影响是不一样的。一般来说，计量泵转速大，产量高，单位产品能耗降低，生产成本降低，但纤维的质量下降，从而使产品质量降低；计量泵转速小，虽然产量降低，生产成本增加，但纤维质量提高，不仅能使非织造材料的均匀度及力学性能得到改善，而且还可使工艺过程趋于稳定，减少断丝、飞花等现象。

在计量泵的转速及成网帘的线速度设定之后，除非产品定量不符合要求，否则不能单独调整其中的任何一个设定值，因此常以成网帘的线速度作为生产线中其他后续设备的速度基准，所有设备都会随着成网帘的速度变化而同步变化，因此对成网帘线速度的调整精度及稳定性都有很高的要求。这就简化了生产线的运行操作，因为在由很多台机器组成的电力驱动系统中，仅需调节成网机的速度，便可协调各台机器之间的速度关系，无需逐台去设定。

2.6　熔喷非织造材料的驻极原理与方法

熔喷非织造材料由于自身具有纤维细、比表面积大、孔隙率高和三维曲径式孔道结构等特点，是目前过滤领域的重要过滤介质之一。特别是经过驻极工艺处理后制得的带有永久电荷的熔喷非织造材料，即驻极体熔喷非织造材料，其过滤机理除了筛分、拦截、惯性撞击、扩散、重力沉积等机械阻挡作用外，静电力是其最主要的捕尘机理。当细小微粒随气流运动接近带电纤维时，会因静电吸引力作用而被纤维捕获。目前，驻极体熔喷非织造材料的过滤效率达99.97%时，其过滤阻力可控制在30Pa以下，具有效率高、阻力低、容尘量大等特点，是当前国际上口罩、防护服、高效空气过滤器的首选材料，备受关注。

2.6.1　熔喷驻极方法

所谓驻极体是指具有长期储存空间和极化电荷能力的固体电介质材料。由于聚丙烯是一种典型的非极性、疏水性高聚物，并且它的电阻率高，是一种性能较好的驻极体材料。然而，聚丙烯熔喷非织造材料一般本身不带静电，需通过驻极处理才能带上静电荷。目前，常见的驻极方法有电晕放电、低能电子束轰击、液体接触充电、热极化、摩擦起电等，其中电晕放电和水摩擦充电是生产驻极熔喷非织造材料的主要方法。

2.6.1.1　电晕放电充电

电晕放电是一种持续的、非对称电极之间的非破坏性放电方法，在明显高电位差条件下，高压极化作用导致电子跃迁，可用于各种纤维的充电，是常见产业化驻极熔喷过滤材料主要的生产方式。图2-28是电晕放电的原理图和熔喷电晕驻极设备照片。电晕放电是由一个针状电极或金属线电极和一个平板接地电极构成的系统。极化时，将样品安放在接地的平板电极上，针状电极上接高压电。当金属针加上高压电时，针端下方的空气产生电晕电离，因而在针端下方的空气产生脉冲式局部击穿放电，载流子在电晕电场的作用下沉降到样品表面，有的还会深入表层被陷阱捕获，从而使样品成为驻极体。

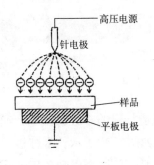

图2-28　电晕放电原理图和实际生产设备照片

电晕充电的驻极效果与施加电压、充电时间及电极间距离相关。在较高的电压、较长的充电时间和较短的电极间距离下，初始表面电势较高。但充电电压和电极间距离都有阈值。有学者在研究驻极参数与过滤性能关系的过程中发现了一种不明显的蓝色辉光充电现象，实验结果表明，熔喷非织造材料的过滤性能与蓝色辉光的强度呈正相关，蓝色辉光的亮度增大是离子向绝缘体漂移的结果，意味着沉积在熔喷非织造纤网表面上的电荷越多。但达到驻极参数阈值（电极间距10cm，充电时间30s，充电电压100kV）后会产生电火花，破坏纤网结构，导致纤维内的电荷逸出，表面电荷减少，因此可以根据此现象在线控制驻极参数，来预测实际生产中驻极体材料的过滤性能。不同的高压电源对驻极效果的影响也不同，高压直流电源、脉冲电源和带直流电晕的脉冲电源中，直流脉冲电源能为驻极非织造材料提供更多的电荷。在驻极体的多种极化工艺中，电晕充电技术因为具有设备简单、操作方便、充电效率高等优点，在工业驻极体生产中被广泛应用。

2.6.1.2 水摩擦充电

摩擦起电是最古老的带电方法。摩擦充电驻极技术是指两种不同的绝缘材料相互摩擦后，使纤维表面带正电荷或负电荷。学者们根据纤维接触时获得正电荷或负电荷的趋势进行了排序，如图2-29所示，靠近左侧的极性材料通常会产生正电荷，而另一侧的非极性材料则会产生负电荷。梳理针刺驻极非织造材料即利用纤维间的摩擦起电特性来生产超低阻过滤材料。研究学者比较了通过电晕和摩擦电效应两种方法对熔喷纤网过滤性能的差异，实验结果表明，摩擦充电制得的纤网过滤效率远远高于电晕充电的纤网，但摩擦带电聚合物表面的电势较电晕带电样品不均匀，且衰减更快。

玻璃纤维 尼龙 羊毛 丝绸 纸 棉 聚苯硫醚 涤纶 聚乙烯 聚丙烯 硅聚四氟乙烯

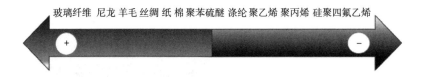

图2-29 不同材料间的摩擦电系

1994年，美国3M公司提出了一种熔喷非织造材料的水驻极技术，通过水驻极技术使熔喷材料的过滤性能得到了大幅提升。如图2-30所示，水驻极工艺是在一定压力下将水从喷雾装置中喷出，形成高压水射流，在高压和负压抽吸双重作用下，水射流与熔喷纤维发生摩擦产生电荷。工业上水驻极主要分为三个部分，即水处理、水摩擦以及烘燥。由于液固摩擦效果受液体的pH和电导率影响，因此需对工业用水进行处理。一般水处理的水源为自来水，经过砂石罐和活性炭罐过滤后，再进行二级和一级反渗透膜过滤，使其达到水摩擦用水标准。水摩擦后的非织造材料通过传送装置进入烘房，采用热风穿透式进行烘干，使其带电。大量实验表明，相较于电晕放电驻极体，水摩擦充电驻极熔喷非织造材料的过滤性能更佳，可以满足H13高效过滤器使用标准。2020年，在新冠肺炎疫情的特殊形势下，水驻极熔喷非织造材料在我国得到了大力发展，但水驻极工艺相对繁琐，能耗较高，生产成本高，此外，制造水驻极熔喷非织造材料需使用含有氮元素的添加剂，导致其存储过程中容易产生发红现象。

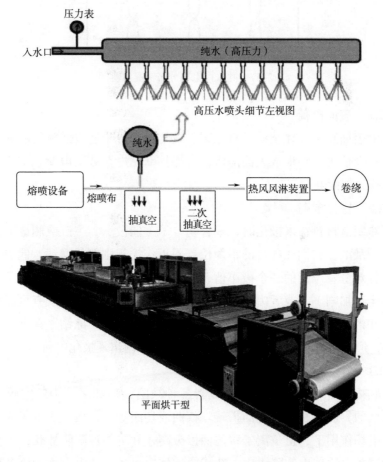

图2-30　水驻极工艺和生产设备

也有学者报道了一种非水极性液体充电的方法，非水极性液体指含水量小于10%，偶极矩至少0.5D的液体，如甲醇、异丙醇、乙二醇、二甲亚砜、二甲基甲酰胺、乙腈和丙酮。使用非水液体干燥所需的能量比水液体干燥所需的能量少。

2.6.2 熔喷驻极电荷分布

经电晕充电或水摩擦充电处理后制得的带电驻极熔喷非织造材料，主要包括表面电荷、极化电荷和体电荷三种。图2-31是驻极体电荷的分布情况示意图。

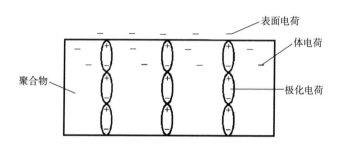

图2-31 驻极体电荷分布情况示意图

2.6.2.1 表面电荷

聚合物表面总是存在杂质、氧化物、被切断的分子链以及吸附的其他分子，这些缺陷都会使聚合物形成表面陷阱，可能捕获正电荷或负电荷。被表面陷阱捕获的电荷称为表面电荷。

2.6.2.2 极化电荷

熔喷非织造材料在未极化时，聚合物分子（偶极子）主链或侧链上极性基团的排列是杂乱的，它们在各自的平衡位置附近作无规则的热摆动。偶极子的每一个平衡位置对应着位能的一个极小值，即一个位阱。如果偶极子获得了附加的能量（如热运动加剧），或者由于高压电场的作用使位阱偏斜，就有可能跳出原有的位阱，并沿电场方向整齐排列，冷却后，偶极子就被"冻结"在电场方向附近的陷阱中，形成介质的永久极化，使介质表面或体内出现极化电荷。

2.6.2.3 体电荷

聚合物内部往往含有杂质离子或者各种缺陷，例如多晶中的空隙，晶体和无定形区域的界面，长分子链的折转、权曲或切断等，从而形成电子或空穴的陷阱。在外电场作用下，正负离子将向两极分离，并可能被陷阱捕获，外界的电荷也有可能进入介质体内的陷阱中，造成介质体内永久性荷电，称为体电荷，也叫空间电荷。

2.6.3 熔喷驻极与电荷存储机理

研究发现，聚合物材料的"缺陷"是主要的电荷陷阱，也是电荷存储的重要途径。电荷陷阱分为浅能级和深能级，浅能级是由非晶态聚合物中的物理或构象缺陷以及纤维表面杂质空穴引起的；深能级与晶区与非晶区界面、化学缺陷等有关。然而，"缺陷"是一个抽象的概念，很难通过实验观察到，尽管它与聚合物的化学成分和结构有关。

驻极熔喷非织造材料电荷的储存情况是评价驻极性能和产品稳定性的重要指标。杭州电子科技大学陈钢进教授团队研究发现，电晕放电驻极熔喷聚丙烯非织造材料电荷存储主要依靠微晶颗粒的电荷陷阱，电荷陷阱的能级依赖于微晶和非晶区之间的界面电导率。当PP在直流电场下充电时，由于微晶区的电导率相对较小，非晶区的电导率相对较大，界面极化的发生，形成了准偶极子带电微粒，电荷倾向于堆积在微晶和非晶区的界面上，阻碍了电荷的正常漂移，从而实现空间电荷的捕获存储。

热刺激放电（TSD）是在介质物理的基础上发展起来用于测量电介质、绝缘材料、半导体、驻极体等物质的微观参数的一门技术。TSD技术是研究材料陷阱特征的有效方法，通过控制使样品的温度缓慢升高，连续测量释放电流值，其电流方向与电性相反。为了阐明驻极熔喷非织造材料内部电荷存储情况及其储存稳定性，研究采用TSD技术对比研究了未驻极、负电晕驻极和水驻极熔喷非织造材料热刺激电流释放情况，以3℃/min的速率升温得到热刺激放电电流，记录释放电流值与温度的关系如图2-32所示。

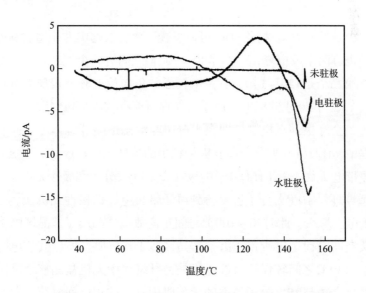

图2-32　未驻极、电驻极和水驻极熔喷非织造材料TSD曲线

由图2-32可知，未驻极熔喷非织造材料在40～140℃之间几乎无电流峰，在聚丙烯熔融温度区间150～160℃之间出现了一个弱的负放电峰。这可能是高温下结晶区发生破坏，微晶区和非晶区界面极化的准偶极子消失产生的电流峰。

电晕驻极是利用高压非均匀电场引起空气局部击穿的电晕放电所产生离子束，对低电导率电介质轰击完成驻极过程。负电晕驻极熔喷非织造材料TSD热释放电谱图中除在150～160℃之间微晶区和非晶区界面极化的准偶极子消失产生的放电峰外，在40～100℃之间有一个宽泛负反向电流峰，为电正性，该放电峰是电晕放电过程中聚丙烯大分子和功能成分极化形成的Maxwell-Wagner极化电荷。极化电荷与极化电极极性相反，称为异号电荷，由于采用的是负电晕放电，因此其极化电荷表现为电正性。同时，在110～140℃有一个较强的正放电峰，表现为电负性。该放电峰可能归属于电晕驻极过程中"深陷阱"捕获与电极同号的空间电荷，由于负电晕放电空间电荷为负电荷，所以表现为正向放电峰。由此可见，电晕驻极熔喷非织造材料电荷存储机制主要包括极化和空间电荷捕获两大机制。

水驻极熔喷非织造生产基本原理已基本明确，它是以一定压力将低电导率的水滴或水射流喷射到熔喷聚丙烯纤维非织造材料表面，通过强负压抽吸使水分子与熔喷纤维高速摩擦从而产生静电，经过热风烘干工序，即可完成纯水射流摩擦充电的驻极过程，然而关于水驻极熔喷非织造材料电荷形成与存储机制仍不清晰。卢晨等人认为水驻极过程中同时存在电子转移和离子转移，并且以电子转移为主。

从水驻极熔喷非织造材料TSD图可以发现，水驻极熔喷非织造材料除熔融放电峰外，同样也有两个放电峰，一个是40～100℃之间有一个宽泛正向放电峰，表现为电负性；第二个是120～140℃有一个较强的负向放电峰，表现为电正性。基于该TSD测试结果，推断水驻极电荷产生与储存可能存在两种机制。

第一种为全摩擦储电机制，即在水分子与湿态熔喷纤维体（表面和体内）高速摩擦过程中，H_2O与PP大分子和驻极母粒中的极性无机盐成核剂、氨基化合物光稳定剂摩擦带电所致。由于H_2O分子的极性介于PP大分子和极性无机盐、氨基化合物之间，摩擦过程中PP大分子容易得到电子带负电，而极性无机盐、氨基化合物失电子带正电。那么，此时40～100℃之间正向放电峰归属于非晶区PP大分子失电子形成的负空间电荷逸出所致，由于非晶区属于浅陷阱，所以其放电峰温度相对较低；110～140℃之间较强的负放电峰是为纤维体中无机盐晶核结晶区与非晶区界面、氨基化合物与PP大分子界面的深陷阱中存储的正空间电荷逸散峰。这种储电机制的假设存在一定局限性，尽管湿态条件下熔喷纤维润湿比较充分，但负压抽吸过程中纤维内部水分子的运动速度仍然较慢，是否能够保证纤维内部摩擦产电仍有待验证。

第二种机制为表面摩擦与离子迁移机制，即水分子与熔喷纤维外表面PP大分子高速摩擦，纤维表面PP大分子得电子带负电，同时形成了大量带正电的水合质子（H_3O^+），由于纤维内部有极强的吸电子基团（硬脂酸、—NH—等），带正电的水合质子（H_3O^+）在外电场推动和内部强吸电子基团吸引作用下迁移至湿态熔喷纤维体内部，干燥后水分子挥发，深陷阱中捕获H^+形成耐久的正空间电荷（如—NH_2^+—等）。此时40~100℃之间正向放电峰归属于表面或非晶区PP大分子失电子形成的负空间电荷逸出所致；110~140℃之间较强的负放电峰是水合质子（H_3O^+）向纤维体内部迁移被无机盐或氨基化合物捕获的正空间电荷逸散峰所致。

根据电荷的迁移和逸散机理发现，电荷容易在湿态条件下迁移，而水驻极过程中纤维处于完全浸润状态，聚丙烯纤维中含有大量的水分子，水分子一是能起到电荷迁移、运载通道作用，由纤维表面向内部顺利迁移，二是能产生一些内部空穴，有助于电荷的存储和捕获。最后经热风烘干后水分蒸发，带电粒子被"冻结"在纤维体内部的陷阱中，形成永久带电体。而静电驻极过程中，纤维处于干态，通过驻极母粒添加可以改善其电荷捕获能力，但电荷向内部迁移的速率和通道仍然有限，这也是水驻极技术优于电驻极的原因。以上是对水驻极熔喷非织造材料电荷产生与存储机制的理解与推测，其准确性有待进一步深入研究并加以验证。

参考文献

［1］郭秉臣.非织造材料与工程学［M］.北京：中国纺织出版社，2010.

［2］刘亚.熔喷/静电纺复合法聚乳酸非织造布的制备及过滤性能研究［D］.天津：天津大学，2009.

［3］王燕飞.熔喷非织造布的制备工艺及其专用聚丙烯材料的性能表征［D］.北京：北京化工大学，2009.

［4］程可为，刘亚，赵义侠，等.新型熔喷非织造材料研究进展［J］.纺织导报，2021（12）：61-66.

［5］李晨旸.层状纳米粒子改性聚苯硫醚及熔喷非织造材料研究［D］.天津：天津工业大学，2017.

［6］EDWARD MCNALLY. 熔喷法的设备、工艺和产品［J］. 产业用纺织品，2008（5）：23-25.

［7］陈廷. 熔喷非织造气流拉伸工艺研究［D］. 上海：东华大学，2003.

［8］康卫民，程博闻，焦晓宁，等. 驻极体非织造布的研究进展［J］. 产业用纺织品，2005，23（2）：1-5.

［9］王力衡. 介质的热刺激理论及其应用［M］. 北京：科学出版社，1988.

［10］DAKIN T W. Conduction and polarization mechanisms and trends in dielectric［J］. IEEE Electrical Insulation Magazine，2006，22（5）：11-28.

［11］兰莉，吴建东，王雅妮，等. 低密度聚乙烯/乙丙橡胶双层介质的界面空间电荷特性［J］. 中国电机工程学报，2015，35（5）：1266-1272.

［12］KILIC A，SHIM E，POURDEYHIMI B. Effect of annealing on charging properties of electret fibers［J］. The Journal of The Textile Institute，2016，108（6）：987-991.

［13］MCCARTY L S，WHITESIDES G M. Electrostatic charging due to separation of ions at interfaces: contact electrification of ionic electrets［J］. Angew Chem Int Ed Engl，2008，47（12）：2188-2207.

第3章　熔喷非织造生产设备

3.1　概述

目前世界上的熔喷系统主要分为Exxon和Biax-Fiber两种形式，熔喷设备的主要生产厂商包括青岛宏大研究院有限公司、德国莱芬豪舍（reifenhauser）、美国J&M公司、意大利STP公司、瑞士立达公司、日本卡森公司以及美国双轴纤维公司。其中，Exxon式熔喷工艺是现阶段熔喷非织造材料生产的主流，各企业通过优化熔喷模头内部通道结构、纺丝组件快装、迷宫式热气流分配等，实现了1600~3200mm熔喷非织造材料的工业化制备。美国双轴纤维公司采用的Biax-Fiber式熔喷工艺，其纤维成型机理与Exxon式并无本质区别，只是牵伸风分配及实施方式有所区别。

3.2　螺杆挤出机

螺杆挤出机是目前热塑性聚合物切片熔融形成稳定熔体的关键装备，螺杆是挤出机的"心脏"，可对机筒内的塑料产生挤压作用，使切片产生移动并形成内部增压效果，结合传热及摩擦产生的热量，促使切片软化熔融，形成稳定的高温流体。

根据螺杆挤出机内的螺杆数量，可分为单螺杆挤出机与双螺杆挤出机两大类。

3.2.1　单螺杆挤出机

单螺杆挤出机具有结构简单、性能稳定、价格低廉、操作方便、工艺易控、生产效率高、应用范围广、可连续化、自动化生产等特点。现阶段使用最多的螺杆种类包括渐变式螺杆、两段式螺杆以及突变式螺杆，具体形状及螺杆螺距、螺深分布如图3-1所示。

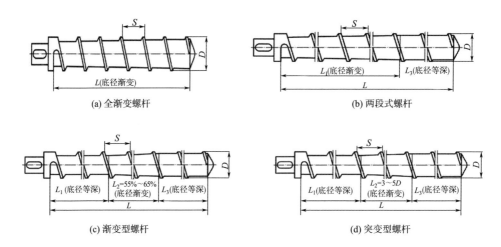

(a) 全渐变螺杆　　　　　　　　　　　　　(b) 两段式螺杆

(c) 渐变型螺杆　　　　　　　　　　　　　(d) 突变型螺杆

图3-1　常用单螺杆挤出机螺杆示意图

S—螺纹螺距　L—螺杆工作段长度　D—螺杆外径

现阶段单螺杆挤出机存在以下问题，极大限制了新材料的应用与产能的提高：

（1）螺杆固体输送能力不高，弹性较大的聚合物切片输送困难。

（2）单螺杆在高转速工况下，塑化过程不良，且容易出现熔体温度过高、流体运动波动加剧等现象。

针对上述问题，研究者们通过改进螺杆形状，实现了效率与塑化过程的均衡与统一。

3.2.1.1　分离型（BM）螺杆

分离型螺杆的特点是在三段式螺杆中的熔融区间位置引入了副螺纹，副螺纹的外径小于主螺纹外径。副螺纹的引入使软化后的切片与熔体流在挤压过程中实现分离，即固相和液相的聚合物分开，形成固相槽和液相槽，副螺棱外径略小于主螺棱外径。分离型螺杆有四种基本类型，如图3-2所示。

分离型螺杆具备塑化效率高、产量稳定、排气性能优异等优势，但其缺点也很明显，副螺纹的加入导致机械加工难度增大，而固体床的宽度逐渐收缩，限制了固体床的吸热熔融能力。

3.2.1.2　Barr 型螺杆

Barr 型螺杆与分离型螺杆类似，如图3-3所示，均是在原有螺纹的基础上引入额外的副螺棱，但用于Barr型螺杆中的副螺棱螺距较大，当液相槽的宽度达到一定程度时，副螺棱外径与主螺纹相等。这种结构的优点是固相槽宽度保持恒定，固体物料始终有较大面积与机筒接触，有利于熔融。

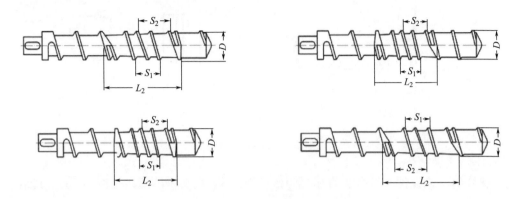

图3-2　分离型螺杆中副螺纹的分布形式

S_1—主螺纹螺距　S_2—副螺纹螺距　L_2—副螺纹工作段长度　D—螺杆外径

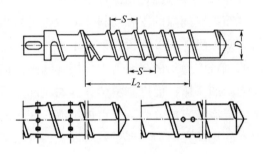

图3-3　Barr型螺杆示意图

S—螺纹螺距　L_2—副螺纹工作段长度　D—螺杆外径

3.2.1.3　混炼型螺杆

常规三段式螺杆中，熔融段内存在固体床和熔池在同一螺槽中出现的情况，固体床存在易破碎、传热慢以及剪切困难等问题，会导致部分物料无法彻底熔融，而另外一部分物料已经处于过热状态，塑化效果较差。混炼型螺杆通过加入圆柱形、菱形［图3-4（a）］、方形［图3-4（b）］凸起，在压力作用下可将固体床打碎，破坏两相流动，增加固、液相的接触面积，促进固体床熔融。混炼元件设置在均化段的，则通过多次分流、汇合，改变流动方向，释放熔体内能，降低熔体压力波动，促进塑化过程。

3.2.1.4　屏障型螺杆

屏障型螺杆在螺杆的某个区域设立屏蔽段，保证固态聚合物无法通过。屏障

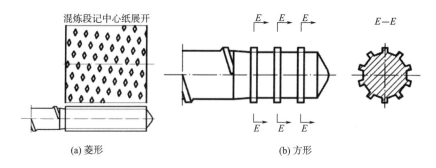

(a) 菱形   (b) 方形

图3-4　混炼型螺杆

型螺杆的屏障元件一般分为直槽屏障段（图3-5）和斜槽屏障段（图3-6）。其结构特点是：在一段外径等于螺杆直径的圆柱上，交替开有数量相等的进料槽和出料槽，而槽的法向截面形状根据需要可以是半圆形或是倒梯形。

　　工作时，聚合物熔体及固体床混合物由进料槽流入，只有液相物料和粒度直径小于屏蔽段外径与螺筒内壁间隙的固相物料才能通过进入出料槽，而那些粒径大于内壁间隙的物料，则被阻挡在屏蔽段以外。未能熔融但通过内壁间隙的固体床碎片会在通过间隙的过程中受到极强的剪切作用，间隙内的层流现象会进一步增大固相颗粒与熔体之间的摩擦，促进物料塑化。通过间隙后熔体出现涡流混合现象，熔体流由原来的层流被直槽分为若干熔体细流，在进入或流出料槽时产生涡流，更改了熔体原本的流动方向，实现了差时混合，有效降低了熔体压力波动现象。

图3-5　直槽屏障型螺杆

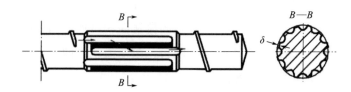

图3-6　斜槽屏障型螺杆

屏蔽型螺杆的主要设计难点是屏蔽段的设计与屏蔽段位置的分布。屏蔽段设计的主要参数包括剪切间隙、屏蔽段长度。其中剪切间隙主要控制物料层流时层间摩擦与机械能与内能的转换效率，过大则失去了屏蔽作用，过小则会降低熔体通过效率，影响产量。屏蔽段的长度与螺杆直径有关，一般为直径的1～2倍。

3.2.1.5　分流式螺杆

分流式螺杆的设计方式与混炼型螺杆类似，混炼型螺杆的销钉分布区域主要位于螺杆的末端，分流式螺杆的销钉分布区域可以位于熔融区与均化区，如图3-7所示。一般三段式螺杆的主要缺点集中于熔融区中的固液混合，从而导致物料的塑化能力下降。在熔融区设置销钉可打碎固体床，破坏固有熔池，扰乱固液混合流动，反复切割、汇合熔体流。实现对物料的均化，有利于添加成分的均匀分布，可广泛用于低温挤出领域。

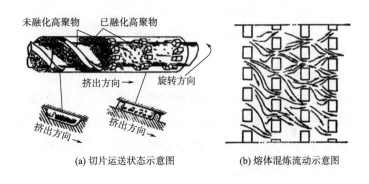

(a) 切片运送状态示意图　　　　(b) 熔体混炼流动示意图

图3-7　分流式螺杆

3.2.1.6　波形螺杆

波形螺杆可分为单槽波形螺杆（图3-8）和双槽波形螺杆（图3-9）。单槽波形螺杆采用单螺棱，槽间距相等，螺槽深度沿螺杆轴向按一定的规律变化，由浅变深再变浅（槽底呈波浪形），并以$2S$的周期出现。物料在该段螺槽中移动，会受到重复的压缩和膨胀，从而加速固体床的破坏，对物料的塑化和混合非常有利。双槽波形螺杆是在主螺槽中间引入一条副螺棱（外径低于主螺棱），将主螺槽分成两部分，每个螺槽深度沿螺杆轴向按一定的规律变化，由浅变深再变浅，并以周期S出现，相邻螺槽峰谷交错。双槽波形螺杆除了对物料有压缩和膨胀的作用外，物料在越过副螺棱时，还要经受短暂而强烈的剪切，其挤出效果要好于单槽波形螺杆。

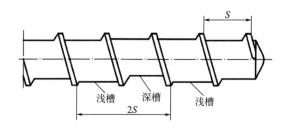

图3-8 单槽波形螺杆

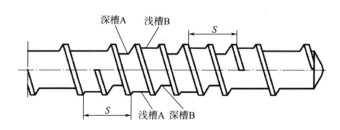

图3-9 双槽波形螺杆

3.2.1.7 组合螺杆

根据上述可知，分离型螺杆通过附加螺纹的形式实现其功能性，因此只能与原螺杆进行一体式加工，其设计拓展性较差。而其他种类螺杆则是通过在熔融段或均化段加装非螺纹式区段实现不同的功能。在这里可将这些区段分为输送区段、压缩区段、剪切区段以及均化区段等。

新型组合螺杆的设计可根据不同的螺杆使用领域进行个性化设置，如以混炼为主的螺杆可以在螺杆上设计不同的销钉区域，通过反复切割、汇合熔体，实现均匀的熔体输送。适用于低温挤出的螺杆则以剪切作用为主，通过设置多个屏蔽段，控制屏蔽段外径与螺筒内径之间的距离，用于塑化物料。

3.2.2 双螺杆挤出机

双螺杆挤出机是相互啮合且同向旋转的两根螺杆通过相互"刮擦"，达到塑化物料的作用，其具有良好的自清理功能，消除了螺杆挤出机内的熔体流动死区；双螺杆挤出机的内部螺杆工作方式如图3-10所示，根据两个螺杆之间的啮合方式不同还可分为混合式双螺杆（图3-11）与输送式双螺杆（图3-12）。常见的反应式双螺杆挤出机如图3-13所示，具有以下特点：

（1）双螺杆挤出机中螺杆与螺杆、螺杆与机筒之间的间隙很小，其构型如

图3-14所示。通常螺杆之间的间隙小于2mm，螺杆与机筒之间的间隙小于1mm，因此反应体系中非受控的物料返流量较小。

图3-10　双螺杆挤出机的内部螺杆工作方式

图3-11　具有混合作用的部件

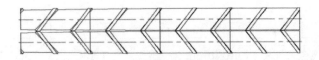

图3-12　具有输送作用的部件

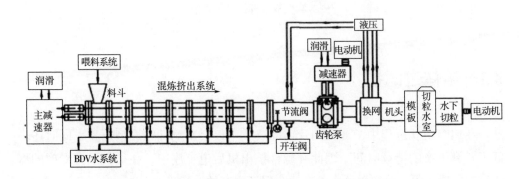

图3-13　反应式双螺杆挤出机示意图

（2）双螺杆挤出机采用饥饿式喂料，除阻尼段和计量挤出段保持物料全充满外，在其他功能段物料基本都处于非充满状态。挤出机螺杆的积木式结构，便于在螺杆不同功能段采用输送效率不同的螺纹元件从而改变其物料的填充率。因此反应型双螺杆挤出机中（尤其在脱挥口处）反应体系的比表面积比传统反应器大，有利于反应副产物和低分子挥发分的脱除。

（3）由于螺杆高速旋转，具有很强的剪切混合力，使得反应型双螺杆挤出机中的物料具有极高的表面更新率，有利于挥发分的脱除。

由于物料在挤出机连续反应且返流量很小，因此可以根据反应进行的程度和挥发分产生的时间及挥发量的大小在挤出机的不同位置设置一个或多个脱挥口。在采用抽真空脱挥的情况下，还可以根据脱挥口反应体系的黏度、温度及所要脱除的挥发分种类，在各真空脱挥口采用不同的真空度。这样既可以防止反应物被脱离反应体系（即通常所说的返料），又能根据工艺要求脱除不同的低分子挥发分，方便回收反应体系中的溶剂。

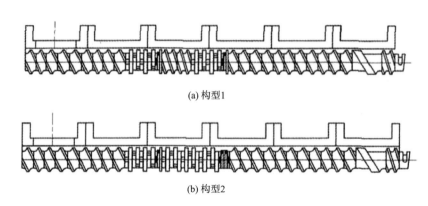

(a) 构型1

(b) 构型2

图3-14　双螺杆构型示意图

3.3　熔体过滤器

在熔喷纺丝过程中，混入切片内的杂质不仅会影响纤维成型质量，同时还降低了正常生产的持续时间。因此在螺杆挤出机后道工序中，往往会设置专门的熔体过滤装置，用于分离熔体中的杂质，保证生产的持续稳定进行。

熔体过滤可根据换网时的生产状态分为换网式过滤器及阀门切换式过滤器。

3.3.1 换网式过滤器

3.3.1.1 快速换网式过滤器

快速换网式过滤器是指通过液压、丝杠等动力切换安装在圆盘或矩形板表面的金属网状过滤器，其中网状过滤器由单层或多层不同目数的金属网构成。

圆盘或矩形滑板表面都存在两个安装过滤器元件的位置，每次使用时只有一个过滤器元件参与熔体过滤过程，在熔体挤出输送过程中，过滤杂质会逐渐沉积在过滤器元件表面，堵塞金属网孔眼，造成滤前压力持续上升。快速换网式过滤器在换网过程中需要关闭螺杆挤出机，停止熔体输送，生产过程不连续，但其结构简单且使用成本低，一般用于小型熔喷生产线中。图3-15所示为平板式换网器。

图3-15 平板式换网器

3.3.1.2 不停机换网过滤器

不停机换网过滤器可以在不中断生产的情况下更换滤网，与快速换网器相比，增加了一套滑板或一个柱塞，不停机换网过滤器工作过程中，熔体被分为两股并分别进入两套过滤器中，这两套过滤器在工作过程中既可以单独使用也可以共同使用，单独使用时两套过滤装置工作状态为"一开一备"；共同使用时，错时更换过滤网即可。不停机换网过滤器在换网时需要注意排气问题，通常网前与网后均设置排气沟槽，通过熔体流将气体挤出，保证熔体的稳定输送。

换网式过滤器以平面金属网为主要过滤介质时，其过滤元件直径不超过200mm，而采用柱塞型过滤介质时，其过滤面积也不会超过$0.1m^2$，因此生产线对切片含杂率要求较高。

3.3.2 阀门切换式过滤器

阀门切换式过滤器的工作原理与不停机换网式过滤器相同，采用不锈钢包裹

的双熔体过滤室，过滤室内部是由多个烛形不锈钢褶叠滤芯构成，具体形式如图
3-16所示。

图3-16　不锈钢褶叠滤芯

目前使用的烛形滤芯外径尺寸主要是35mm、50mm、60mm，长度尺寸主要是
200mm、300mm、400mm、500mm，对应的单根滤芯实际可用过滤面积为0.1～1m²，
可根据不同需要订制过滤孔径（20～100μm），每个过滤室内包括4～80根烛形滤
芯。由于过滤面积是换网式过滤器的10～100倍，因此使用烛形滤芯的过滤装置具有
使用寿命长、对切片含杂率要求低等优势。但褶叠烛形滤芯属于耐久性过滤元件，
使用寿命到期后需要对其进行清理，清理时采用三甘醇对物料进行高温溶解，此方
法主要用于PET与PA6系列的熔喷生产线，现阶段处理聚丙烯材料较为困难。

3.4　熔喷模头

3.4.1　Exxon式熔喷模头

高温聚合物由位于楔形区域顶端且直径为0.25～0.4mm的喷丝孔挤出后形成熔
体细流，在两侧高温、高速的气流摩擦下，逐渐固化形成超细纤维，具体原理如
图3-17所示。

喷丝板的顶端为楔形，楔形角在60°～90°之间，常用楔形角度为60°。所有喷丝孔
位于楔形的顶端位置。牵伸气流通过气刀与楔形配合，形成狭长的气流输送通道（气
缝），其中气缝的宽度范围受提供气源装置的种类限制，较小的气缝（0.3～0.6mm）通
常要求压力更大的气源，适用于空气压缩机；较大的气缝（0.6～1.5mm）则对气流的流

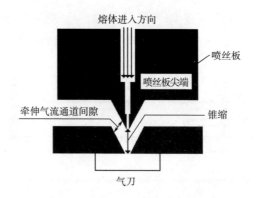

图3-17　Exxon式熔喷模头工作原理图

量要求较高，通常使用罗茨风机或螺杆风机。

喷丝孔长径比在（1：7）～（1：15）之间，长径比越大，熔体细流内部压力波动越小，对应纤维取向越优异，但会增大熔体与喷丝孔内壁的摩擦力，导致熔体输送压力变大。喷丝孔的分布线密度则限制了熔喷模头的产量和对应的压力，喷丝孔线密度分布一般为35×50个/英寸，对应产量为50～60kg/（m·h），纺丝熔体压力控制范围为1～4MPa。

熔喷模头内部熔体管路可分为简单分配与衣架式分配两大类，其中简单分配一般用于幅宽≤600mm的小型生产线或实验线，具体分配方式如图3-18、图3-19所示。

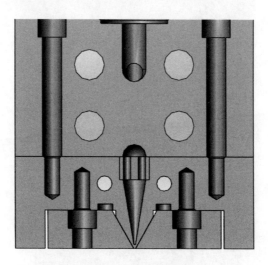

图3-18　小型模头侧剖图

宽幅熔喷头则采用"衣架式"熔体分配方式，如图3-20所示，适用于

1000～3200mm幅宽的熔喷非织造生产线（图3-21），图3-22所示的熔体压力模拟计算图显示衣架式分配方式基本上保证了喷丝模头内部的压力均一稳定。

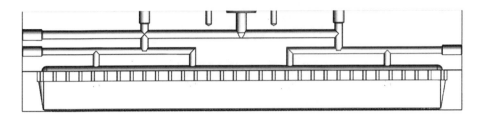

图3-19　小型喷头内部熔体分配管路图

图3-20　衣架式分配图

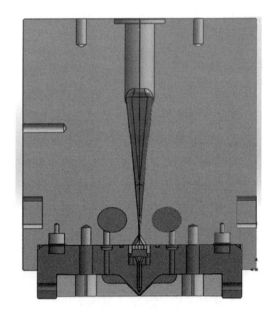

图3-21　1.6m熔喷模头侧剖图

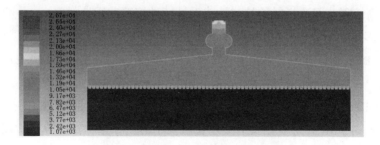

图3-22 熔体压力模拟仿真计算结果

3.4.2 Biax-fiber（BF）式多排熔喷模头

BF式熔喷模头如图3-23所示。

(a) 实物图

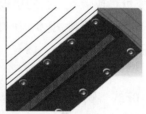

(b) 底部放大图

(c) 喷口位置细节图

(d) 熔体池图

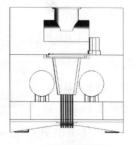

(e) 熔体模头侧剖图

图3-23 BF式熔喷模头

BF式多排熔喷模头采用"单孔单气"的纤维牵伸方式，利用环状高温高速气体对熔体细流进行牵伸、细化，其纤维成型机理与纺粘长丝类似。且喷丝孔排布方式更加多样化，通常使用多排矩形阵列以实现最大单位孔密度，有效提升单位时间产量，并降低相邻喷丝孔纤维相互粘连的概率，甚至可通过优化喷丝孔阵列设计，提高熔喷非织造材料的均匀性或设计特种熔喷非织造材料。

BF式多排熔喷模头与Exxon式熔喷模头的区别如下：

（1）BF式熔喷模头中喷丝孔呈矩形阵列排布，Exxon式熔喷模头喷丝孔呈单线性分布。

（2）BF式熔喷模头的孔密度为200~300孔/英寸，而Exxon式熔喷模头为30~50孔/英寸。BF式熔喷模头的喷丝孔可采用4排、8排，甚至更多，用来提升设备最大产量。

（3）BF式熔喷模头采用压缩空气作为气源，气源使用压力为0.4~0.6MPa，气流流量为3~5m³/min。Exxon式模头采用罗茨风机、螺杆风机作为主要气源，气源压力为0.05~0.2MPa，气流流量为8~10m³/min。

（4）BF式模头采用倒喇叭口式的"单孔单气"牵伸模式，其中气孔与喷丝孔呈同心分布，其气缝为气孔与喷丝孔外沿之间的半径差，一般为0.15~0.3mm，根据实际需要可更换带有气孔的顶板。

（5）BF式熔喷模头中喷丝孔为独立的毛细管结构，喷丝孔直径0.2~0.4mm，长径比1:（15~30），熔体在毛细管内充分释放内应力，熔体压力稳定。

（6）BF式熔喷模头喷丝孔末端高于顶板，突出长度0.1~2mm，而Exxon式熔喷模头喷丝孔末端与顶板平行或低于顶板0.1~0.5mm。

（7）BF式熔喷模头产量为相同规格Exxon式熔喷模头的3~5倍，但其纺丝压力为4~8MPa。

（8）BF式熔喷生产线的能耗为1000~3000kW/t，是Exxon式熔喷生产线能耗的70%~80%。

（9）BF式熔喷模头加工难点为超长熔体毛细管的加工与定位，而Exxon式熔喷模头的加工难点为喷丝孔的内径统一与内壁光滑。

（10）BF式熔喷模头的熔体分配系统与Exxon式类似，处理模头时，其气流分配区域不可分解，需要整体煅烧清洗；Exxon式模头可完全分解，但风刀一般情况下不做煅烧处理。

3.5 成网装置

根据接收网帘形状的差异，成网装置可分为平网式（图3-24）和辊筒式两种，这两种方式都是通过负压吸风实现高速热风的吸收与排放，避免熔喷生产过程中出现"飞花"现象，影响熔喷非织造产品质量。

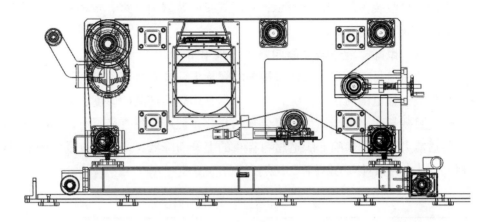

(a) 侧视图

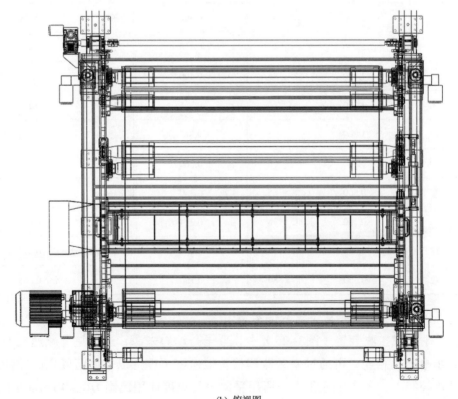

(b) 俯视图

图3-24　平网式接收装置

3.5.1 平网式接收装置

平网式接收装置如图3-24所示，平网式接收装置由平帘、传动装置，纠偏装置以及网下吸风装置构成。

3.5.1.1 聚酯螺旋干网或聚四氟乙烯网平帘

熔喷非织造材料生产线通常采用聚酯螺旋干网或聚四氟乙烯网为网帘的主要材料，目数选择范围为100～400目。可根据常用熔喷产品的厚度、克重选择合理的平帘，目数越大，则会增大吸风装置的复合，但可收集直径更小的熔喷纤维。负压穿透能力会随着熔喷非织造材料克重的上升而降低，产品的克重与网带目数正相关，其中目数对应的网格尺寸见表3-1。

表3-1　平帘目数与筛孔尺寸对应表

目数	筛孔尺寸/mm	目数	筛孔尺寸/mm	目数	筛孔尺寸/mm
8	2.500	35	0.500	90	0.160
10	2.000	40	0.450	100	0.154
12	1.600	45	0.400	110	0.140
16	1.250	50	0.355	120	0.125
18	1.000	55	0.315	130	0.112
20	0.900	60	0.280	150	0.100
24	0.800	65	0.250	160	0.090
26	0.700	70	0.224	190	0.080
28	0.630	75	0.200	200	0.071
32	0.560	80	0.180	240	0.063

3.5.1.2 传动装置（含纠偏装置）

平网式接收装置（图3-25）中，辊子是动力来源，通过星型减速机与三相异步电动机相连，可通过变频器调整转辊速度（也可以采用精度更高的伺服电动机控制），通常工业化生产所用平网帘线速度使用范围为0～40m/min（产品克重20～25g/m^2），采用气动或丝杠调整纠偏辊偏移方向，实现对网帘的实时调整。

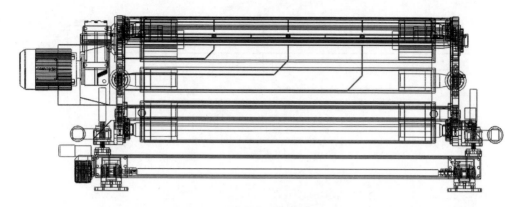

图3-25 平网式接收装置正视图

3.5.1.3 网下吸风装置

网下吸风装置主要功能是保证熔喷非织造材料布面平整、克重均匀。其中负压吸风装置的动力由大型轴流风机提供，负压吸风的风量由非织造材料产量和产品克重共同决定。以1.6m幅宽生产线为例，产品克重为25g/m²，单日产量为1~1.5t时，所需要负压吸风量为20~35m³/min，当产量提升到2~2.5t时，其负压吸风量上升至35~40m³/min。产品克重的增加会造成气流穿透路径变长，对非织造材料表面游离纤维吸附效果下降，相同产量下40g/m²产品所需的负压吸风量是25g/m²产品的1.5~3倍。

网下吸风除了控制"飞花"现象，保证布面平整度外，还可控制超细纤维在高速下吸气流挟持下的沉降过程，吸风量的大小与分布是影响产品均匀性的重要参数。幅宽较小的熔喷生产线（幅宽≤1.0m），其吸风管道位于负压风箱的中心位置，采用较大的单一空腔结构便可实现吸风的均匀性；宽幅熔喷生产线的负压吸风管道位于风箱的一侧，采用单一空腔会导致负压吸风分布不均，靠近管道一侧风量较大而远离管道侧风量偏小，熔喷非织造材料会出现克重偏差，最大克重偏差可达5g/m²，CV值超过30%。因此需要对吸风箱体内部进行气流分配，现在较为成熟的技术是将幅宽方向分割为宽度不超过500mm的吸风段，每个吸风区域都存在独立管路，具体如图3-26所示，吸风管道入口处被分为四层，分别对应着幅宽方向上的四个负压吸风区域。

内部独立风道区域的顶端与负压吸风区域分界线区域并未完全连接，存在一个缓冲区域，避免过快的气流（8~15m/s）在负压吸风表面区域出现湍流，影响纤维的沉降过程。

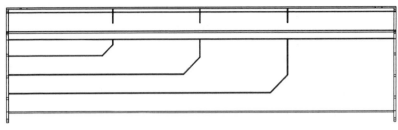

(a) 主视图

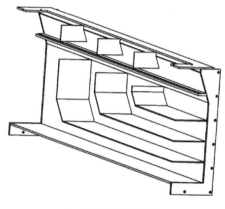

(b) 内部流道分隔结构

图3-26　负压吸风风箱内部风道分配图

3.5.2　圆网式接收装置

圆网式接收装置如图3-27所示，由传动层和吸风管道构成，呈典型的嵌套结构。

3.5.2.1　传动层

传动层由多孔不锈钢板、齿轮/皮带轮以及中置支撑杆构成，多孔不锈钢板呈圆形构造，跟随齿轮/皮带轮做圆周运动。中置支撑杆则对整个圆网接收装置进行支撑，保证圆网平稳旋转运行。

3.5.2.2　吸风管道

圆网接收装置内部吸风管道直径为200～500mm，在管道顶部位置存在狭长矩形开口，开口宽度为30～100mm，开口长度为熔喷非织造材料幅宽50～100mm，且管道和传动层多孔不锈钢板间距为5～50mm，吸风管道为固定安装，中置支撑杆穿透吸风管道的中心轴线位置，吸风管道入口位置位于非传动侧。

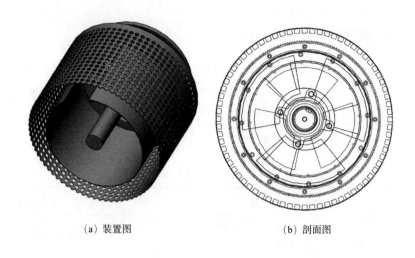

（a）装置图　　　　　　　　　　　　（b）剖面图

图3-27　圆网式接收装置

　　圆网式接收装置工作原理与平网式接收装置工作原理近似，都是采用负压吸风控制超细纤维沉降过程，圆网装置负压吸风开口尺寸低于平网式，内部管路结构相对简单，吸风效率较高，所需风机功率较低。但圆网式接收装置为全金属构造，散热效率高，纤维冷却速度快，熔喷非织造材料风格与平网有较大区别，适用于冷却速度较慢的某些新型聚合物熔喷材料。

　　圆网式接收装置具有结构简单、吸风效率高，纤维自黏合过程速度快等优点，但是其圆弧形接收区域和较狭窄的负压吸风区域对喷头要求较高，需要较窄的纤维离散沉积区域。

3.6　废气处理技术与装置

　　熔喷非织造材料生产过程中的废气，主要由熔融过程中的加热产生。废气主要成分包括气化的水分子、丙烯单体分子、少部分聚丙烯中低熔点可气化物、其他微量烃类化合物等，废气的粒径大多为次微米级，属于VOCs（挥发性有机物）的一部分。VOCs是形成细颗粒物（PM2.5）的重要前提物，是引发雾霾、光化学烟雾等环境问题的主要诱因之一，因此解决熔喷非织造材料生产过程中的VOCs，是一项艰巨复杂的任务。

3.6.1 VOCs废气处理技术

国家有关部门对企业生产过程中产生的VOCs指标有明确规定，其中非甲烷总烃类浓度小于30mg/m³，废气臭味浓度小于2000（无量纲）。根据废气污染物中的主要污染源，常用的处理技术有吸收、吸附、静电、冷凝、燃烧等。企业一般都会采用复合处理技术组合方案，具体技术方法及使用范围见表3-2。

表3-2　烃类化合物废气处理技术

净化方法	方法要点	适用范围
燃烧法	将废气中的有机物作为燃料烧掉或将其在高温下进行氧化分解，温度范围600～1100℃	适合中、高浓度的废气
催化燃烧法	在氧化催化剂作用下，将烃类化合物氧化为CO_2和H_2O，温度范围200～400℃	适合各种浓度的废气净化，用于连续排气的场合
静电法	静电使粒子荷电，污染物沉积在高压极化板表面，需要定期清理	适合各种浓度废气
吸附法	用适当的吸收剂对废气中有机物组分进行物理吸附，温度条件为常温	适合低浓度废气
吸收法	用适当的吸收剂对废气中有机物组分进行物理吸收，温度条件为常温	对废气浓度限制较小，适合含有颗粒物的废气净化
冷凝法	采用低温，使有机物组分冷却至露点以下，液化回收	适合高浓度废气净化

熔喷非织造材料生产过程中，熔体在高温高速牵伸风作用下细化成形的过程中会出现大量次微米级颗粒，该粒度的颗粒收集困难、处理效率低，尤其会使催化燃烧技术中的催化剂出现中毒风险，废气净化条件难以控制。因此熔喷非织造材料生产过程中主要采用静电吸附、燃烧和冷凝或几种技术综合使用，对废气进行处理，具体处理工艺的技术特点见表3-3。

表3-3　熔喷非织造材料废气处理工艺

类型	单体挥发物去除率/%	二次污染	工艺特点	耗能	造价
静电吸附	≥95	无	极板需要经常清理更换，防止短路	中	适中
燃烧	几乎100	无	危险性大，需防火防爆	低	高
冷凝	50～60	无	适于高浓度废气、往往配合其他工艺共同使用	高	高

3.6.2　静电净化技术设备

熔喷非织造材料生产企业通常使用高压静电净化技术处理单元对挥发的废气进行深度处理，本书以上海常嵘环保科技有限公司针对熔融喷丝过程中产生废气的特点开发的一种高效冷凝静电结合净化器为例，介绍其设备。该设备主要包括废气收集系统和自动化控制系统两部分。

3.6.2.1　废气收集系统

（1）吸风罩

吸风罩主要捕集熔融喷丝时产生的次微米颗粒，熔融生产过程中牵伸风速较快，颗粒运动方向受气流影响较大，为了防止影响喷丝过程，这部分设备通常由熔喷设备供货商重新设计并提供配套设备。熔喷设备废气吸收装置如图3-28所示。

（2）主排风管道

主排风管道主要收集各支管的废气

图3-28　熔喷设备废气吸收装置

至处理装置。其采用不锈钢管路，壁厚不小于0.8mm。在各分支管路设置了风量调节阀，用以平衡各支管路的压力和风量；选用离心风机，为气流流动提供负压动力；排气烟筒高度按照国家标准设立，不低于15m。熔喷设备废气管道示意图如图3-29所示。

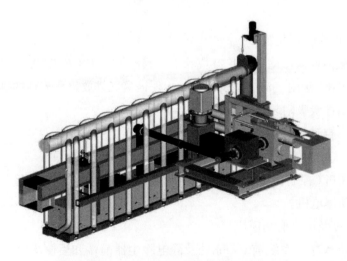

图3-29　熔喷设备废气管道示意图

（3）冷凝式旋风塔及多级板过滤器

在旋风除尘器入口处，用冷水对进入的废气进行降温，同时对高温烟气内的水和有机物进行混合，经过旋风除尘后部分尺寸较大的颗粒物被过滤，处理后的废气由设备底部排出送入多级板过滤器，除去粒径≥5μm的颗粒物。

（4）CR-EC高压静电净化器

通过高压静电使次微米级颗粒带电，在高压静电场作用下颗粒被吸附到极性相反的极板上。高压静电场内的空气在电离作用下产生臭氧，对气流中的气味粒子进行氧化，实现了除臭目的。该静电净化器主要适用于0.3～5μm的颗粒物，并保证非甲烷总烃类的浓度小于20mg/m^3。高压静电净化器如图3-30所示。

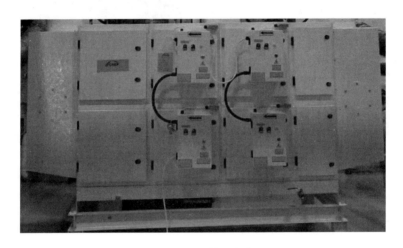

图3-30　高压静电净化器

（5）活性炭吸附装置

采用二级活性炭吸附装置（方块状），其碘值大于850g/100g，表面过滤风速小于0.5m/s，用于吸附气流中残留的臭味，保证臭气排放符合当地的排放要求。图3-31所示为活性炭吸附装置原理图。

3.6.2.2　自动化控制系统

（1）电气控制模块

电控采用PLC控制各部件的联动，利用变频器控制风机的排风量。排风用风机应采用专业防爆电机。

（2）温度及浓度监测模块

在废气进入净化系统前3～5m处及静电除尘器前端和后侧均增加了温度传感器，用于监控温度变化，可保持废气在进入静电除尘器前温度不超过49℃。风机

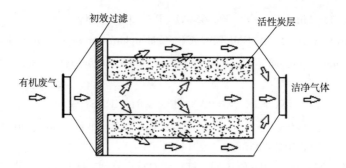

图3-31　活性炭吸附装置原理图

排风口上方增加了监测口，加装了有害气体浓度监测传感器。

（3）安全模块

灭火装置：静电除尘器内部应布置灭火管道，在废气进入净化系统前3～5m处及静电除尘器前端和后侧各增加了防火阀。

安全联动：①在旋风除尘前端增加温度传感器，当烟气温度超过200℃（或其他温度）时，通过PLC控制关闭风机和各防火阀，启动灭火系统；②在净化器前端增加温度传感器，当温度超过70℃时，通过PLC控制关闭风机和各防火阀，启动灭火系统；③净化器日常维护喷淋时，关闭风机。

参考文献

［1］STEVEN R JENKINS, KUN S HYUN. Extruder screw：US, 6017145［P］. 2000-01-25.

［2］JOHN P CHRISTIANO, MICHAEL R THOMPSON. Extruder screw having multi-channeled barrier section：US, 6139179［P］.2000-10-31.

［3］CHRISTIAN KLEE. Extruder screw for a screw extruder：US, 8636497B2［P］. 2014-01-28.

［4］RAINER VIESSMANN. Double screw extruder：US, 8998481B2［P］.2015-04-07.

［5］MICHAEL BEHLING. Extruder screw, extruder, and method for producing an extruder screw：US, 9802352B2［P］.2017-10-31.

［6］DANIEL GNEUSS, DETLEF GNEUSS, STEPHEN GNEUSS. Extruder screw for a multi-screw extruder for plastics extrusion：US, 11141903B2［P］. 2021-10-12.

［7］GREGORY K HALL, THOMAS HAROLD ROESSLER, PAUL THEODORE VANGOMPEL, PEIGUANG ZHOU. Elastic clothlike meltblown materials, articles containing same, and methods of making same: US, 0003658A1［P］. 2006-01-05.

［8］HASSAN BODAGHI, MEHMET SINANGIL. Meltblown nonwoven webs including nanofibers and apparatus and method for forming such meltblown nonwoven webs: US, 0084341A1 ［P］. 2006-04-20.

［9］HAERING ERWIN, KEULEN JAN, EGGERL HORST.Screw extruder mechanism, in particular twin-screw extruder mechanism, for the processing of strongly outgassing materials: US, RE44826E［P］. 2014-04-08.

［10］张新超, 张福国, 史媛媛.不同螺杆构型对挤出机性能影响的试验研究［J］.橡塑技术与装备, 2016, 42（4）:3-4, 40.

［11］王建, 胡晓峰, 石珊, 等.超大长径比双螺杆挤出机制备聚丙烯腈初生纤维［J］.塑料工业, 2021, 49（2）:79-83, 111.

［12］郑彬, 周林非.单螺杆挤出机螺杆的结构设计与优化［J］.塑料工业, 2020, 48（S1）:93-96, 124.

［13］蒋欣.单螺杆挤出机螺杆的设计与改进［J］.橡塑技术与装备, 2016, 42（20）:72-74, 78.

［14］亓鸣宇, 王笑笑, 翟明, 等.单螺杆挤出机熔融输送段冲蚀磨损特性研究［J］.塑料工业, 2021, 49（4）:75-80.

［15］张国强, 龚少立, 张学峰. 反应型双螺杆挤出机的特点及应用［J］.石油和化工设备, 2012, 15（11）:5-7.

［16］穆洪彪, 张含博, 赵培余, 等.挤出机给料装置设计［J］.化工装备技术, 2014, 35（6）:8-11.

［17］王明岩. 挤出机螺杆与机筒的加工及其装配工艺研究［D］.大连:大连理工大学, 2015.

［18］刘奎鲁.挤出机熔体温度与压力的监测系统设计及试验研究［D］.江门:五邑大学, 2017.

［19］王英, 张磊, 李海明. 聚甲基丙烯酸甲酯双螺杆挤出机设计［J］.橡塑技术与装备, 2021, 47（10）:54-56.

［20］曾天忠, 李景峰, 李海明. 聚醚醚酮单螺杆挤出机的设计［J］.橡塑技术与装备, 2021, 47（14）:54-57.

［21］田卫东, 梁晓刚, 何振鹏. 聚乙烯醇双螺杆挤出机组设计［J］.橡塑技术与装备, 2016, 42（8）:12-15.

［22］刘睿.螺杆挤出机优化设计的现状［J］.塑料科技, 2016, 44（3）:85-88.

［23］张超.双螺杆固体输送行为及影响因素研究［D］.昆明:昆明理工大学, 2020.

［24］王多勇. 双螺杆挤出机的关键技术［J］.塑料工业, 2012, 40（4）:118-122.

［25］张坤, 康少博, 徐文博, 等. 双螺杆挤出机关键技术研究与分析［J］.内燃机与配

件，2019（14）：160–162.

［26］郭新良.双螺杆挤出机生产工艺改进分析［J］.石化技术，2016，23（11）：7–8.

［27］么迎辉，冯永红，吴海军.双螺杆挤出机生产工艺改进研究［J］.中国设备工程，2021（10）：118–119.

［28］冯润根.双螺杆挤出机温度控制系统设计［J］.塑料科技，2019，47（6）：78–81.

［29］胡碧连.计量泵（熔喷布JL223）：中国，306190226S［P］.2020–11–24.

［30］KNUT HOBRECHT, JORG ALEXANDER. Apparatus for filtering plastic melts：US, 5607585［P］. 1997–03–04.

［31］ANDREAS RUTZ, FRIEDRICH MUELLER. Parallel filters for plastic melts： US, 6117320［P］.2000–09–12.

［32］DETLEF GNEUSS. Melt filter：US, 7976706B2［P］. 2011–07–12.

［33］THOMAS B, GREEN. Filter having melt–blown and electrospun fibers：US, 8172092B2［P］.2012–05–08.

［34］STEPHAN GNEUSS, DANIEL GNEUSS. Melt filter for purifying plastic melts：US, 8202423B2［P］.2012–06–19.

［35］FRANK HHARTMANN, MICHAEl ANDRESS. Device for filtering polymer melts：US, 8622221B［P］.2014–01–07.

［36］HARALD POHL. Device for filtering a plastic melt：US, 9295930B2［P］.2016–03–29.

［37］POHL HARALD, STEINMANN MARKUS. Device for filtering a plastic melts：US, 10350519B2［P］.2019–07–16.

［38］STEPHAN GNEUSS, DANIEL GNEUSS. Melt Filter for Purifying Plastic Melts：US, 0314815A1［P］.2008–12–25.

［39］THOMAS B, GREEN. Filter Having Melt–Blown and Electrospun Fibers：US, 0181249A1［P］. 2010–07–22.

［40］DETLEF GNEUSS. Melt filter：US, 0206794A1［P］.2010–08–19.

［41］梁启任，谭康宇.PET熔体过滤器状态分析［J］.化纤与纺织技术，2007（3）：41–44.

［42］肖文亚，王振安，魏保富.挤出机用高分子熔体过滤器的发展［J］.塑料包装，2001（4）：38–40，14.

［43］白宝丰，肖文亚.挤出机用高分子熔体过滤器的种类及发展［J］.上海塑料，2002（4）：23–26.

［44］王振保，张华林.挤出机用熔体过滤器的种类及发展［J］.中国塑料，2002（11）：15–17.

［45］郑宝山，王保明.熔体过滤器的机械设计及分析［J］.聚酯工业，2003（5）：23–26，51.

［46］高骥，邱慧玲，邱静.熔体过滤器的控制［J］.石油化工自动化，2006（6）：83-85.

［47］赵明娟，许建明.熔体过滤器过滤材料的选择和过滤单元的设计［J］.合成纤维工业，2000（2）：53-55.

［48］徐占祥.熔体过滤器在纺粘法非织造布生产线中的应用［J］.产业用纺织品，2000（7）：28-32.

［49］廖玉兴.熔体过滤器在生产中的应用及特点［C］.中国第16届纺粘和熔喷法非织造布行业年会.2009.

［50］许弘，钟富优，乐兆发.新型自洁式熔体过滤器［J］.金山油化纤，2006（3）：44-46.

［51］MICHAEL C. COOK. Meltblown die tip with capillaries for each counterbore：US，6579084B1［P］.2003-06-17.

［52］ROBERT J. KOENIG. Meltblown die head: US，5196207［P］.1993-03-23.

［53］王新厚，程悌吾，黄秀宝.衣架型模头中熔融聚合物流动的三维有限元分析［J］.中国纺织大学学报，1997（6）：10-16.

［54］王玉栋，姬长春，王新厚，等.新型熔喷气流模头的设计与数值分析［J］.纺织学报，2021，42（7）：95-100.

［55］刘金南，程寿国，沙印，等.小型熔喷模头加工及装配方法研究［J］.时代汽车，2021（9）：142-143.

［56］孙亚峰.微纳米纤维纺丝拉伸机理的研究［D］.上海：东华大学，2011.

［57］姬长春，张开源，王玉栋，等.熔喷三维气流场的数值计算与分析［J］.纺织学报，2019，40（8）：175-180.

［58］刘金南，程寿国，王益辉.熔喷模头温度和压力控制系统的设计［J］.现代工业经济和信息化，2021，11（1）：51-52.

［59］王晓梅，柯勤飞.熔喷模头双缝形喷嘴纺丝线上的气流变化［J］.东华大学学报（自然科学版），2005（1）：16-19.

［60］赵楼杰.熔喷模头喷嘴孔流场速度和温度分布的模拟［D］.上海：东华大学，2010.

［61］赵楼杰，柯勤飞.熔喷模头喷嘴孔流场速度分布的研究［J］.非织造布，2009，17（4）：7-9.

［62］程寿国，刘金南，闫国伦，等.熔喷模头和熔喷流场的研究现状及发展趋势［J］.现代工业经济和信息化，2021，11（9）：17-18，53.

［63］刘金南，程寿国，王益辉，等.熔喷模头的设计及试验［J］.时代汽车，2021（3）：132-133.

［64］郭燕坤.熔喷非织造用衣架型模头的研究［D］.上海：东华大学，2005.

［65］孟凯.熔喷非织造模头设计中几个问题的研究［D］.上海：东华大学，2009.

［66］韩万里.熔喷非织造模头宽幅化和纤维纳米化的研究［D］.上海：东华大学，2014.

［67］尹明富，李晓青.熔喷非织造布纺丝模头流道设计［J］.机械科学与技术，2010，29
　　　（5）：599-601.

［68］非织造设备:趋向多功能和高产能［J］.纺织服装周刊，2012（21）：56，73.

［69］刘玉军，王新厚.纺熔非织造设备用T型模头和衣架型模头的对比［J］.纺织机械，
　　　2006（4）：21-23.

［70］顾进.从ITMA ASIA+CITME 2012看纺熔法设备发展的新特点［J］.纺织导报，2012
　　　（9）：16-18，20，22，24-26.

［71］冯宜绥，颜旸旸.500吨/年聚丙烯熔喷法非织造布的工业应用［J］.甘肃科技，2021，
　　　37（9）：3-4，17.

［72］王巍植，洪伟，陈单.一种增强熔喷布内电荷均匀分布的静电驻极装置：中国，
　　　112281469A［P］.2021-01-29.

［73］韩万里，王新厚，易洪雷，等.一种用于熔喷非织造布在线生产的冷却接收装置：中
　　　国，112011895A［P］.2020-12-01.

［74］杨建成，陈云军，刘健，等.一种熔喷无纺布静电驻极装置：中国，214005240U
　　　［P］.2021-08-20.

［75］戴霞.一种熔喷设备的热回收装置：中国，210737055U［P］.2020-06-12.

［76］蔡凤娟，蔡鸿谦.一种熔喷布智能化生产系统及生产方法：中国，112442794A［P］.
　　　2021-03-05.

［77］李杰，张仕杰，程强，等.一种熔喷布在线驻极接收装置：中国，213538544U［P］.
　　　2021-06-25.

［78］张三郎，张祖峰，夏向阳，等.一种熔喷布水驻极装置：中国，213995129U［P］.
　　　2021-08-20.

［79］徐晓伟.一种熔喷布生产用网带接收装置：中国，213568655U［P］.2021-06-29.

［80］宗产贵.一种熔喷布翻面水刺驻极设备：中国，213172863U［P］.2021-05-11.

［81］赵树连.一种熔喷布成型接收装置：中国，213772447U［P］.2021-07-23.

［82］李双双，胡小丽.一种基于双滚筒接收装置的无纺布熔喷加工方法：中国，111663247A
　　　［P］.2020-09-15.

［83］倪洪妹，虞磊.一种非纺织熔喷布生产用网格履带接收装置：中国，212505306U［P］.
　　　2021-02-09.

［84］江科.熔喷法非织造布喷射纤维静电驻极与纤维拉伸装置及方法：中国，111910274A
　　　［P］.2020-11-10.

［85］唐惠奇.熔喷布驻极装置：中国，213836063U［P］.2021-07-30.

［86］钟波.熔喷布水注驻极装置：中国，212757619U［P］.2021-03-23.

［87］HIRANO HIRANO，NAOTERU MATSUBARA，YOSHIKI MURAYAMA，et al. Electret
　　　device and electrostatic operating apparatus：US，7825547B2［P］.2010-11-02.

［88］YOSHIKI MURAYAMA, NAOTERU MATSUBARA. Electret device and electrostatic operating apparatus: US, 7804205B2［P］. 2010-09-28.

［89］NAOTERU MATSUBARA, YOSHIKI MURAYAMA, KATSUJI MABUCHI. Electret device and electrostatic induction conversion apparatus comprising thesame: US, 7956497B2［P］. 2011-06-07.

［90］赫伟东, 柳静献, 郭颖赫, 等. 一种过滤材料驻极设备及方法: 中国, 109395682A［P］. 2019-03-01.

［91］郁杨. 熔喷双滚筒接收机: 中国, 203034226U［P］. 2013-07-03.

［92］孙秉成, 钱树蓉, 谢国平. 角度可调的熔喷布接收装置: 中国, 212640791U［P］. 2021-03-02.

［93］司徒元舜, 胡晓航, 刘志贵, 等. 熔体纺丝成网系统接收装置的技术进展［J］. 纺织导报, 2014（4）: 76-80.

［94］刘金南, 王益辉, 葛文磊. 可调式静电驻极装置的设计及试验［J］. 机械研究与应用, 2021, 34（4）: 72-73, 76.

第4章 复合熔喷非织造材料

4.1 纺粘/熔喷复合非织造材料（SMS）

随着各种非织造加工技术的成熟，各种工艺之间相互渗透，已成为当前非织造材料发展的趋势，尤其是各工艺之间的复合越来越受到重视。非织造复合技术就是将两种或两种以上性能各异的非织造材料或其他材料经过复合加工，制成具有多功能、高性能、适用性强的多层非织造材料的加工技术。

在非织造复合加工过程中，纺粘/熔喷复合非织造材料占有很大的比重。通常所说的SMS复合非织造材料，其缩写取自纺粘（spunbond）和熔喷（meltblown）英文单词的第一个字母。其中，纺粘法非织造材料的最大特点是纤维呈连续长丝结构，线密度范围大，与同克重的其他非织造材料产品相比，其强度高，纵横向比性能优越，但其成网均匀度和表面覆盖性不如其他非织造产品。熔喷非织造材料为超细纤维结构，纤维直径细，比表面积大，纤网孔隙率小，过滤阻力小，过滤效率高，蓬松、柔软、悬垂性好，表面覆盖性及屏蔽性能均很好；其缺点是强度低、耐磨性较差。将纺粘和熔喷两者结合，所形成的复合非织造材料则互相取长补短，材料不但强度高、耐磨性好，同时又具有优异的过滤和屏蔽性能。目前，以聚丙烯（PP）为主要原料的SMS已经得到很好的应用，因其性能优良、价格低廉、生产技术成熟，应用市场也在逐步扩大。纺粘/熔喷复合非织造材料的主要品种有SM、SMS、SMMS、SMXS等。

SMS复合非织造材料的出现得益于纺粘和熔喷非织造材料技术的快速发展，20世纪80年代，人们开始研究SMS复合技术，90年代初，美国一家公司开发出了SMS复合非织造材料。虽然SMS出现的历史短暂，但因其独特的性能和价格优势，已被广泛应用于医用防护服、医用口罩、手术服、婴儿尿裤、妇女卫生巾、过滤材料、化学防护服等领域。

Reifenhauser公司和Exxon公司通过技术合作使SMS复合非织造材料得以商业

化生产，极大地推动了熔喷技术的发展。目前，Reifenhauser、Kimberly-Clark和Nordson等公司的设备均可生产SMS复合非织造材料。SMS复合技术中的熔喷技术采用多喷头技术提高熔喷产量，采用特殊结构的波形喷嘴以及叠片式熔喷头获得纳米级纤维，这些都将成为熔喷非织造材料生产技术的发展趋势。

4.1.1 SMS复合技术的分类

纺粘和熔喷技术在加工原理上非常接近，生产设备也很相似。根据其生产过程中两种技术的组合方式不同，可以分为在线复合、离线复合及一步半法复合三种。

4.1.1.1 在线复合

在线复合工艺是指SMS复合可以通过在同一条生产线上的纺粘和熔喷设备来实现，即所谓的一步法SMS。其复合原理示意图如图4-1所示。

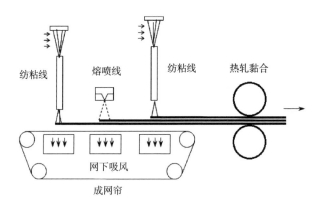

图4-1　在线复合原理示意图

SMS在线复合一般是在纺丝成网生产线的成网区域加设熔喷装置或在两个纺丝成网系统之间加设熔喷装置，当纺粘长丝铺成的纤网在成网帘的输送下进入熔喷成网区时，熔喷系统喷出的超细纤网落在纺粘长丝纤网上，就形成了由一层纺粘纤网与一层熔喷纤网复合而成的纤网，即SM纤网；如果熔喷装置设在两个纺丝成网系统之间，则在熔喷纤网铺置到第一层纺粘纤网上之后，又由第二层纺粘纤网将其覆盖，形成三层复合的纤网，即SMS纤网。采用SMS成网方式时，当需要生产SM产品时，可停止第二个纺丝成网系统的运转。SM或SMS形成的纤网一般都经过热轧黏合，最后切边卷绕形成SM或SMS复合非织造材料。

目前，随着纺粘和熔喷技术的发展和大规模生产方式的需要，这种复合方式已经扩展到一条铺网机上可设置6~7个纺丝箱体，可以是SMMS、SMXS、SSMMSS等，生产能力也扩大到单条生产线20000~30000吨/年。图4-2是Reifenhause公司的SMMS在线复合生产线示意图。

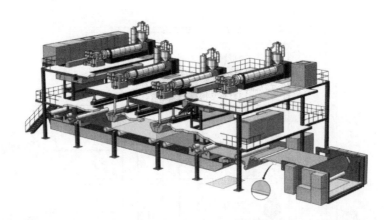

图4-2　Reifenhauser公司的Reicofil SMMS在线复合生产线示意图

同样，在SMS生产的过程中，可以在主体聚合物切片中添加功能母粒或色母粒，制备具有不同功能或不同颜色的SMS产品，也可以对产品进行后整理，从而丰富产品的品种，拓宽其应用。图4-3是Kimberly-Clark 公司带有混料系统和后整理系统的SMS 在线复合生产线原理示意图。

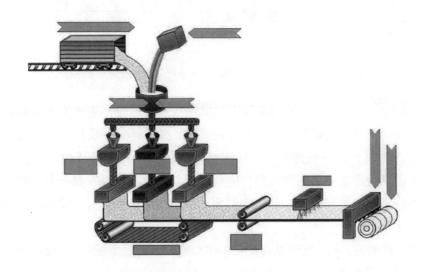

图4-3　Kimberly-Clark公司的SMS 在线复合生产线原理示意图

此外，还可以在纺粘和熔喷线上使用双组分或多组分喷丝装置，生产具有并列、皮芯或橘瓣结构的双组分SMS非织造复合材料，使产品具有两种或两种以上材料的特性。图4-4是CJS公司的双组分SMS在线复合生产线原理示意图。

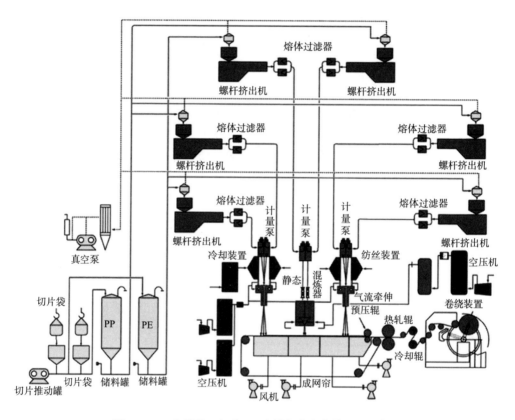

图4-4　CJS公司的双组分SMS在线复合生产线原理示意图

SMS在线复合生产线，采用两种不同成网技术的结合，生产工艺具有许多优点和灵活性。例如，可以根据产品的性能要求，随机调整纺粘层和熔喷层结构的比例，使产品具有良好的透气性；或者使产品的过滤性能和抗静水压能力大大提高，还可以生产低克重的产品等。但是在线复合生产线投资成本大，建设周期长，生产技术难度相对较大，开机损耗大，故SMS在线复合生产线不适合小订单生产。

值得一提的是，SMS在线复合设备中熔喷线一般都设置成可移动的，如图4-5所示。这样的复合设备移除熔喷系统后，还可以分别生产纺粘或熔喷非织造材料，生产的灵活性相对比较高。

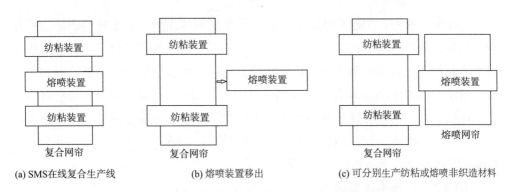

(a) SMS在线复合生产线　　　(b) 熔喷装置移出　　　(c) 可分别生产纺粘或熔喷非织造材料

图4-5　熔喷装置移出示意图

我国在2000年引进了第一条德国莱芬豪斯（Reifenhauser）的3.2m SMXS在线复合生产线，填补了国内在线复合SMS的空白。之后在2003～2005年，又陆续引进了德国莱芬豪斯、美国诺信、日本NKK等多条在线复合SMS生产线，包括两条PET/PP两用SMXS生产线、三条PP SMXS生产线。目前，广东南海Berry集团引进的德国莱芬豪斯Reicofil V的SMS生产线、必得福进口的7m幅宽双组分SMXS生产线都已经投产运行，在新冠肺炎疫情期间发挥了重大作用。而国产的SMS在线生产线技术也已经成熟，宏大研究院、邵阳纺机、瑞法诺机械等研制的在线SMS生产线已被国内非织造生产商认可，并广泛地投入生产。

4.1.1.2　离线复合

离线复合工艺是指先由纺粘和熔喷两种工艺分别制得纺粘非织造材料和熔喷非织造材料，再经过复合设备将两种非织造材料复合在一起，形成SMS复合非织造材料，即所谓的二步法SMS。其原理示意图如图4-6所示。

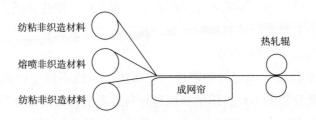

图4-6　离线复合原理示意图

离线复合生产的SMS产品的优点是灵活性高、投资少、见效快，适于小订单生产，也适于复合熔喷非织造材料含量高的产品，可提高复合材料的过滤、耐静水压等性能。

离线复合生产的SMS产品的缺点是产品性能不够理想，如单独生产的熔喷非织造材料，因没有纺粘法非织造材料的支撑作用，熔喷工艺难以灵活调整，很难改善产品的透气性和耐静水压等性能，而且熔喷非织造材料的强力低，受力拉伸后，熔喷的3D结构容易破坏，因此离线复合生产的SMS产品中熔喷非织造材料的克重较高，产品的阻隔性和耐静水压能力也会因熔喷非织造材料受拉伸而略有损失，这样复合的SMS产品，其均匀性很难得到控制。另外，离线复合生产的SMS产品经过三次黏合，产品的透气性大大降低。

4.1.1.3　一步半法复合

鉴于一步法SMS设备投资大、二步法SMS产品克重高的缺点，国内一些企业已经开发出了一步半法SMS，即一层纺粘非织造材料退卷随成网帘送到熔喷区和熔喷非织造材料结合后，再叠加一层纺粘非织造材料，最后通过热轧辊复合的工艺。其原理示意图如图4-7所示。

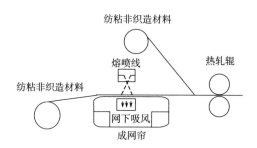

图4-7　一步半法复合原理示意图

这种设备的投资比在线复合SMS小，工艺比在线复合SMS灵活，而且由于熔喷非织造材料是在线生产，不需要通过收卷、退卷工序，即使是低克重的熔喷非织造材料，由于有纺粘非织造材料的支撑，其结构也不会破坏，这样就有效解决了离线复合SMS产品克重高的缺点。

一步半法复合具有一定的创新性，它解决了离线不能生产低克重产品的问题，如果使用低克重的小轧点纺粘非织造材料退卷复合，产品外观与在线复合产品非常接近。此方法工艺调节灵活，如可以通过更换不同颜色、克重的纺粘非织造材料灵活改变产品的品种。但是，由于复合用的纺粘非织造材料上有轧点，会对产品透气性产生影响。此外，纺粘非织造材料作为底层，纤维密度比熔喷纤网大，且纺粘非织造材料上有轧点，这样会增加熔喷区真空抽吸系统的负担。图4-8是Reifenhause公司的一步半法SMS复合生产线示意图。

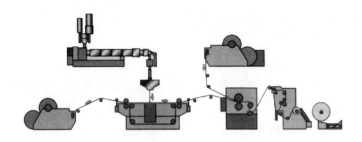

图4-8　Reifenhauser公司的Reicofil一步半法SMS复合生产线

4.1.2　SMS产品的特性和应用

SMS复合技术充分利用了纺粘产品和熔喷产品的技术优势，大大扩展了非织造材料的应用领域。

SMS产品既有纺粘层固有的高强耐磨性，同时中间的熔喷层又提高了产品的过滤效率、阻隔性能、抗粒子穿透性、抗静水压、屏蔽性以及外观均匀性等，从而实现了良好的过滤性、阻液性和不透明性。以PP为主原料的SMS复合非织造材料具有如下优异特性：布面均匀美观、高抗静水压能力、柔软的手感、良好的透气性、良好的过滤效果、耐酸及耐碱能力强。另外，还可以对SMS非织造材料进行三抗（抗酒精、抗血、抗油）和抗静电、抗菌、抗老化等处理，以适应不同用途的需要。

正是由于SMS产品具有如此优异的特性，决定了其广泛的用途。

薄型SMS产品，因为其防水透气性，特别适用于卫生用品市场，如用作卫生巾、卫生护垫、婴儿尿裤、成人失禁尿裤等的面层、防侧漏边及背衬等。

中等厚度的SMS产品，适用于医疗方面，如用作外科手术服、手术包布、手术罩布、杀菌绷带、创可贴、膏药贴等。也适合于工业领域，用作工作服、防护服等。在这部分市场上，过去一直是水刺法非织造材料的天下，因其具有良好的柔软性、吸水性，且外观、性能最接近传统纺织品，曾一度得到推广并沿用至今，但水刺法非织造材料抗静水压能力较差，阻隔能力也不够理想。在目前的医疗市场上，这两种产品用量基本相当。如今，SMS产品以其良好的隔离性能，特别是经过"三抗"和抗静电处理的SMS产品，更适合作为高品质的医疗防护用品材料，在世界范围内已得到广泛应用。

厚型SMS产品，广泛用作各种气体和液体的高效过滤材料，同时还是优良的高效吸油材料，用在工业废水除油、海洋油污清理和工业抹布等方面。

4.2　织物复合熔喷非织造材料

如前所述，熔喷非织造材料因其孔隙率高、纤维超细和比表面积大等特点，具有较好的隔热、保温作用。如平均直径为3μm的熔喷非织造材料，纤维的比表面积可达14617cm²/g，而平均直径为15.3μm的纺粘非织造材料，纤维的比表面积仅约2883cm²/g。由于空气的热导系数比一般的纤维小很多，熔喷非织造材料孔隙内的空气使其热导系数变小，穿透熔喷非织造材料纤维传导的热量损失就很少，而且无数超细纤维表面聚集的静止空气阻止了由于空气的流动而发生的热交换，因而使其具有很好的隔热、保温作用。而插入式双组分熔喷非织造材料，通过在PP熔喷纤维中插入PET短纤，形成特殊的三维立体纤维结构，在具备较高的孔隙率和较大比表面积的同时，同等克重下，与常规熔喷非织造材料相比，具有较高的厚度与回弹性，更加适用于隔热、保暖领域。

聚丙烯纤维是现有纤维材料中热导系数最小的品种，通过插入式双组分熔喷工艺制造的熔喷保暖絮片，保温性能优良，特别适用于制作滑雪服、登山服、被褥、睡袋、保暖内衣、手套鞋履等。这种保暖絮片通过与织物复合形成织物复合熔喷非织造材料，已被用于制作三军冬季的保暖服装，并已逐步应用于民用服装领域。

本节涉及的熔喷非织造材料均指熔喷保暖絮片，包括常规熔喷保暖絮片和插入式双组分熔喷保暖絮片。应用于保暖领域的熔喷非织造材料的克重一般在40～150g/m²。

4.2.1　织物复合熔喷非织造工艺

4.2.1.1　织物复合熔喷非织造工艺路线
织物与熔喷非织造材料进行复合，首先需要对织物进行预处理，然后采用喷撒固体颗粒胶或喷涂液态胶的方式，再通过加热及热轧进行加固，然后冷却卷绕。工艺流程如图4-9所示。

4.2.1.2　织物预处理
由于制造方法的不同，机织物与熔喷非织造材料相比，两者的弹性和伸长率存在一定的差异，机织物的弹性和伸长率要远大于插入式双组分熔喷非织造材料。两者复合后，在拉伸或者经受外力的时候，较易出现弹性和伸长率较低的熔喷非织造材料层断裂的现象。所以在复合时，要对机织物进行预处理，使机织物

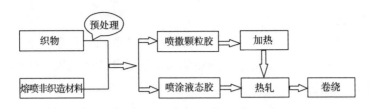

图4-9 织物复合熔喷非织造工艺流程图

在复合时保持伸长状态，伸长后的宽度与熔喷非织造材料相当，复合后快速回缩，以确保复合后的材料在横向和纵向都具有和机织物相近的高弹性。

对织物进行预处理的方法是：喂入时利用特定的装置，首先把织物固定在设备上，然后随着载布链条的传动把织物逐渐拉伸至既定宽度。在织物被拉宽至既定宽度的同时，通过加热装置加热，加热织物的目的是使热熔胶在喷到织物表面时不损耗太多热量，并提高热黏合的强度和效率。

4.2.1.3 撒粉复合与喷胶复合

将织物与熔喷非织造材料进行复合的方式有两种，一种是通过在织物表面喷撒固体颗粒胶，加热使固体颗粒胶融化，覆上熔喷非织造材料，再进行热轧复合，俗称"撒粉复合"；另一种是通过在织物表面喷涂液态胶，覆上熔喷非织造材料，再进行热轧复合，俗称"喷胶复合"。目前使用较多的是喷胶复合。

撒粉复合是通过粉料料斗将固体黏合粉粒，涂撒在被拉宽的机织物表面，然后进入加热装置，当机织物上的黏合粉粒在加热装置内融化后，与熔喷非织造材料进行叠合，再进入热轧装置，两者在拉伸的状态下进行黏合后收缩，成为高弹性的复合保暖织物。但是，当固体黏合粉粒涂撒在被拉宽的机织物上时，黏合粉粒的粒径很小，而机织物被拉宽后，织物纤维之间的孔隙增大，黏合粉粒很容易透过孔隙进入织物的另一面，从而影响外观和穿着的舒适度。

喷胶复合是将机织物拉宽至既定宽度，喂入加热装置加热，然后进入热熔喷胶装置；在热熔喷胶装置中，热熔胶通过计量泵定量地通过带有电加热保暖的胶管输送到喷头，通过喷头的小孔挤出，小孔的两侧同时有压缩空气喷出，挤出的热熔胶在压缩空气的牵引下呈纤维状喷出；喷出的纤维状热熔胶附着在随载布链条传动的已加热的织物上，织物与熔喷非织造材料进行叠合，再进入热轧装置，两者在拉伸的状态下进行黏合后收缩，成为高弹性的复合保暖织物。这种方式制备的复合保暖织物，外观美观，黏合强度高，耐反复清洗。

4.2.1.4 卷绕

经过预处理、喷胶复合、热轧后，此时机织物脱离了载布链条，去除了横向和纵向的拉力后产生回缩，带动了熔喷非织造保暖絮片的回缩，使熔喷非织造材料形成均匀的皱褶，具备了预伸量，在横向和纵向都具有和织物接近的伸缩度，从而制作成高弹性织物复合保暖材料，然后通过收卷装置把织物复合熔喷非织造材料进行收取成卷，供下道工序使用。

4.2.2 织物复合熔喷非织造设备

一种常规的织物喷胶复合熔喷非织造设备如图4-10所示。该喷胶复合设备主要由7个部分组成：织物喂入装置1，熔喷非织造材料保暖絮片喂入装置2，载布装置3（包括载布链条和支撑板），加热装置4，热熔喷胶装置5，热轧装置6和卷绕装置7。

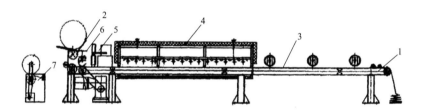

图4-10　一种常规的织物喷胶复合熔喷非织造设备

4.3　木浆/熔喷复合非织造材料

4.3.1　木浆/熔喷复合非织造材料的优势及应用

擦拭产品具有巨大的市场，涉及日常生活、保洁、医疗卫生及工业等多个领域。其中木浆/熔喷复合非织造材料的生产技术被称作"孖纺（MultiForm）"，在擦拭产品中占比最大。孖纺非织造材料是一种将熔喷工艺制备的细度只有人造纤维1/8的高温态超细纤维，与天然木浆纤维及其他功能性合成纤维通过气动混合并高温缠结铺网而形成的多纤共混新型复合非织造材料，核心工艺为木浆分散铺网技术和熔喷混合成网技术。该材料既含有连续的、直径为1～5μm的高分子微纤维，又含有不连续的、直径为10～25μm的天然木浆纤维，并且可以根据不同的需求添加不同比例的其他功能性纤维或者高吸水性树脂（SAP）等辅助材料，使其具有非常优异的使用性能及产品多样性。

孖纺非织造材料生产工艺先进、原料简单、生产过程连续，生产成本大大低于传统的胶合无尘纸、水刺非织造材料及水刺木浆复合材料，产品毛利率可达50%左右。孖纺技术和产品上的优越性主要体现在以下三方面。

①产品应用领域更加广阔。孖纺非织造材料不仅可以替代水刺非织造材料用于生产湿巾等一次性卫生用的吸收芯体，还可以用于液体吸收、工业过滤、隔音隔热等前景广阔的工业应用领域。

②生产过程节能、无污染物排放。孖纺非织造材料以天然木浆为主体原料，利用超细纤维进行固结，因此，由孖纺非织造材料制备的一次性卫生用品用完抛弃后容易降解，不会造成环境污染，符合环保规定和相关政策。

③独特的复合结构与优良的使用性能。作为孖纺非织造材料主要成分之一的熔喷微纤维，其直径比其他天然纤维或合成纤维细一个数量级，因而孖纺非织造材料类产品比表面积大、材质柔软、吸水能力好、清洁去污能力强，产品的使用性能非常优良。

孖纺工艺作为一种平台型的柔性化新型非织造材料生产技术，可开发性强，可用于生产多样化、差异化的微纤复合材料。通过不同类型熔喷原料树脂的选用、主组分纤维和功能性纤维品种及配比的调整，以及压光或压花等不同外观效果的选择，所生产的产品在品种、外观和性能上均具有极大的可设计性，可用于开发和生产诸如全生物基非织造材料、可冲散非织造材料、吸水复合芯体材料等多种新型热门卫生材料。

如今，孖纺非织造材料（图4-11）凭借其无与伦比的优异性能，已经成为卫生用品行业巨头美国金佰利集团旗下婴儿湿巾品牌"好奇（Huggies）"和"舒洁（Kleenex）"的专用原料。据了解，金佰利集团孖纺非织造材料每年的用量超过10万吨，以孖纺非织造材料为原料制备的卫生用品，其性能优越性已经在北美等市场得到广大消费者以及业内专业人士的高度认可，市场份额也在个人护理类湿巾市场遥遥领先于其他品牌。目前，国内市场个人护理类湿巾占整个湿巾市场的75%左右，其中婴儿湿巾和通用湿巾的销量又占个人护理类湿巾销量的70%以上，且年均增长率高达30%~35%。湿巾基材方面，目前主要还是以各类水刺非织造材料和胶合干法纸为主。

孖纺非织造材料用于个人护理类湿巾基材，比这两类传统材料具有如下优势：孖纺非织造材料表面富聚超细纤维，材质更柔软、亲肤感更好、对婴儿皮肤无伤害；吸液保液性能更好、质感手感更佳、清洁能力更强；主要成分是天然木浆和部分超细纤维，产品用完抛弃后易降解，更加环保，完全符合产业发展方向。

图4-11　孖纺非织造材料的微观结构及其应用

此前，由于专利技术壁垒，该材料在全球范围内只有金佰利能够生产，故只有金佰利自有品牌湿巾独享这种技术。美国Extrusion Group公司是目前全球第一家掌握商业化孖纺生产工艺及设备的供应商，Extrusion Group公司的孖纺生产线技术先进、产量高、工艺可开发性强、产品性能优越而且生产成本低廉，其成熟的技术已经过非织造布行业多年验证，优越的产品性能已得到消费者的高度认可，产品在下游行业的应用也极为成功。最近，美国Extrusion Group公司独家向市场推出商业化孖纺非织造材料专用生产设备，如图4-12所示。2020年7月，南宁糖业下属侨虹新材公司新增建设的孖纺生产线顺利竣工投产。山东齐鲁化纺有限公司投资近3亿元年产8000吨医卫新材料的孖纺项目也已落地。2021年，我国山东爱舒乐卫生用品有限责任公司的可降解生物科技材料孖纺非织造材料省级重点建设项目（预计年产孖纺、SMS非织造材料5.5万吨）立项奠基，该项目的开工标志着2021年山东省的重点建设项目驶入了快车道。

图4-12　美国Extrusion Group公司生产车间

　　作为湿巾基材的升级换代之选，孖纺材料将会给处于暴发前期的中国湿巾行业带来巨大的冲击。更为难得的是，孖纺生产线的投资成本比国际上同档次水刺非织造材料、胶合无尘纸以及纺熔非织造生产线更低，投资回报周期更短，项目具有显著的高回报优势。

　　目前，孖纺生产技术及设备在亚洲市场刚刚兴起，孖纺材料在国内市场属于一种新型的非织造材料。随着国内湿纸巾行业正面临爆发式增长，以及卫生吸收类产品（婴儿纸尿裤、成人纸尿裤、医用床垫、护理垫、食品垫、妇女卫生产品、宠物卫生产品等）对芯体材料升级换代的强烈需求，孖纺非织造材料的市场空间巨大，应用前景非常乐观。

4.3.2　木浆/熔喷复合非织造材料的生产原料

　　木浆纤维是孖纺非织造材料制备过程中必备的原材料之一，木浆纤维的吸水性能直接决定了孖纺非织造产品的吸液速率。在众多木浆纤维中，绒毛浆以其较高的蓬松度和吸水性等特点被广泛应用于卫生用品中，是非常典型的高吸水木浆，采用绒毛浆作为孖纺非织造材料生产的原料具有非常重要的实践意义。此外，虽然木浆纤维具有一定的吸水性能，但是与合成吸水树脂相比，其吸水能力还有较大的差距，远远不能满足新型卫生用品的需要，而纤维素基高吸水材料的研发为解决上述问题提供了可能。因此，本部分重点介绍绒毛浆和纤维素基高吸水材料在孖纺非织造材料中的应用。

4.3.2.1 绒毛浆

4.3.2.1.1 绒毛浆简介

绒毛浆是一种以植物纤维为原料，经过特殊工艺制备的化学浆或化学机械浆，具有较高的蓬松度和吸水性，可用来生产一次性卫生用品，如女性卫生用品、婴儿纸尿裤及成人失禁品等。

（1）绒毛浆的制备工艺

原生植物纤维（一般采用针叶木纤维）经过蒸煮、漂白，制得高白度、低含氯量的漂白浆，漂白浆经过绒毛化工艺制成绒毛浆。所谓绒毛化工艺，即采用物理及化学措施将造纸用浆料改性成为绒毛浆的过程。绒毛化，即以化学及物理处理的方法，使纤维呈弯曲形态并具备蓬松度高、纤维间结合力弱及吸水性好等特点的过程。将绒毛浆抄造成绒毛浆板（水分控制在6%～10%），即为商品绒毛浆，市售的商品绒毛浆大多为卷筒状。一次性卫生用品企业，如卫生巾、纸尿裤、成人失禁产品的生产商，使用绒毛浆板时，通常会采用纤维干法解离来实现绒毛浆板的绒毛化，即通过外力机械作用将绒毛浆板打散，成为蓬松的絮状纤维团，然后将干法解离后的绒毛浆纤维均匀铺装，制备得到吸液层。

（2）优质的绒毛浆板应具有的特性

①抽提物含量低；②吸收性好、蓬松度高、吸水后保水性强；③耐破度适宜；④绒毛浆纤维间结合力较弱，以便于打散成蓬松度高的纤维团；⑤尽量避免造成纤维自身的损害，以保证制成的卫生用品具有良好的稳定性。

（3）绒毛浆的理化性质

根据绒毛浆的用途，绒毛浆的性质可概括为三部分：绒毛浆的一般性质，绒毛浆板的性质和绒毛的性质。

绒毛浆的一般性质包括白度、有机溶剂抽出物、纤维长度及其分布；绒毛浆板的性质包括定量、紧度、耐破度、水分；绒毛的性质包括比容、吸湿时间和吸湿速度、吸湿量。与一般浆板相比，绒毛浆的不同之处在于：纤维较长且有较高的自身强度；绒毛浆板在起绒过程中易干解离成单纤维，且加工时产生的粉尘量小；起绒得到的绒毛浆纤维白度高、柔软性好；绒毛浆制品吸水性好、扩散迅速，具有一定的弹性和较好的垫层完整性。绒毛浆产品一般分为全处理浆、半处理浆和未处理浆。全处理浆是经过较强的物理或化学处理使浆板的干蓬松度显著改善的绒毛浆；半处理浆是经过较弱的物理或化学处理使浆板的蓬松度显著改善的绒毛浆。未处理浆是未经过改善浆板蓬松度处理的绒毛浆。其中，全处理浆和半处理浆统称为处理浆。国家标准GB/T 21331—2021《绒毛浆》对不同类别绒毛的性质进行了规范，完全代替了GB/T 21331—2008，并于2022年4月1日实施。绒毛浆的理化性质指标见表4-1。

表4-1　绒毛浆的理化性质指标

指标名称		要求	
		处理浆	未处理浆
定量偏差[①]/%		±5.0	
紧度[①]/（g/cm³）		≤0.65	
耐破度[①][②]/kPa		≤800	≤1500
D65亮度[①]（正反面平均）/%		≤90.0	
干蓬松度/（cm³/g）		≥17.0	≥15.0
吸水时间/s		≤8.0	≤5.0
吸水量/（g/g）		≥8	
可迁移性荧光物质		无	
丙酮抽出物/%		≤0.35	≤0.05
可吸附有机卤素（AOX）/（mg/kg）		≤5.0	
重金属/（mg/kg）	铅（Pb）	≤10	
	砷（As）	≤2	
	镉（Cd）	≤5	
	汞（Hg）	≤1	
尘埃度/（mm²/500g）	0.4～1.0mm²尘埃	≤25	
	>1.0～5.0mm²尘埃	≤10	
	>5.0mm²尘埃	不应有	
交货水分/%		6.0～10.0	

①检验对象为绒毛浆板。
②也可按订货合同生产其他耐破度规格的绒毛浆。

4.3.2.1.2　绒毛浆质量的影响因素

（1）有机溶剂抽出物

针叶木原料中的有机溶剂抽出物含量高，阔叶木中的有机溶剂抽出物含量较小。针叶木中的有机溶剂抽出物主要是松香酸、萜烯类化合物、脂肪酸及不皂化物；阔叶木中的有机溶剂抽出物主要是脂肪酸；非木材原料中的有机溶剂抽出物主要是脂肪和腊质。原料不同，有机溶剂抽出物的种类和含量不同，对绒毛浆质量的影响也不同。

（2）树脂类成分

树脂类成分含量高会显著影响绒毛浆的吸收速率和吸收能力，但碱法制浆则能够很容易地将针叶木中的树脂除去，因此现今采用化学法生产的针叶木绒毛浆的吸收性能非常好；阔叶木原料中的有机溶剂抽出物虽然含量低，但其中含有不易除去的树脂成分，这些残留在浆中的树脂成分会阻碍液体的吸收，所以阔叶木绒毛浆的质量较针叶木绒毛浆的质量要差一些。一般情况下，与化学法制备的绒毛浆相比，化学机械法绒毛浆的质量受树脂影响较大。

（3）半纤维素的含量

在绒毛浆的制备过程中，木质素理论上要被完全去除，半纤维素则根据实际情况部分保留。半纤维素分子中含有更多的游离羟基，这使纸浆纤维具有很强的亲水性，极易使纤维发生润胀，增加纤维的柔韧性，同时增加绒毛浆纸板的强度。但是，绒毛浆使用与普通纸板或浆板不同，绒毛浆使用的第一步就是干法起绒，起绒后才能生产出不同的绒毛浆制品，这就要求绒毛浆板纤维之间的结合要弱，绒毛浆板的松厚度要大，只有这样绒毛浆板才易于起绒。因此在绒毛浆生产过程中适当地除去一些半纤维素，对绒毛浆的使用是有利的。

（4）纤维形态和细胞组成

绒毛浆中纤维的长度和本身强度对绒毛浆的使用性能影响较大。一般纤维长度越长，纤维本身强度越大；纤维越粗，抄成的绒毛浆板松厚度越大，越易起绒。起绒时纤维受损较小，粉尘少，起绒后的绒毛浆在成型后，纤维之间空隙大，吸液性能好，所制备卫生用品的芯垫完整性好。除纤维形态外，对于非木材原料制取绒毛浆，还要考虑杂细胞的影响。一般针叶木原料中杂细胞含量为5%～10%，阔叶木中杂细胞含量为20%～40%，非木材纤维原料中杂细胞含量为35%～54%。这些杂细胞本身强度很差，在制浆过程中容易碎裂，杂细胞含量多的浆料抄造出的纸或纸板紧度大。绒毛浆中细小组分越多，抄成的绒毛浆板紧度越大。耐破度越高，越不易起绒。正是因为绒毛浆板要求具有比较高的松厚度和比较低的耐破度以及易起绒、吸收性好等特点，所以绒毛浆多用针叶木生产。

（5）纤维超结构

绒毛浆的吸收性能对纸浆的打浆度比较敏感，而绒毛浆在生产过程中，由于蒸煮、洗选、漂白、浓缩或商品浆板及干损纸的水力碎解又不可避免地要受到机械力作用，因此纤维或多或少会产生微纤化，暴露出较多的游离羟基，这会使绒毛浆的松厚度下降，纤维的结合强度增大，不利于绒毛浆板起绒。所以在选择绒毛浆原料时，纤维细胞壁的厚度及微细纤维绕角越大，纤维的就越硬挺，结合力就越差，抄造成的绒毛浆板就会越松厚，起绒所需能量就越低，这对于抄造松厚的绒毛浆板是有利的。

4.3.2.1.3 国内外绒毛浆研究现状对比

目前全球排名前三的绒毛浆生产企业分别为佐治亚太平洋（曾经收购瑞安公司）、国际纸业和惠好（Weyerhaeuser）。国外绒毛浆的生产技术已经相当成熟，但在我国还是新兴行业，因此国内绒毛浆的上游市场有90%以上需要进口，这几大国际品牌也已占据了国内绒毛浆市场的大部分份额。然而，由于国外绒毛浆生产企业采取专利技术保密政策，我国还很难了解到绒毛浆生产工艺的核心技术，仅能接触到一些绒毛浆的基本指标，这一技术垄断大大增加了国内绒毛浆工作研究的难度。目前，我国绒毛浆研究工作者主要通过购置市场上已有的进口绒毛浆，在实验室对其主要的性能指标进行检测，同时与自制绒毛浆进行对比研究。

根据绒毛浆的工艺特点，国外从业者提出"全软化""半软化""未软化"的分类概念，如金岛绒毛浆技术参数见表4-2。

表4-2 金岛绒毛浆技术参数

项目	全软化	半软化	未软化
制浆方法	硫酸盐	硫酸盐	硫酸盐
漂白过程	无卤化段	无卤化段	无卤化段
原料	美国南方松	美国南方松	美国南方松
长度平均纤维长/mm	2.7	2.7	2.7
重量平均纤维长/mm	3.4	3.4	3.4
克重/（$g \cdot m^{-2}$）	685	685	685
厚度/mm	1.32	1.29	1.37
密度/（$g \cdot cm^{-3}$）	0.52	0.53	0.5
耐破度/kPa	420	700	1050
含水量/%	8	8	7~8
抽提物/%	0.16	0.08	0.03
ISO白度/%	88	88	88
Kamas能量/（$kW \cdot h \cdot t^{-1}$）	20	30	42
纤维化程度/%	100	100	98
吸液时间/s	1.2	0.95	0.75
吸液能力/（$g \cdot g^{-1}$）	10	10	10.5

国内绒毛浆的研究工作起步相对较晚。国产绒毛浆制造商较少，主要有福建腾荣达纸业（BCTMP绒毛浆）、南宁武鸣奥诺纸业（马尾松卷筒绒毛浆）、广西贺达纸业、云南云景林纸（思茅松漂白硫酸盐绒毛浆）以及广西柳江造纸厂等，而且有部分生产商处于停产状态。虽然国产马尾松绒毛浆产品已能达到国家标准进口商品绒毛浆，但干法解离时粉尘较大，纤维损失较大，垫层的蓬松度不好，导致吸收性能及纤维长度上与进口绒毛浆存在一定差距。所以，国产绒毛浆只能用于中低档产品，高档绒毛浆则主要依靠进口。

4.3.2.1.4　绒毛浆最新产品

随着人们生活水平的提高，新冠肺炎疫情的持续，以及消费者对于高质量生活用纸和卫生用品的需求与日俱增。2021年，巴西桉木浆企业Suzano以及斯道拉恩索都推出了旗下的绒毛浆产品，为生活用纸和卫生用品领域提供了环保型新选择。

全球领先的桉木浆生产商Suzano推出的新款创新型绒毛浆产品Eucafluff，在2021年10月举行的瑞士日内瓦国际非织造布展览会（Index 20）上首次展出。Eucafluff创新型绒毛浆是该公司十多年的研究成果，可用于生产纸尿裤、女性护理产品和宠物垫等。这款绒毛浆是全球第一款100%桉木绒毛浆，在制作过程中选用的桉木纤维具有更细、更薄和更具压缩性的独特形态，因此这种绒毛浆在回湿性、净吸收量和舒适性等方面表现出色。

2021年10月，斯道拉恩索（Stora Enso）宣布推出了一种新的环保型绒毛浆产品——NaturaFluff系列绒毛浆，这是一种氧降解的绒毛浆，在生产中不使用任何漂白化学品。因此，这种绒毛浆具有温暖、自然的米色，与传统的绒毛浆相比，碳足迹大约减少了30%，而且不影响产品性能。实践证明，NaturaFluff Eco完全适用于要求严格的卫生应用，如婴儿护理、女性护理和成人失禁护理产品，还用于其他非织造材料，如餐巾、桌面巾和各种垫子。

目前，斯道拉恩索在其位于瑞典的Skutskär工厂生产这种绒毛浆，已完成第一批用于商业销售的产品。吸收性卫生产品的生产商现在正在试用这种新材料，以便在消费市场上大规模使用。

4.3.2.1.5　绒毛浆在卫生用品中的应用

据2015～2020年全球绒毛浆市场的变化趋势可知：全球绒毛浆产量从2015年的600万吨增长到2020年的730万吨。此外，全球绒毛浆的销售额也从2015年的45亿美元增加至2020年的50亿美元。其中，非织造布是增长最快的终端应用，到2025年用于大量卫生用品终端产品的绒毛浆消费量年均增长率将超过3.4%，其中干法成型非织造布是绒毛浆最大的细分市场。

一次性卫生用品也被称为吸收性用即弃产品，英文名absorbent disposable products，hygienic products，包括妇女卫生巾、卫生护垫、婴儿纸尿布，成人纸尿布及失禁用品，止血塞和宠物垫等，在医疗卫生用品领域占据相当大的份额。一次性卫生用品通常由面层、导流层、吸液芯体层和底层组成，其中面层、导流层一般由非织造材料构成，而吸液芯体层作为一次性卫生用品的核心作用层，通常用绒毛浆纤维和高吸水树脂颗粒（SAP）混合后包覆于无尘纸或薄型非织造材料而形成的复合材料。绒毛浆作为吸液芯体层的主要原料之一，不仅要具有一般造纸用浆的性质，还要求起绒后纤维要柔软、有一定弹性、蓬松度大、吸湿时间短、吸湿/扩散速度快、吸湿量大、有较好的芯垫完整性，并符合规定的卫生指标。

随着一次性卫生用品需求量的逐年增加，一次性卫生用品吸收芯体层的主要原料绒毛浆纤维和SAP的使用量也同步增加。这导致绒毛浆原料价格不断上升，越来越多的人开始关注吸收芯体层生产中新材料和新加工方式的开发研究。与目前SAP混合绒毛浆形成的一次性卫生用品吸收芯体不同，未来的吸收芯体将力求减少绒毛浆的用量，甚至生产无绒毛浆芯体。GRACE公司使用鸡毛纤维作为非织造材料生产中的廉价原料，通过针刺加固技术与漂白棉纤维混合制成非织造材料，同时采用吸收剂作为涂层材料，增加该材料的液体吸收性能，与传统一次性卫生用品中吸收芯体材料相比，这种新型非织造材料吸收芯体具有更高的液体吸收能力。一次性卫生用品的市场竞争中，产品成本极大程度上决定其价格竞争优势，为降低一次性卫生用品的制造成本，研究者通过对非织造材料中木浆纤维原料进行氢氧化钠处理，增加非织造材料吸收芯体的吸液量，减少芯体材料中SAP的添加量，降低产品制造成本。

吸收芯体层非织造材料制备技术是一次性卫生用品生产中的核心技术，吸收芯体层液体吸收量的大小直接影响纸尿裤等产品的质量和使用时间，吸收芯体层液体吸收量大，有利于纸尿裤面层保持干爽，并可在长时间使用的情况下为使用者提供舒适感。为了提高吸收芯体的吸液能力，SAP成为目前吸收芯体层不可或缺的成分之一，但SAP吸水后会形成水凝胶，可能导致纸尿裤变硬或出现结团隆起的现象，从而影响纸尿裤穿戴的舒适性。传统结构的绒毛浆吸收芯体以一定比例的SAP和绒毛浆混合组成SAP/绒毛浆吸收芯体，绒毛浆可以在一定程度上固定SAP，并且绒毛浆的芯吸作用可以解决SAP吸液后的凝胶堵塞问题，同时削弱SAP吸液易结团隆起的现象，但是这种吸收芯体结构松散，会导致吸收芯体层厚度相对较厚，而且穿戴者运动幅度较大时容易造成SAP滑移，引起SAP分布不均匀。SAP聚集较多的部位吸液膨胀会阻碍尿液的进一步扩散，导致纸尿裤出现断层、起坨，这将缩短纸尿裤使用寿命，增加使用者的不适感。如今为了满足消费者对舒适性的要求，吸收芯体层非织造材料的开发需要在满足吸液要求的前提下，不断向窄、薄、轻的方向发展。结合当前人们对卫生用品安全性、吸水性、性价比等的要求，纤维素基高吸水材料成为研究者研究的热点。

4.3.2.2 纤维素基高吸水材料

高吸水材料是国际上近年来迅速发展起来的高科技功能性材料。随着科学技术的发展和人们生活水平的提高，高吸水材料的用途越来越广泛。高吸水材料已经在其品种、制造方法、性能和应用等领域都取得了较大的进展，多种产品已实现了工业化。高吸水材料按照来源分为淀粉类、合成聚合物类和纤维素类。纤维素类高吸水材料相对于其他两类高吸水材料具有以下优势：纤维素链上含有很多羟基，羟基本身具有吸水性能；纤维本身具有很多毛细管，且其表面积大，具备一定的吸水能力。但是纤维素本身的吸水能力远远达不到吸水材料的吸水能力，因此可以通过化学反应使纤维素链上引入较多的亲水基团，增强其吸水能力。

由于纤维素基高吸水材料在个人卫生用品、医用材料、一次性尿布等卫生用品中具有较大的潜在应用，因此，纤维素基高吸水材料发展迅猛。纸浆纤维素作为一种天然纤维素，其纤维表面含有丰富的羟基基团，使其具有较好的吸水能力，但是其吸水能力与合成聚合物吸水材料相比还有一定差距，为了提高纤维素的吸水能力，通常对纤维素进行物理或化学处理制备成纤维素基高吸水材料，从而扩大其应用领域。

4.3.2.2.1 纤维素基高吸水材料的制备

纤维素基高吸水材料的制备方法主要包括纤维素改性、交联法和接枝共聚法。其中，接枝共聚是提高纤维素吸水性最有效的办法。

（1）纤维素改性

纤维素含有大量的羟基，比较容易形成氢键连接的网络结构，但是羟基的亲水能力有限，而通过化学改性的方法将羟基变成或者增加更多亲水性更强的基团能够快速提高纤维素的吸水能力。纤维素化学改性的方法包括氧化、磺化、磷酸化、羧甲基化和琥珀酰化。其中，最具代表性的改性方法是纤维素羧甲基化处理。纤维素羧甲基化是纤维素与小分子的一氯乙酸在碱性条件下反应，生成具有端羧基的纤维素醚——羧甲基纤维素。这些端羧基是羧甲基纤维素上主要的亲水基团，吸水能力的大小与这些基团的多少有直接关系，即与羧甲基纤维素的取代度大小直接相关。通常用作高吸水材料的羧甲基纤维素取代度在0.6~0.8之间，吸水能力可增长数十倍，并且有部分溶解。反应条件对羧甲基纤维素的取代程度有直接影响，大部分文献中都采用氢氧化钠异丙醇水溶液做溶媒，促进反应物对纤维素的扩散和渗透，以加快反应速度，通过控制羧甲基纤维素制备中的反应原料用量，可以得到吸水能力30倍以上的羧甲基纤维素。

（2）交联法

交联是纤维素与含有多羟基或多羧基的化合物反应，可以形成交联网状结构的大分子。聚合物的吸水性与端基的电离能力即亲水性有关，由于羧基的电离能力要高于羟基，因此这方面的研究主要侧重于用多羧酸进行交联，其中应用最多的交联剂是柠檬酸，如软木硫酸盐纤维用柠檬酸热处理，可以制备具有一定弹性和吸水性的纸张。如果用戊二酸交联硫酸盐浆，产物吸水能力可接近60倍。单纯的交联通常只能在纤维素链片非晶区或高有序区的外层进行，而且交联产物的刚性结构使其吸水膨胀能力也有限。因此，部分研究者采用羧甲基化与交联相结合的办法，其中研究最多的是利用羧甲基纤维素进行交联，采用的交联剂包括氯乙酸乙酯、氨基酸、氯化铝、氯化钙、柠檬酸和环氧氯丙烷等。交联羧甲基纤维素的吸水倍数取决于取代度和交联度，通常吸水能力随取代度的增加而提高，而交联度则有一个最大限值，超过该值后，交联度提高将导致吸水能力下降。交联剂是形成三维网状结构的关键。大小适中、均匀的网络结构有利于吸水性能的提高。交联网络的均匀性取决于交联剂的活性，如果交联剂分子所含双键的活性高，容易发生自身聚合，若交联剂在聚合反应前期大部分耗尽，则吸水剂网络结构不均匀，水溶性增加。

（3）接枝共聚法

纤维素的接枝共聚是制备纤维素类高吸水材料的另一种重要方法，分为纤维素直接接枝共聚和纤维素衍生物接枝共聚。纤维素接枝共聚物不但具备纤维素骨架与被接枝单体原有的性能特点，还具有结合后接枝产物所具有的特殊性能和用途，这种方法为纤维素基新材料的研发开辟了一条新的道路。在纤维素/纤维素衍生物接枝共聚物中，最常用的方式是自由基聚合反应，先在纤维素大分子上产生活性自由基，而后与接枝单体作用，进而完成接枝共聚物的制备。常见的有采用链转移方式引发反应体系产生活性自由基，使纤维素表面形成大自由基，而后与接枝单体作用获得接枝共聚物。常用于此类反应中的高效引发剂有Fe^{2+}/H_2O_2、$KMnO_4/H_2SO_4$、Ce^{4+}和过硫酸盐。高源等采用纤维素浆板为原料，以$K_2S_2O_8$为引发体系，采用溶液聚合法接枝丙烯酰胺，制备出吸水材料，其吸水倍率高达633.3g/g。林松柏等报道了以微晶纤维素为原料，以Ce^{4+}/HNO^3为引发剂，在高岭土的存在下，与丙烯酰胺完成接枝反应，制备出吸水性复合树脂。在体系中掺入高岭土，既可以降低成本，还不影响凝胶吸水性能，吸盐水倍率达869g/g，吸水率达1166g/g，同时还增加了强度。赵宝秀等为了改善目前高吸水材料在制备中存在的缺陷，通过微波辐射工艺，以纸浆为原材料，将丙烯酰胺、丙烯酸引入纤维素上，微波辐射能使基体表面的活性基团被激发，使接枝效率大幅度提高，所得产物的吸水率高达1200g/g，吸生理盐水率也高达158g/g。石红锦等先采用糊化的方法对纤维素进行预处理，再将分散剂加入反应体系中，在引发剂过硫酸铵的作用下，采用反相悬浮聚合法接枝丙烯酸单体制备高吸水材料，产物一次吸水率高达687g/g，二次吸水率为594g/g。

4.3.2.2.2 纤维素基高吸水材料在卫生用品中的应用

高吸水树脂（SAP）具有独特的体型网状结构，这赋予其超强的吸水能力，且吸水速度快、保水性能好，即使受到外力也很难将吸收的水分分离，并且具有一定的弹性，因此在卫生用品领域得到广泛应用，已成为婴儿纸尿裤、成人尿片等的主要原料之一。30多年前，SAP开始应用于一次性纸尿裤中，最初纸尿裤的芯体使用绒毛浆和SAP，且绒毛浆层以规则间隔布置，这看似能够提供良好的液体传输和扩散效果，但浸湿后SAP非常容易结块，这可能使SAP膨胀交联在一起并阻塞液体输送通道，因此会出现回渗，容易使婴儿患纸尿裤疹；第2代纸尿裤将SAP和绒毛浆混合在一起作为芯体，SAP分散在绒毛浆中，降低了产品的厚度，保持了良好的液体扩散性能。但这种方法也存在薄膜撕裂、引起液体渗出和刺激儿童皮肤等问题。

更轻薄、减少绒毛浆用量已成为现代纸尿裤等卫生用品的发展潮流。目前已有使用粉末层（逐级粉碎）作为芯体的方法，即将超细SAP和绒毛浆混合在一起作为芯体。纸尿裤中的绒毛浆和SAP混合比率已经从原来的3∶1变成2∶1，产品变得更薄，近年来已开发出了混合比率达到1∶1甚至更小的超薄纸尿裤。需要指出的是，无绒毛浆芯材一般是指由非木材纤维和丝束来代替针叶木纤维，并非100%的SAP芯材。

鉴于上述情况，如果开发出纤维素基高吸水材料用作吸水芯体，将有可能解决上述存在的问题，同时，其绿色、无污染、亲肤等特点也将拓宽其在卫生用品中的应用范围。

4.3.3 木浆/熔喷复合非织造材料存在的问题及发展趋势

目前市面上的孖纺非织造生产原材料通常只有熔喷PP和木浆，由于熔喷PP和木浆的吸水性能较差，导致生产的孖纺非织造产品吸液速度慢甚至不吸液或保液能力差。当前常用的亲水处理方式是在PP中添加亲水母粒，但亲水母粒与PP混合再通过工艺加热管道输送后才到模头喷丝，亲水母粒会影响PP分子链，改变PP的性能，而且亲水母粒在加热过程中并不能与PP完全融合，亲水效果不是很理想，限制了孖纺非织造产品在卫生用品领域和工业过滤材料领域的应用空间。

（1）孖纺生产线添加亲水剂的新型工艺

针对现有技术的不足，中国专利CN113322584A介绍了一种孖纺生产线添加亲水剂的新型工艺，包括以下步骤：

①原料处理，首先将木浆纤维开松成单纤维状态备用，再对熔喷PP加热20～30min，加热温度为110～130℃，使熔喷PP融化呈流体备用。

②熔喷空气处理，通过空压机输出压缩空气，并将输出的压缩空气进行除湿、过滤处理，去除空气中的潮气和粉尘，然后将压缩空气输送到空气加热器内加热，最后将处理后的空气输送至模头。

③成型，将熔融的PP输送到模头内，并通过处理后的压缩空气对模头喷丝孔挤出的PP熔体细流进行牵伸，形成超细纤维并凝聚在凝网帘上，同时使用气流方法将单纤维木浆凝集在凝网帘上，与熔喷PP超细纤维混合，并通过熔喷PP纤维的自身黏合成型。

④压花，使用压花模具对成型后的孖纺非织造材料表面进行压花处理。

⑤亲水处理，通过雾化喷淋装置将亲水剂均匀喷涂在压花处理过的孖纺非织造材料表面，待亲水剂完全被孖纺非织造材料吸收。

⑥卷取，最后将吸收过亲水剂的孖纺非织造材料放置在干燥通风的室温环境中12～24h，待孖纺非织造材料干透后便可卷取。

所述压缩空气在空气加热器内的加热温度为80～100℃，加热时间为15～20min，木浆纤维和熔喷PP的原料质量比为（3～4）：（7～6），亲水剂为单硬脂酸铝、硬脂酸钙、油酸三乙醇胺、月桂醇硫酸钠、鲸硬醇硫酸钠、硫酸化蓖麻油、丁二酸二辛酯磺酸钠中的一种或几种。通过雾化喷淋系统在孖纺生产线上直接添加亲水剂，使孖纺非织造材料在保持原有亲肤柔软的性能下，同时提升其亲水性，让孖纺非织造材料在卫生用品领域和工业过滤材料领域都能有更广阔的应用空间。

（2）孖纺生产线添加SAP的新型工艺

中国专利CN113355802A公开了一种孖纺生产线添加SAP的新型工艺，该工艺包括以下重量份的原料：木浆纤维10～20份、熔喷PP20～40份、驻极母粒1～4

份，SAP材料15～25份，所述SAP材料为丙烯酰胺、丙烯腈、丙烯酸三元共聚物、聚丙烯酸盐、淀粉丙烯酸盐聚合物、交联羧甲基纤维素接枝丙烯酰胺和交联型羟乙基纤维素接枝丙烯酰胺聚合物中的一种或几种。制备工艺包括以下步骤：

①原料制备与上料，将木浆纤维开松成单纤维状态备用，再将熔喷PP与驻极母粒按照（20～10）：1的质量比投入送料装置内。

②加热挤出并过滤，通过送料装置将熔喷PP和驻极母粒送至螺杆挤压机内，对螺杆挤压机加热至170～200℃，通过螺杆挤压机将熔喷PP和驻极母粒熔融成为具有一定特征的可流动熔体，将熔体投入过滤器内过滤掉杂质和较粗的颗粒物。

③喷丝成型，使过滤后的熔体流入模头内，同时通过电热风装置产生80～120℃的高温牵引气流，熔体流出模头喷丝孔的同时被加热的高流速空气以特定角度撞击，使熔体落入成网机内的凝网帘上，同时使用空压机输出压缩空气，并对压缩空气进行除尘、除湿处理，通过压缩空气将单纤维状态的木浆和SAP材料凝集在凝网帘上，利用熔喷PP与木浆纤维的结点将SAP材料紧紧包裹，熔体与木浆和SAP材料混合并凝集成型。

④压花处理，使用压花机对成型后的孖纺非织造材料表面进行压花处理。

⑤卷取，最后将孖纺非织造材料放在干燥通风的室温环境内静置24～36h，待孖纺非织造材料干透后进行卷取。

通过将SAP材料在喷丝成型时与木浆一起喷射在凝网帘上，在线直接添加SAP，实现了分层添加SAP，在提升产品吸液能力的同时，又保持了产品原有的柔软性和亲肤性，由于SAP材料具有吸收比自身重几百到几千倍水的高吸水功能，并且保水性能优良，一旦吸水膨胀成为水凝胶时，即使加压也很难把水分离出，这使得添加了SAP材料的孖纺非织造材料具有较强的吸液和保液性能。添加SAP材料后，产品的吸收倍率可达到约100g/g，使产品的吸收性能有了很大提升，SAP材料在线直接分层添加到孖纺产品中，可利用熔喷PP与木浆的结点将SAP原料紧紧包裹起来，达到SAP材料不裸露，不易掉落，同时满足产品表面的亲肤柔软性能，使其在卫生用品、工业领域用作过滤材料有更广阔的应用前景。

（3）采用新型孖纺非织造生产设备的新型工艺

当前市场上的孖纺非织造材料大多是以木浆纤维为基本材料，然后再由高聚物PP纤维材料进行包覆加固。但是现有工艺加工的孖纺非织造材料存在生产工艺复杂、工艺流程长的问题，导致生产效率较低，同时还存在对木浆纤维的包覆性不够，在使用过程中落屑多，从而影响产品的实用质量。为此，针对现有技术的不足，中国专利CN113151976A介绍了一种新型孖纺非织造生产设备及工艺

（图4-13），目的在于提供一种工艺流程简单、工作效率高且产品质量好的新型孑纺非织造生产线。该生产设备及工艺，包括至少两个双螺杆挤出机构、至少两个熔喷机构、木浆开松机构、成网机构、热黏合机构和卷绕分切机构，热黏合机构位于成网机构和卷绕分切机构之间，木浆开松机构位于成网机构的上方，木浆开松机构和成网机构之间具有混合区，混合区的两侧分布有熔喷机构，熔喷机构与双螺杆挤出机构相连接。高聚物切片分别进入左右两侧的双螺杆挤出机构内，由双螺杆挤出机构进行加热成液态，再输送至熔喷机构内，由熔喷头朝向混合区内进行高聚物纤维喷丝，木浆纤维通过输送通道进入木浆开松机构内，由输送风机将木浆纤维输送至梳理机内，经由梳理机上的出料嘴将木浆纤维喷射至混合区内，位于左侧熔喷头上部分未进入混合区的高聚物纤维落到成网机构上形成底层，位于混合区内的高聚物纤维与木浆纤维混合后，掉落在成网机构上形成中间层，位于右侧熔喷头上部分未进入混合区的高聚物纤维落在成网机构上形成上层，成网机构上得到复合纤网，成网机构载着复合纤网进入热黏合机构内进行黏合，最后由卷绕分切机构进行卷绕包装。高聚切片为PBS、PHA、PLA或者PBAT。该专利的实施效果可将生产流水线简洁化，有利于提高生产效率。生产出的孑纺非织造材料具有可降解功能，利于环保。同时将混有木浆纤维的中间层由底层和上层进行包覆黏合，有效解决了易落屑的问题，提升了产品质量。

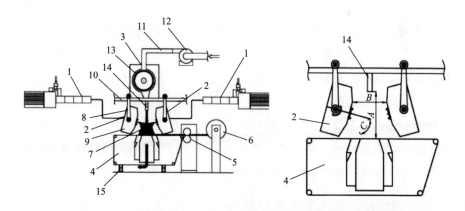

图4-13　专利CN113151976A孑纺非织造生产设备结构示意图

1—双螺杆挤出机构　2—熔喷机构　3—木浆开松机构　4—成网机构　5—热黏合机构　6—卷绕分切机构　7—混合区
8—支架　9—熔喷头　10—滑杆　11—输送通道　12—输送风机　13—梳理机　14—出料嘴　15—伸缩轴
A—出料嘴到接收网袋间距　B—熔喷头间距　C—熔喷头可旋转的角度范围

（4）步骤简单、易于推广应用的孑纺非织造材料新方法

中国专利CN112411011A公开了一种生产孑纺非织造材料的新方法，包括如下

步骤：

①熔喷超细纤维制备，对可熔融处理的聚合物进行挤出，然后利用高速气流将挤出的聚合物进行拉细和切断，得到熔融超细纤维备用。

②浆液制备，将步骤①所制得的熔喷超细纤维、木浆、高吸水树脂共同混合，搅拌均匀后制成浆液备用。

③成型处理，将步骤②制得的浆液引入成网输送带上，形成连续的成型纤维网备用。

④热压处理，对步骤③制得的纤维网进行热压处理，最后进行收卷即可。

该方法各步骤搭配合理，方法简单，易于推广应用，制得的非织造材料比表面积大、材质柔软亲肤、吸水能力好、清洁去污能力强，综合性能好。该方法可实现不同类型熔喷树脂原料的选用、主组分纤维和功能性纤维品种及配比的调整以及压光或压花不同外观效果的选择，所生产的产品在品种、外观和性能上均具有极大的可设计性，可用于开发和生产诸如全生物基非织造材料、可冲散非织造材料、复合吸水芯体材料等多种新型热门材料。

4.4 功能微粒掺杂复合熔喷非织造材料制备技术

随着全球熔喷非织造材料产能的不断攀升，常规熔喷产品竞争十分激烈，向高功能和高附加值化发展成为必然。功能化是解决熔喷产品单一问题的重要手段。将一些具有特殊功能的材料，如电气石、氧化钛、纳米银、钛酸钡、石墨烯、活性炭、黏土、硅藻土、沸石、活性氧化铝、有机金属聚合物框架材料、中草药材料、草本香料等，通过共混纺丝、原位掺杂或后整理等方式引入熔喷非织造材料中，形成功能性熔喷非织造材料，是一种典型的强强联合的熔喷非织造材料制备技术，在高效过滤、防毒抗菌、吸附分离、防电磁辐射等方面具有广泛的应用前景。

4.4.1 功能微粒掺杂复合非织造材料

目前，将微细功能颗粒引入熔喷纤维体内或表面，实现功能微粒与熔喷非织造材料有效复合的方法主要包括熔融共混法、后整理涂层法、原位引入法、磁控溅射法等。

4.4.1.1 熔融共混法

将功能微粒与树脂在螺杆中熔融共混（直接共混或制成功能母粒后共混）后

一起挤出，经高速热空气流喷射为功能微粒改性熔喷非织造材料。该方法是目前最常用的熔喷非织造材料功能化改性方法，工艺简单，功能微粒能够均匀地分散在熔喷纤维体内，不会产生掉尘现象。但对微粒的粒径要求较高，一般需在0.5μm以下，而且存在功能粒子的功能性难以完全发挥的缺点，同时在聚合物熔体中加入固体粒子会影响熔体的流变性，进而影响最终产品的力学性能，如断裂强力、断裂伸长率和韧性等。

4.4.1.2 后整理涂层法

将功能粉体借助于分散剂、稳定剂、黏合剂等助剂及一定的工艺方法处理到熔喷非织造材料表面，从而获得特殊功能。后整理涂层法工艺相对简单，但该方法是借助黏合剂将功能微粒黏附在熔喷纤维表面，存在粒子的表面性能低、功能效果不明显、卫生性差等缺点，不利于长期或要求较高的特殊场合使用。为了避免黏合剂的使用，有研究人员通过对纤维网进行静电处理，使纤维网带上均匀的电荷，再通过流化床中的粒子，借助静电力的作用使粒子吸附在纤维网中，再将含有粒子的熔喷纤维网经过热黏合，得到功能改性熔喷非织造材料。

4.4.1.3 原位引入法

该方法是将功能微粒材料在距模头喷嘴较近的地方与熔喷纤维流混合，此时熔喷纤维仍带有黏性，因此粒子黏附到熔喷纤维的表面并落入纤维网的空隙内，如图4-14所示。该方法的优点是加入的粒子变化范围较宽，为0.5～100μm，若在粒子加入前对粒子进行加热，可进一步改善功能颗粒与熔喷纤维之间的黏结力，从而避免功能颗粒脱落的现象发生。

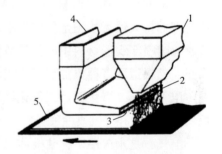

图4-14　原位引入复合示意图

1—熔喷模头　2—熔喷纤维流　3—功能微粒
4—粒子喂入装置　5—纤维网图

4.4.1.4 磁控溅射法

磁控溅射是物理气相沉积的一种，其工作原理是电子在电场的作用下加速飞向基片的过程中与氩原子发生碰撞，电离出大量的氩离子和电子，电子飞向基片。氩离子在电场的作用下加速轰击靶材，溅射出大量的靶材原子，呈中性的靶原子（或分子）沉积在基片上成膜。磁控溅射作为成功的镀膜技术之一，近年来在非织造材料表面进行功能改性中得到广泛研究，其表面涂层可以是金属、半导体、有机高分子绝缘体，也可以是各种氧化物、氮化物、硅化物、硫化物等化合物。图4-15所示为磁控溅射涂层示意图。

目前，通过功能微粒掺杂复合的方法实现了熔喷非织造材料耐久驻极、抗

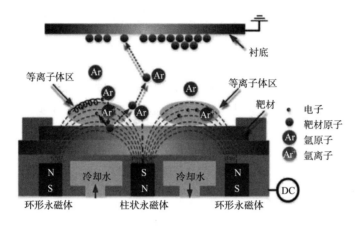

图4-15　磁控溅射涂层示意图

菌、抗静电、气味吸附等功能，是一种典型的功能微粒复合熔喷非织造材料。

4.4.2　纳米掺杂耐久驻极熔喷非织造材料

如前所述，通过驻极方式能大幅提高熔喷非织造材料的过滤性能，但其电荷的存储持久性无法满足使用要求。研究发现，通过功能纳米颗粒共混掺杂可显著改善熔喷非织造材料中电荷的数量和稳定性，实现材料的耐久驻极特性。迄今为止，已报道了多种添加剂可用于改善熔喷非织造材料的驻极性能，如无机添加剂（电气石、二氧化硅、二氧化钛等）和有机无机杂化添加剂（多面体倍半硅氧烷、硬脂酸盐和有机改性蒙脱土等）。

电气石是永久性矿物驻极体之一，其极化矢量不受外部电场的影响。研究人员研制了一种新型纳米电气石共混掺杂驻极体熔喷非织造材料，添加含量6%（质量分数）制备的熔喷非织造材料结构更疏松。熔喷非织造材料的纤网结构越疏松，透气性越大，相应地过滤阻力下降，这为开发高效低阻新型过滤材料提供了可能。

多面体倍半硅氧烷（POSS）是一种具有笼型孔状结构的材料，利用POSS笼型结构的高空间空穴效应，可促进熔喷非织造材料对电晕放电形成空间的电荷捕获和储存。研究结果表明，与纯聚丙烯熔喷非织造材料相比，纳米POSS颗粒共混掺杂熔喷非织造材料的稳定电荷密度显著提高，过滤效率最大可达到97.36%，比纯PP熔喷提高了9%。此外，POSS具有异相成核作用，有助于加速聚丙烯熔喷纤维的结晶过程，有助于改善PP/POSS熔喷非织造材料的应力和断裂伸长率。Okras等将10%的八异丁基硅倍半氧烷混入PP中，生产的熔喷非织造纤网作为过滤材料，提高了过滤材料的过滤性能。

　　二氧化钛是一种高介电常数和低电导率的材料，可有效加强电荷的储存和稳定性，Lou等在熔喷时混入3%（质量分数）TiO_2来提高驻极体熔喷非织造纤网的过滤性能，最终可达到过滤效率96.32%，过滤阻力40Pa，品质因数$0.083Pa^{-1}$。Cai等对纳米二氧化硅粉末驻极体进行表面改性处理，采用工业级熔喷生产线与PLA混合制备纳米SiO_2驻极体/PLA复合熔喷非织造材料，与单组分PLA熔喷非织造材料相比，具有更加优异的生物可降解性能。此外，过滤效率也显著提高，当SiO_2质量分数约为0.75%时，该复合材料的过滤效率可达99.69%。Chang等发现有机改性蒙脱土（OMMT）对PLA有成核作用，提高了PLA的结晶度，增加了深陷阱的存在，提高了电荷存储能力。且OMMT的加入有利于纤网微孔和纳米孔的形成，形成的空腔可阻止或延迟电荷在纤网中的迁移，导致复合纤网中的电荷衰减过程变慢，从而增强了电荷稳定性。Zhang等以硬脂酸镁（MgSt）作为电荷增强剂与PP混合，改变了熔喷非织造材料的晶体结构，从而实现了99.22%的过滤效率、92Pa的过滤阻力及$0.054Pa^{-1}$的品质因数。目前硬脂酸盐复配功能粉体已逐渐发展成当前驻极母粒的主流产品。

4.4.3　抗菌熔喷非织造材料

　　许多重金属离子（如铁、锰、锌、铜、银等）和金属氧化物（ZnO、TiO_2等）都具有较强的杀菌能力。由于真菌细胞能够富集金属离子，吸附在真菌表面的金属离子能破坏细胞膜的功能而进入细胞内部，从而使某些细胞成分逸出，干扰细胞的代谢过程或干扰各种酶的作用，使其失去应有的生物功能，最后导致细胞死亡。

　　朱孝明等利用原位引入法将改性二氧化钛（TiO_2）纳米颗粒负载到聚丙烯熔喷非织造材料表面，再将其与纺粘非织造材料复合后可制备成高效抗菌的室内空气过滤材料，研究发现，当TiO_2负载质量分数约为20%时，复合滤材在紫外光照条件下对大肠杆菌（E.Coli）和金黄色葡萄球菌（S.aureus）的抑菌率高达99.07%和99.27%。鲍纬将等利用纳米Ag/纳米TiO_2对聚丙烯熔喷非织造材料进行抗菌功能改性，通过改变二者的配比，成功制备出具有抗菌功能的熔喷非织造材料，研究发现，二者配比为36∶1时，具有明显的抗菌杀菌功能和抗菌持久性。

　　为了赋予聚丙烯熔喷非织造材料良好的抗菌和抗静电性能，使其在医疗卫生等领域得到更广泛的应用，来宇超等首先利用聚多巴胺（PDA）和聚乙烯亚胺（PEI）对聚丙烯熔喷非织造材料进行表面改性得到P–PP，再通过微波辅助法负载银/还原氧化石墨烯（Ag/rGO）得到Ag/rGO–P–PP复合熔喷非织造材料，该材料对大肠杆菌和金黄色葡萄球菌的抑菌率均大于99.99%，表面电阻率达到1.77kΩ，半衰期达到0.01s。

凤权等以聚丙烯熔喷非织造材料为基材，利用低温磁控溅射技术制备镀银抗菌薄膜，再以溅射纳米银的聚丙烯熔喷非织造材料为中间层，将聚丙烯纺粘非织造材料、涤纶/黏胶纤维水刺非织造材料分别放置于上下两侧，构建具有良好抗菌、过滤和透气性能的三层复合非织造空气过滤材料。也有学者采用磁控溅射技术将铜负载在熔喷非织造材料表面，同样展现出了优异的抗菌性能。

4.4.4　石墨烯掺杂熔喷非织造材料

作为一种由碳原子以sp^2杂化轨道组成六角形呈蜂巢晶格的二维碳纳米材料，石墨烯被称为未来革命性的材料，这一殊荣源于石墨烯具有多种优质的物理特性，是已知强度最高的材料之一，同时具有很好的韧性。室温下其载流子迁移率约为15000cm²/（V·s），导热系数高达5300W/mK，同时具有超疏水性和超亲油性。近年来，许多学者将其作为功能剂与熔喷非织造材料复合，开发出系列石墨烯改性熔喷非织造材料。

有学者以高弹性聚对苯二甲酸丁二醇酯（PBT）熔喷非织造材料作为应变传感器的基体，通过超声波处理将还原氧化石墨烯（rGO）和银纳米线（AgNWs）加载到PBT熔喷非织造材料表面，形成具有致密稳定导电路径的柔性应变传感器。研究表明，rGO和AgNW负载比为1∶0.9时，该传感器表现出优良的传感特性和极高的灵敏度［在80%应变下，测量因子（GF）高达1829］，在监测各种人体运动甚至一些细微的生理信号方面具有潜在的应用前景。李娜等将功能化氧化石墨烯（GO）接枝到聚丙烯熔喷非织造材料表面，然后将氧化石墨烯还原，制得石墨烯改性聚丙烯熔喷非织造材料（RGO–MBPP）。该材料表现出非常优异的吸油性能，饱和吸油率最高可达34.66g/g，且重复使用4次后仍具有良好的吸附性能。

参考文献

［1］孖纺非织造布大有可为［J］.生活用纸，2016，16（6）:1.

［2］杨晓前，黄登明，侯立志，等.一种孖纺生产线添加亲水剂新型工艺：中国，113322584A
　　［P］.2021–08–31.

［3］杨晓前，黄登明，侯立志，等.一种孖纺生产线添加SAP新型工艺：中国，113355802A
　　　［P］.2021-09-07.

［4］陈立东，濮颖军.一种新型孖纺非织造布生产设备及其工艺方法：中国，113151976A
　　　［P］.2021-07-23.

［5］杨莉莉.一种孖纺非织造布的方法：中国，112411011A［P］.2021-02-26.

［6］郑想弟，钱晓明，康卫民.纳米材料与熔喷法非织造布的复合方法及其应用的研究
　　　［J］.非织造布，2007，13（6）:14-19.

［7］程博闻，康卫民，焦晓宁.复合驻极体聚丙烯熔喷非织造布的研究［J］.纺织学报，
　　　2005，26（5）：8-10，13.

［8］何宏升，邓南平，范兰兰，等.熔喷非织造技术的研究及应用进展［J］.纺织导报，
　　　2016（C00）：71-80.

［9］KANG W，CHENG B，JIAO X，et al. Research on polypropylene electret melt-blown
　　　nonwoven doped with nano-tourmaline［J］. Materialsscience Forum，2011，675-677
　　　（PT.1）:449-452.

［10］YU B，HAN J，SUN H，et al. The preparation and property of poly（lactic acid）/tourmaline
　　　blends and melt-blown nonwoven［J］. Polymer Composites，2015，36（2）:264-271.

［11］LOU C W，SHIH Y H，HUANG C H，et al. Filtration efficiency of electret air filters
　　　reinforced by titanium dioxide［J］. Appliedsciences，2020，10（8）:2686.

［12］WANG Y F. Nonwoven fabric with permanent electret［C］.//SONG X Y，KANG W M.
　　　Proceedings of the 7th china conference on functional materials and applications. Changsha:
　　　Instrument Materials Branch of China Instrument and Control Society，2010.

［13］SONG X，ZHOU S，WANG Y，et al. Mechanical and electret properties of polypropylene
　　　unwoven fabrics reinforced with POSS for electret filter materials［J］. Journal of Polymer
　　　Research，2012，19（1）:9812-9819.

［14］ZHANG H，LIU J，ZHANG X，et al. Design of electret polypropylene melt-blown air filtration
　　　material containing nucleating agent for effective PM2.5 capture［J］. Rsc Advances，
　　　2018，8（15）:7932-7941.

［15］LIU J X，ZHANG H F，GONG H，et al. Polyethylene/polypropylene bicomponent spunbond
　　　air filtration materials containing magnesium stearate for efficient fine particle capture［J］.
　　　Acs Applied Materials & Interfaces，2019，11（43）：40592-40601.

［16］CHANG Y，KAI G，GUO L，et al. Ploy（lactic acid）/organo-modified montmorillonite
　　　nanocomposites for improved eletret properties［J］. Journal of Electrostatics，2016，
　　　80:17-21.

［17］刘禹豪，孙辉，王捷琪，等.TiO$_2$/MIL-88B（Fe）/聚丙烯复合熔喷非织造材料的制备

及其性能［J］.纺织学报，2020，41（2）:95-101.

［18］李娜，封严.石墨烯改性熔喷聚丙烯非织造材料制备及其吸附性能［J］.精细化工，2018，35（8）:1283-1287.

［19］凤权，华谦，武丁胜，等.基于磁控溅射技术的非织造空气过滤材料的制备及性能研究［J］.产业用纺织品，2015，33（1）:20-24.

［20］鲍纬，韩向业，臧传锋.抗菌空气过滤材料的制备及其性能研究［J］.研究开发，2020（1）:17-21.

［21］石素宇，韩任旺，罗飞，等.熔喷聚丙烯导电非织造布的制备及性能研究［J］.化工新型材料，2020，48（4）:168-171.

第5章 新型熔喷非织造材料制备技术

5.1 双组分熔喷纳微米纤维非织造材料制备技术

基于复合纺丝和熔喷纺丝组合发展起来的双组分熔喷非织造技术代表了熔喷技术领域的最先进水平，其产品纤维直径更细，具有更佳的纤维覆盖性、较高的蓬松度和弹性。双组分熔喷技术的开发始于20世纪80年代，目前仅有美国的Hills公司、Nordson公司，日本的Kasen公司、Chisso公司和德国的Reifenhauser公司等少数几家非织造材料企业掌握着双组分熔喷技术。

美国Nordson公司推出的生产纳米双组分纤维熔喷技术，其最大的特点就是能生产熔喷纳微米纤维，应用NanoPhase技术生产的超细纤维，其纤网的产量是传统技术的2倍，并且能够稳定地生产含有70％以上纤维直径在1μm以下、平均直径为0.6μm的纤网。由于纤维细度比常规熔喷设备所生产的纤维细，因此在同定量下对液体的屏蔽性和过滤性就有较大的提升，这种超细纤维网能够取代许多由玻璃纤维和纤维素纤维制成的过滤产品。这项技术是开发生产纳微米纤维非织造材料技术的一大突破。

日本的Chisso公司开发的双组分共轭纤维熔喷纤网及海岛纤维熔喷纤网的新型设备及技术，在熔喷非织造材料产业界具有非常独特的优势。在我国，也有些喷丝板厂在研究双组分纺丝技术方面做了较大的努力，天津泰达洁净材料公司于2007年从美国诺信公司引进了一条幅宽2.4m的双组分熔喷非织造生产线，弥补了当时国内该项技术的空白。

双组分熔喷工艺所用的原料与单组分熔喷工艺类似，主要有聚烯烃类聚合物和聚酯、聚酰胺等缩聚物，另外还有其他特殊的聚合物用于熔喷工艺中的一些特殊领域。聚烯烃类主要有PP、PE等，缩聚物类主要有PET、PA、PBT、PU等。据相关文献报道，已研制出PET/PA6、PP/PET、PP/PA、PBT/PP、PLA/PPC等以不同配比组成的双组分熔喷非织造材料。

大多数双组分熔喷非织造材料纤维的平均直径为2μm，根据纤维横截面的不同，可分为皮芯型、并列型、橘瓣型和混合型等。皮芯型双组分纤维可使非织造材料手感柔软，可做成同心、偏心及异形产品，一般熔点低的聚合物做皮层，熔点高的、具有特殊或所需性能的聚合物为芯层；并列型双组分纤维可使非织造材料具有良好的弹性，它可由两种不同聚合物或不同黏度的同种聚合物做成，并且可利用不同聚合物的不同热收缩性做成螺旋式卷曲纤维，如用PP、PET开发的双组分熔喷非织造材料，因为PET有较高的热收缩性，受热冷却后可形成螺旋卷曲的形态，因此可利用这两种原料研制出弹性极好的双组分熔喷产品；橘瓣型及海岛型可加工成超细纤维，使非织造材料具有十分优异的性能。目前，Chisso公司开发的双组分熔喷设备及技术可以生产共轭纤维熔喷纤网及海岛纤维网；Hills公司也开发出了系列皮芯型、并列型及橘瓣型双组分熔喷纤维。图5-1是典型的双组分熔喷纤维照片。

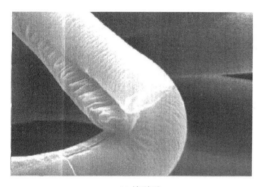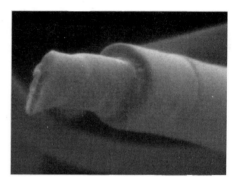

(a) 并列型　　　　　　　　　　　　　　　(b)皮芯型

图5-1　双组分熔喷非织造材料的单纤维照片

5.1.1　双组分熔喷非织造材料制备工艺流程

双组分熔喷工艺原理与单组分熔喷工艺原理基本一样，它是由两种不同的聚合物树脂分别经过螺杆挤压机挤压熔融后，经熔体分配流道到达特殊设计的熔喷模头，并在模头处汇合。熔体细流在两股收敛的高速、高温气流作用下，受到极度拉伸而形成超细纤维，超细化的纤维被吸附在成网帘或者成网滚筒上凝集成网，并依靠自身黏合作用或牵伸气流的热量固结在一起。然后根据熔喷聚合物和复合方式的不同确定相应的开纤方式，从而形成纤维细度极细的双组分熔喷非织造材料。其生产设备示意图如图5-2所示。

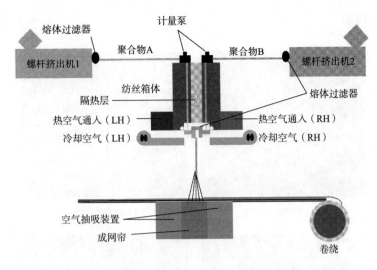

图5-2 双组分熔喷生产设备示意图

5.1.2 PP/PET双组分熔喷非织造材料制备工艺

影响熔喷非织造工艺的参数主要有：螺杆挤压机各区的温度、螺杆挤出速度、热气流喷吹速度、接收距离等，在生产过程中应根据实际需要来调节工艺参数。

根据特性黏数为0.51dL/g的熔喷级PET切片及熔指为35g/10min的PP切片的热性能和流变性能分析，并通过反复实践，根据PET、PP组分配比的不同，调整计量泵的转速在25~50r/min范围内，制备出PP/PET配比分别为30/70、50/50、70/30的并列型双组分熔喷非织造材料，并确定其制备工艺参数，双组分熔喷非织造材料的典型制备工艺参数见表5-1。

表5-1 双组分熔喷非织造材料制备工艺参数

材料	螺杆挤出机各区温度/℃				模头温度/℃	热空气喷吹温度/℃	接收距离/cm	成网帘速度/(m/min)
	一区	二区	三区	四区				
PET	175~185	210~230	240~260	290~300	290~300	300~310	20~40	8~16
PP	150~160	175~185	220~240	230~250				

5.1.3 PP/PET双组分熔喷非织造材料的结构与性能

5.1.3.1 PP/PET双组分熔喷非织造材料的形态结构

图5-3是不同组分的双组分熔喷非织造材料及同定重的纯聚丙烯熔喷非织造材

料的扫描电镜图片。

(a) PP/PET 30/70   (b) PP/PET 50/50

(c) PP/PET 70/30   (d) PP/PET 100/0

图5-3　双组分熔喷非织造材料扫描电镜图片（×2500倍）

从5-3图可以看出，双组分熔喷非织造材料每根纤维均由PP、PET两种组分组成，表面形态呈三维网状结构，纤维杂乱，纤维间靠热黏合、缠结、交叉形式结合。并且纤网中空隙较多，适合用作过滤材料。在放大2500倍数下与纯PP熔喷非织造材料对比，还可看出，双组分熔喷非织造材料的纤维更细，这是双组分熔喷非织造材料较单组分熔喷非织造材料的一大优点。并且纤维呈卷曲或扭曲的形态，这是因为在纤维成形过程中，双组分中两种聚合物的热性能不同，在冷却过程中两种聚合物具有不同的收缩率，故倾向于形成卷曲形态的纤维。双组分熔喷纤维的这种特性使其产品具有更高的蓬松度、柔软性及抗渗性，并可形成更大的比表面积。

5.1.3.2　PP/PET双组分熔喷非织造材料纤维直径及其分布

用Ipwin32软件对PP/PET双组分熔喷非织造材料扫描电镜图片中的纤维直径进行测量，分别测量50次，求其平均值，并根据测量结果绘制直径分布图。双组分熔喷非织造材料的纤维直径分布图如图5-4所示。

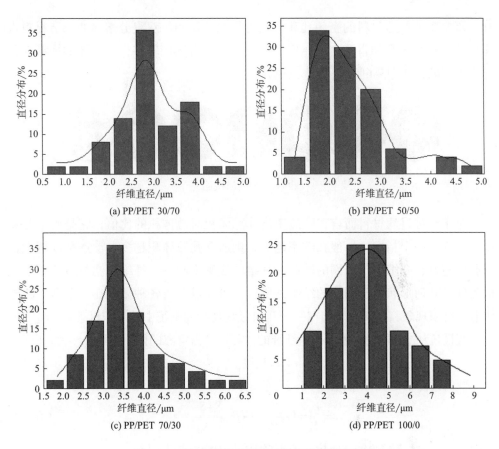

图5-4 双组分熔喷非织造材料纤维直径分布图

从图5-4可以看出，单组分熔喷非织造材料纤维的平均直径在4.6μm左右，双组分熔喷纤维直径下降到2～3.5μm。其中PP/PET配比为50/50的双组分纤维直径最细，可达2.34μm。

5.1.3.3 PP/PET双组分熔喷非织造材料的孔径及孔隙率

研究非织造材料的孔径大小、孔隙结构等特点，对其实际应用非常重要，尤其在用作过滤材料时，其孔隙大小直接影响织物的透通性、导水性和阻止微粒通过的能力。纤网孔径大小在一定程度上取决于纤网的厚度和纤维的线密度，非织造材料中存在的孔可分为三类：密闭孔、通孔和盲孔，如图5-5所示。密闭孔是整个闭合的，流体不能通过；盲孔一端开放，另一端闭合，因此流体也不能通过；通孔两端都开放，因此流体可以通过。非织造材料中有实际意义的是通

图5-5 非织造材料的三类孔

孔，事实上非织造材料的密闭孔和盲孔占很少的比例。双组分熔喷非织造材料也是如此，即密闭孔和盲孔占的比例很少，通孔所占比例较多，并且孔的横截面都是不规则的，如图5-6所示。

图5-6　孔的横截面

对于纤维过滤材料而言，孔隙率指孔隙体积对总体积的比值，它是衡量孔隙体积大小的一个指标。一般孔隙率越大，则所含孔隙体积越多，渗透系数越大，透通性越好，孔隙率与纤网的厚度和纤维的线密度有关。纤维过滤材料的基本结构元件是几何形状近于圆柱的纤维。所以，可通过分析各种微粒在一个简单圆柱体上的沉积现象，来研究它们在一个几何形状复杂的系统中的沉积机理。

假设V_f为过滤器的体积，V_s为纤维的体积，V_p为空隙的体积，则：

$$V_f = V_s + V_p \tag{5-1}$$

此时过滤器的孔隙率由式（5-2）确定：

$$\varepsilon = \frac{V_p}{V_f} = 1 - \frac{V_s}{V_f} = 1 - \beta = \frac{S_f - S^※}{S_f} \tag{5-2}$$

式中：β——过滤器的填充密度，有时称作过滤器的实度；

S_f——纤维材料密度；

$S^※$——过滤器的密度。

一般，高效过滤器的孔隙率大，这样β就小（$\beta < 10\%$）。互不连接空隙的孔隙率有时称为无效孔隙率。根据贝纳瑞的论述，对于不均匀性过滤器，采用平均孔隙率是必要的，于是使用上面规定的这些参数就能导出各种实用的关系式。

对于熔喷过滤材料来说，其孔隙率可以按式（5-3）计算：

$$n = \left(1 - \frac{m}{\rho\delta}\right) \times 100\% \tag{5-3}$$

式中：n——孔隙率，%；

m——单位面积质量，g/m^2；

ρ——原材料密度，g/m^3；

δ——材料厚度，m。

PP的原材料密度为0.91g/cm^3，PET的原材料密度为1.38g/cm^3。

对于双组分熔喷非织造材料的孔隙率计算，按照其各种组分的百分比进行加权计算混合密度，再按式（5-3）计算其孔隙率，计算结果见表5-2。

表5-2　双组分熔喷非织造材料孔径、孔隙率测试结果

产品	纯PP	30/70 PP/PET	50/50 PP/PET	70/30 PP/PET
孔隙率/%	85	90	94	92
平均孔径/μm	20.1	14.6	12.3	15.6

从表5-2可以看出，双组分熔喷非织造材料有较小的平均孔径及更高的孔隙率。其中，PP/PET配比为50/50的双组分熔喷非织造材料平均孔径最小，孔隙率最大，从图5-4纤维直径的测量结果也可看出，它的纤维直径最细，这是造成其具有最小孔径及最高孔隙率的直接原因。另外，从图5-3双组分熔喷非织造材料的扫描电镜图片中也可以看出，其纤维呈卷曲形态更明显，这样纤维在杂乱分布时，形成的孔径会更小，更有可能形成更多的孔隙。

5.1.3.4　双组分熔喷非织造材料的力学性能

图5-7、图5-8分别是双组分熔喷非织造材料的断裂强力变化曲线图和断裂伸长率变化曲线图。由图5-7可知，双组分熔喷非织造材料的断裂强力高于单组分聚丙烯熔喷非织造材料，并随着PET组分含量的增加而提高。原因有两个：一是PET分子链中$\bigcirc\!\!\!-\!\!\overset{\overset{\text{O}}{\|}}{\text{C}}\!\!-\!\!\text{O}\!-\!$基团的存在使分子链的刚性较大，从而提高了纤网的强力；二是双组分熔喷纤维比单组分熔喷纤维要细，纤维之间接触点及接触面积

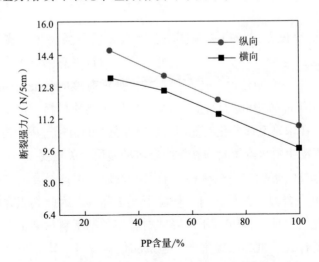

图5-7　双组分熔喷非织造材料断裂强力变化曲线图

也增加，相互之间的交叉、缠结和热黏合点也增多，增大了纤维之间相对滑移的阻力，从而增加了非织造材料的强力。由图5-8可知，双组分熔喷非织造材料的断裂伸长率比单组分熔喷非织造材料的要大，这是因为，双组分熔喷纤维多呈卷曲形态，使熔喷非织造材料具有更高的弹性，因此在拉伸断裂时表现为更高的断裂伸长率。

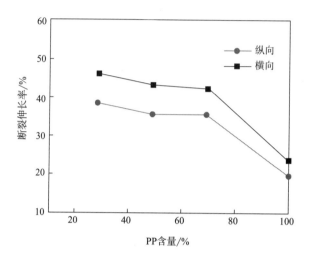

图5-8　双组分熔喷非织造材料断裂伸长率变化曲线图

5.2　生物可降解熔喷非织造材料的制备技术

传统的经济增长方式使得资源环境和社会矛盾日益突出，实现碳达峰、碳中和是一场广泛而深刻的社会经济系统性变革，习近平总书记多次提出要把碳达峰、碳中和纳入生态文明建设整体布局，拿出抓铁有痕的劲头，如期实现2030年前碳达峰、2060年前碳中和的目标。为此，发展生物质材料、推动生物质材料与能源的产业化，在未来完成非化石能源占比25%左右的目标过程中扮演着更加重要的角色，因此推动生物可降解材料在纺织领域的应用至关重要。

目前超过90%的熔喷非织造材料都采用PP制成，但这类合成材料源于天然石油，属于不可再生资源，并且在自然环境下无法降解，因此其废弃物的处置造成了诸多环境问题。目前，以PP等不可降解材料制备的塑料污染正在席卷全球，据世界有关部门统计，全世界已经生产了超过80亿吨塑料，其中9%得以回收，90%被填埋、焚烧或抛进大海。而在这90%不可回收的垃圾中，每年以800万吨的量流入海洋，相当于每分钟有一辆大型垃圾车将垃圾倒入海洋，这导致逾百万的海洋生物因塑料而停止呼吸。海洋中漂浮的垃圾总量已经超过了26万吨，并且已经到达南北两极。科学家指出，塑料制品可能几个世纪仍不降解，其污染危机可能导致地球陷入"永久污染"，为此引发了全球"禁塑令"。2018年12月4日，联合国宣布启动全球反塑料污染行动；2019年5月初，塑料垃圾被列入全球进出口限制对象。截至目前，全球发布"禁塑令"的国家和地区已超过15个，包括英国、欧盟成员国、智利、澳大利亚、印度、韩国、冰岛、美国纽约州、美国华盛顿州、巴西圣保罗等。

中国塑料制品生产总量约占全球总量的25%，在全球的影响下，中国的"禁塑令"已出台。2019年2月，海南限塑令升级为禁塑令，到2025年底全面禁止生产、销售和使用列入《名录》的塑料制品；2019年8月，江苏省8部门联合发文，到2020年实现50%的包装材料可降解。2019年6月5日，国务院召开常务会议，通过《中华人民共和国固体废物污染环境防治法（修订草案）》，《草案》明确提出，防止过度包装造成环境污染，并通过了禁止生产、销售不易降解的覆盖物和包装物等条款。

根据国家发改委2019年11月6日发布的《产业结构调整指导目录（2019年本）》，"纺织"板块明确指出了"聚乳酸"（PLA）相关材料的发展方向。2020年1月19日公布的《关于进一步加强塑料污染治理的意见》中，也明确指出"开展绿色设计""加大可降解材料的研发力度"的方向。政策的导向表明，可降解的绿色材料是未来的发展趋势。

生物可降解聚合物一般分为天然高聚物、生物可降解合成高聚物和微生物基聚合物。其中天然高聚物主要有淀粉、纤维素、壳聚糖、海藻酸钠、明胶、胶原蛋白和乳清蛋白等高聚物；化学合成生物可降解高聚物主要有通过内酯开环合成的聚乳酸、聚羟基乙酸、聚己内酯、聚对二氧环己酮等聚合物，通过二氧化碳基合成的聚碳酸乙烯酯和聚碳酸丙烯酯等聚合物，通过缩聚合成的聚丁二酸丁二醇酯和聚丁二酸/己二酸丁二醇酯等聚合物；微生物基聚合物主要有聚羟基丁酸酯、聚羟基丁酸共羟基戊酸和聚–γ–谷氨酸等聚合物。

纤维素是自然界赐予人类最丰富的天然高分子物质，它不仅来源丰富，而且是可再生资源，每年再生量达到1000亿吨，很少部分用于纺织纤维、造纸、包装及卫生用品等，如世界纺织业的纤维素用量每年不到2200万吨。面对碳达峰、碳中和的重大历史使命，人们把注意力又集中到纤维素这种世界上广泛存在且价廉物丰的可再生资源上来。纤维素优良的可纺性和纤维素纤维的新型加工技术为纤维素及其衍生物在非织造材料中的应用提供了新途径。

　　PLA因具有100%生物可降解性和优良的生物相容性等特点，已成功跻身21世纪新一代"绿色"纤维。为了保护环境和节约资源，熔喷非织造材料也迫切需要绿色原料，在众多生物可降解材料中，PLA无疑是制备生物可降解熔喷非织造材料的首选原料。2001年，在美国田纳西大学进行的熔喷实验证明了PLA在熔喷工艺上应用的可行性，但由于PLA自身的流变性，使其在熔喷工艺上受到很多条件的限制。2009年，美国NatureWorks公司研究开发出了6252旦和6201旦两种熔喷级PLA切片原料，经实验验证其适合熔喷工艺并实现了工业化生产。此后，可用于熔喷生产的PLA切片原料一直被美国NatureWorks的Ingeo™牌号PLA树脂所垄断。

　　近年来，我国天津工业大学、东华大学、浙江理工大学、天津科技大学等高校也对熔喷PLA进行了大量的研究探索，由于切片原料的限制，推进比较缓慢。2020年终于实现了PLA熔喷非织造材料的工业化生产。因此，具有环境友好性、可在熔喷非织造工艺中取代PP的PLA原料，受到了市场的青睐，也推动了更多的力量投入熔喷级PLA原料的开发工作中，从而实现PLA熔喷的产业链发展，消除国外垄断。天津工业大学和中国纺织科学研究院等单位采用离子液体增塑法和NMMO溶剂法开发了纤维素多体系溶液喷射纤维素纤维非织造材料制备技术，但其工艺、产品性能和连续化生产设备还需要进一步优化，应用领域有待进一步拓展。

5.2.1　PLA熔喷非织造材料制备技术

5.2.1.1　PLA熔喷非织造材料制备工艺流程

　　PLA熔喷非织造材料的生产过程与PP类似，在PP的基础上增加了切片原料的干燥，具体工艺流程如图5-9所示。

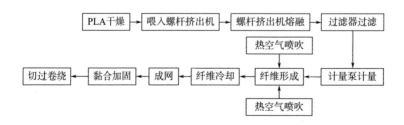

图5-9　PLA熔喷工艺流程

　　在纺丝之前，首先要对熔喷设备进行检查，将喷丝头组装完成，接通电源并预热，将各部分温度控制器调节到所需的温度，恒温30min。待各部分温度稳定后，先打开计量泵再启动螺杆，向喂料口中缓慢投入PLA切片对螺杆进行清洗，以免残余在螺杆中的杂质影响生产，随后加入PLA切片进行熔喷非织造材料的生产。投料时应保持入料的均匀性，待熔体从喷丝头挤出，调节螺杆和计量泵转速，使出料均匀，同时调节热风的压力使上下对称，稳定后对产品进行卷绕。

5.2.1.2　PLA原料性能研究

分子量及分子量分布会影响高聚物的加工性能和纤维成型，可采用凝胶色谱仪进行分子量及分子量分布测试，流动相体系为氯仿，流速精度<0.1%RSD，得到四种聚乳酸的分子量及分子量分布测试结果，见表5-3。

表5-3　分子量测试结果

原料序号	M_n	M_w	M_p	M_z	分子量分布
1#	54374	130421	104123	243432	2.40
2#	63279	140927	122029	242212	2.23
3#	57855	114728	89336	194342	1.98
4#	68466	111120	92481	200674	1.62

从表5-3可以看到，在4种原料中，1#原料的数均分子量（M_n）最小，4#原料的分子量分布最窄。在螺杆挤压机中，如果高聚物分子量过大，流动性能就差，相应地在熔融过程中所受剪切力也大，剪切作用太强容易使分子链断裂而影响纤维的强度。在熔喷过程中，若分子量分布过宽，熔体强度低，易导致断丝并出现飞花现象。当分子量分布较窄时，熔体的均匀性好，强度高，有利于后续牵伸。因此综合分子量和分子量分布来看，3#原料更适合熔喷工艺。

四种原料的XRD曲线如图5-10所示。

从图5-10可以看出，1#、2#、3#、4#原料的结晶度分别为6.75%、5.25%、9.76%、9.21%。结晶度高的原料软化点高，可以有效避免原料进入螺杆挤压机时出现环结阻料现象，使熔体质量均匀。也说明干燥过程中可以适量提高温度，减少干燥时间，从而提高生产效率。在同等纺丝条件下，原料结晶度越大，拉伸过程中纤维屈服应力增大，拉伸应力也增强，利于形成高强纤维。3#、4#原料的结晶度较大，易得到高强度产品。

在熔喷过程中，纺丝温度的设定受聚合物熔点的影响，因此，对聚合物进行热性能分析显得至关重要。为获得聚乳酸的纺丝工艺，对聚乳酸的热性能进行了分析，结果见表5-4。

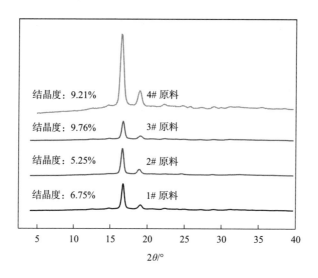

图5-10　原料XRD曲线

表5-4　原料热性能

原料序号	1#	2#	3#	4#
熔点/℃	179.9	181.3	167.4	160.2
起始分解温度/℃	350.1	348.7	341.9	347.7

从表5-4可以看到，1#、2#、3#、4#原料的熔点依次为179.9℃、181.3℃、167.4℃、160.2℃，起始分解温度依次为350.1℃、348.7℃、341.9℃、347.7℃。表明四种试样的热稳定性较好，均利于纺丝，但在纺丝过程中，纺丝温度通常比熔点高30～40℃，高聚物切片在螺杆挤压机中受高温熔融，熔点低可降低该过程的能耗。3#、4#原料熔点较低，因此可降低纺丝能耗。

由于聚乳酸的温度敏感性，为更好掌握聚乳酸的纺丝温度范围和高温环境下的流动性能，对聚乳酸在不同温度条件下的流变性能进行了测试，结果如图5-11所示。

从图5-11可以看出，四种PLA熔体的表观黏度随剪切速率的增大而下降，可见PLA熔体为切力变稀流体。当剪切速率小于638s^{-1}时，剪切速率小，相应的切应力较小，无法完全抵消聚合物分子间的作用力，纤维微观构象的缠结点产生相对滑移，但并未完全打开，表现为高聚物熔体的表观黏度较大。聚合物熔体所受切应力随剪切速率的增大而增大，其微观分子构象发生进一步变化，分子链间部分缠结点被拆除，缠结点数量减少，熔体层流动所受分子间的作用力减小，表现

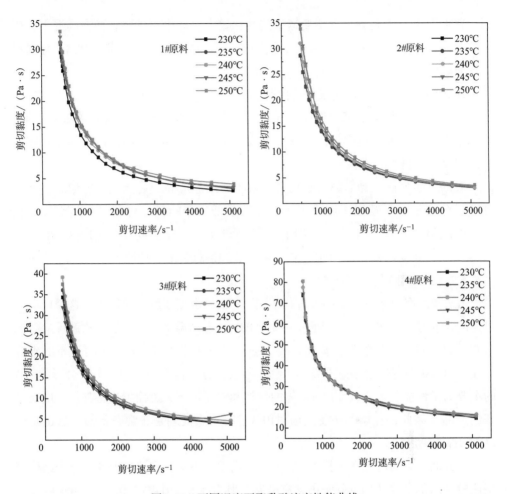

图5-11　不同温度下聚乳酸流变性能曲线

为四种原料所受剪切速率达到2200s⁻¹前表观黏度的急剧下降。而当剪切速率大于2200s⁻¹时，聚乳酸熔体的表观黏度趋于平缓。

从图5-11也可以看出，随着温度的升高，PLA熔体的流动曲线向下移动，表观黏度下降。这是因为随着温度升高，链段的活动能力增加，分子热运动加剧，分子间距离增大，分子链间的相互作用力减弱，从而导致熔体流动性增大。

另外，在不同的剪切速率范围内，温度对表观黏度的影响不同。即在低剪切速率下，PLA熔体表观黏度受温度的影响较大，而随着剪切速率的增高，PLA熔体表观黏度受温度的影响相对较小。这表明随着剪切速率的增加，PLA熔体表观黏度对温度的依赖性降低。

从图5-11还可看出，在不同的温度下，PLA熔体的表观黏度随切速率的变化不同。在低温下，表观黏度随切变速率的变化较大，非牛顿性强；而在高温下，表观黏度随切变速率的变化较为平缓，更趋向于牛顿流体。由此可知，PLA熔体对温度较为敏感。

在熔融挤出过程中，高聚物熔体所受剪切速率在2000~3000s^{-1}之间，此时1#、2#、3#原料的剪切黏度都较低，在10Pa·s以下，4#原料的剪切黏度在20Pa·s左右，考虑到熔喷要在热空气的喷吹下形成超细纤维，要求熔体的流动性能要好，因此相比4#原料，3#原料更适合熔喷工艺。

根据上述分析，3#原料的数均分子量小、结晶度高、熔点低、剪切黏度低、分子量分布较窄，若用于熔喷工艺，可以降低生产能耗，更利于在热空气的喷吹下形成超细纤维，因此最终选用分子量为57855、分子量分布为1.98、熔点为167.4℃、结晶度为9.76%的3#PLA作为熔喷非织造材料的首选原料。

5.2.1.3　PLA切片的干燥

PLA和大部分熔融纺丝的聚合物不同，PLA是由缩聚反应制得的，这个反应是可逆的，并且会有水产生，因此不经干燥的PLA在高温熔融时会发生水解反应。同时它也是一种吸湿性热塑性树脂，很容易从空气中吸收湿气。只要有少量的水分存在，PLA在高温熔融状态下就会水解，导致其分子量下降。这样不仅会影响PLA的主要力学性能，也会改变PLA熔体的黏度和结晶速率，进而很难将其加工成质量高的产品。因此，在熔融纺丝之前对PLA进行干燥处理是非常必要的，这也是由PLA的性质决定的。

一方面，它与PLA的分子结构有关。在高温状态下，高聚物中各个分子结构都是比较活跃的。由于PLA分子中含有酯基，其含水率为0.4%～0.6%，遇水后较容易水解，从而使PLA的分子量降低，同时水解过程也会使其分子量分布变宽，这样就会产生不适合纺丝要求的分子量及分子量分布。

另一方面，在熔融纺丝过程中，聚合物流体通道是封闭的。当聚合物受热熔融时，由于聚合物中水分子的存在，不但会影响聚合物熔融后的黏度和流体的挤出状态，同时这些水分还可能在聚合物中形成许多微小的气泡，当熔体被挤出拉伸变细时，这些气泡会产生气泡丝，从而产生断丝现象，进而对纤维的线密度和产品的力学性能等产生不利影响。

切片干燥的目的就是除去PLA切片中的水分，使PLA切片含水均匀，提高其软化点，保证纺丝的顺利进行及PLA熔喷非织造材料的质量。干燥后PLA切片质量的好坏对整个生产过程和成品质量有很大的影响，因此应提高切片的干燥质量，使其含水量尽可能低，并力求均匀，以最大限度地减少纺丝过程中特性黏数的下降，并保证特性黏数均一。

　　由于脱水是在较高温度下将PLA加热一定时间后才开始进行的，因此，切片含水率、加热时间、加工温度等都是影响PLA降解的主要因素。切片含水率越高，降解速度越快，降解程度越大；加热时间越长，降解程度越大；加工温度越高，降解速度越快，降解程度越大。在干燥PLA切片的过程中，应该选择合适的加热温度和加热时间。如果加热温度过高，即使加热时间很短，也会导致PLA降解，影响其各方面的性能，如可纺性、加工性能、力学性能等；如果加热温度太低，则必须相应延长加热时间，这样就不能有效地利用资源，从而造成浪费。因此，如果要避免PLA过度降解，必须在加工前把PLA切片中的水分尽量除去。

　　在制订PLA干燥工艺条件时，必须考虑以下因素：

　　①保证干燥后切片的含水率尽可能低，且含水率的波动范围越小越好；

　　②在干燥过程中，PLA的降解越小越好，否则会影响其流动性、可纺性等；

　　③在干燥过程中，防止发生PLA切片黏结现象，且粉末产生少。

　　因此，在干燥过程中，可以利用旋转真空转鼓或连续式的干燥设备对PLA切片进行干燥。以真空转鼓干燥设备为例，根据PLA的热分析和流变性能，温度设置为60℃，时间为48h，干燥过程切片含水随时间的变化如图5-12所示。在此条件下，既能达到PLA切片纺丝含水为50mg/kg的要求，又能避免热降解。

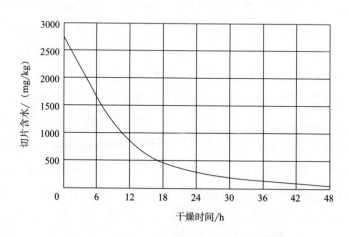

图5-12　PLA切片含水随干燥时间的变化

5.2.1.4　工艺参数对PLA熔喷非织造材料结构与性能的影响

5.2.1.4.1　熔喷模头温度的影响

PLA熔融纺丝过程中模头温度是极为重要的工艺参数之一，它对熔体的黏度影响较大，进而会影响熔体的纺丝效果。这是因为，当熔体到达模头后，在熔体腔内排开，其流速有所下降，压力增大，这时熔体温度的高低受模头影响很明显。较高温度的模头会很快把流经其内的熔体加热，使其黏度降低、流动性能提高，在热空气的作用下有利于熔体牵伸成丝。但温度过高也会造成PLA熔体降解。相反，较低温度的模头对熔体热量的传递较少，流动性会有一定程度的降低，甚至会使熔体产生熔滴现象，给产品带来许多瑕疵，以致无法纺出正常的熔喷非织造材料。所以，模头温度的设定是PLA熔喷非织造材料的一个关键步骤，只有选取合适的模头温度才有利于熔体纺丝过程的顺利进行。

通过对3#PLA原料在各温度下熔体流变性能的分析，设定的PLA熔喷温度见表5-5。

表5-5 纺丝温度设定
单位：℃

工艺序号	挤出一区	挤出二区	挤出三区	挤出四区	机头一区	机头二区	料路区	计量区	喷头区
A	150	190	210	210	210	210	210	210	210
B	150	190	220	220	220	220	220	220	220
C	150	190	230	230	230	230	230	230	230
D	150	190	235	235	235	235	235	235	235
E	150	190	240	240	240	240	240	240	240

在上述温度下对PLA熔喷非织造材料进行试制，在试制过程中发现，A、B工艺生产的熔喷非织造材料上带有许多细小的透明晶粒，而且纺丝过程中喷丝孔在很短的时间就堵塞了，尤其是A工艺。这是因为，A、B工艺温度较低，在此温度下，PLA虽然熔融，但黏度较大，流动性能较差，其间有部分晶粒没有完全熔融，挤出过程中容易堵塞喷丝孔，且在热空气的喷吹下纤维容易断裂，布面很不均匀。对于C工艺，虽然未熔的小晶粒没有了，但是均匀度不是很好。当选取E工艺时，纺丝比较顺利，但是收集的熔喷非织造材料比较脆，稍一用力布面就发生断裂，这是因为在此温度下纺丝，部分PLA发生了热降解。而当熔体温度达到235℃（即D工艺）时，纺出的产品性能较为优越。因此，在后续工艺参数设定时，所选用的熔喷纺丝温度即为D工艺。

5.2.1.4.2 热空气参数的影响

热空气对纤维的直径、熔喷非织造材料的过滤性及透气性等有着非常重要的影响，因此热空气参数的确定也是非常重要的。

（1）热空气温度的影响

对于PLA的熔融纺丝，热空气的温度比喷丝模头的温度要高一些。一方面，这是由模头的结构所决定的。模头的狭缝比其内部的气流通道窄得多，气流在流经狭缝时会被迅速压缩。从物理学角度来看，当气流流出模头的瞬间，由于气体的膨胀作用会对外做功，使热空气的内能降低，从而使模头温度降低。另一方面，热空气温度较模头高些，这样熔体在被气流拉伸的过程中温度不会迅速下降，对纤维的进一步拉伸较为有利。所以热风温度一般控制在250～300℃之间，比模头温度稍高些，以保证热风在流经狭缝后的温度能够达到PLA纺丝所要求的温度，减小对熔体温度的影响。

不同热空气温度下产品的SEM图如图5-13所示。

(a) 1#样品（250℃）　　　　(b) 2#样品（260℃）

(c) 3#样品（270℃）　　　　(d) 4#样品（280℃）

(e) 5#样品（290℃）　　　　(f) 6#样品（300℃）

图5-13　不同热空气温度下产品的SEM图

由图5-13可以看出，随着热空气温度的增加，纤维表面变得光滑，黏合点的数目也增多；纤维的直径先变粗（图5-14是各温度下对应的纤维直径），到达290℃之后又变细。这是由高分子链段的活动性能决定的。当温度升高时，热空气对挤出熔体的温度保持良好，大分子链段较为活跃，因此熔体在飞向接收装置的过程中，大分子很容易发生解取向，从而使纤维在被拉伸后有一定的回缩，即纤维收缩变粗，导致样品中的纤维直径增大。同时，当熔体到达接收装置时，其温度也相对较高，这样就会使纤维间的黏合部分增多，即黏结点增多。但当热空气到达300℃后，纺出的熔喷非织造材料变脆，强力很小，已不具有使用价值。这说明热空气温度过高，PLA发生了降解，导致熔体黏度降低，使纤维的直径又有所降低。

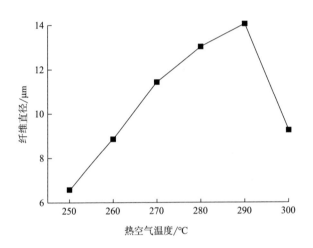

图5-14 纤维直径与热空气温度的关系

对于熔喷材料的过滤性能，除与纤维直径有关外，还与纤网的孔隙率和平均孔径有关。对于PLA熔喷过滤材料来说，其孔隙率可按公式（5-4）计算：

$$n = (1 - \frac{m}{\rho \delta}) \times 100\% \tag{5-4}$$

式中：n——孔隙率，%；

m——单位面积质量，g/m²；

ρ——原材料密度，g/cm³；

δ——材料厚度，m。

纤网的平均孔径与加工工艺无直接关系，无法直接通过调整工艺参数来控制纤网孔径从而预测过滤效率。研究表明，纤网平均孔径与纤维的线密度和纤网密度有直接关系，其计算见公式（5-5）：

$$\bar{D}^2 = \frac{32d_\mathrm{f}^2}{(1-C)^2 f_{(\mathrm{e})}}$$ （5-5）

式中：$\bar{D}$——平均孔径，μm；

　　　d_f——纤维直径，μm；

　　　C——纤网密度，g/m^3；

　　　$f_{(\mathrm{e})}$——纤网密度的函数。

其中，纤网密度函数可以通过公式（5-6）计算：

$$f_{(\mathrm{e})} = \frac{1.4 \times 4C}{-\ln C + 2C^2 - 0.5C^2 - 1.5}$$ （5-6）

由此可见，PLA熔喷过滤材料的过滤效率与透气率是纤维线密度和纤网密度的函数，而纤维线密度又与其工艺参数密切相关，因此可以说，生产工艺参数是决定材料过滤性能的主要因素。

根据公式（5-4）、公式（5-5），对应热空气条件下，PLA熔喷非织造材料的孔隙率和平均孔径的计算结果及其过滤和透气性能的测试结果见表5-6。

表5-6　不同热空气温度下产品的结构参数与过滤性能测试结果

样品编号	纤网孔隙率/%	纤网平均孔径/μm	过滤效率/%		透气性/[L/（m²·s）]
			0.3μm	0.5μm	
1#	87.15	13.46	78.78	80.55	275
2#	87.88	27.31	75.98	77.62	683
3#	91.28	78.78	69.92	72.07	1064
4#	89.45	75.44	70.66	72.31	908
5#	89.23	85.06	64.31	66.37	1260

注　6#样品由于脆性大，测试过程中破裂，没法取得数据。样品编号对应图5-13中的样品。

从表5-6中的数据可以看出，随着热空气温度的升高，产品的过滤性能有所降低，而透气性能的变化规律不明显，这是纤维直径、纤网孔隙率和平均孔径共同作用的结果。从表中可以看到，在热空气温度为270℃时纤网的孔隙率最高，这是因为，在热空气温度较低时，纤维直径比较细，纤网中纤维数量多，导致其面密度大，因此孔隙率低；当热空气温度升到一定程度后，一方面纤维直径变粗，使纤网中纤维的数量减少，另一方面，纤维冷却不充分，黏结点增多，纤网厚度增加少，这两者综合作用导致纤网的面密度增大，所以孔隙率降低。

纤网的平均孔径随着热空气温度的升高基本呈增大的趋势（4#样品例外，因4#样品比3#样品的平均孔径略降低），这也是由纤维直径和面密度变化的综合结果引起的。

在过滤过程中，纤维是阻截粉尘的障碍物。纤维越细，单位体积内的纤维数量就越多，其纤网平均孔径就越小，因此过滤效率就高。粉尘除了被纤维挡住外，还可以被先期捕捉住的粉尘阻拦，于是，纤维表面的粉尘就以"树枝状结构"松散地堆积，纤维是"干"，粉尘是"枝"。纤维细、多，由粉尘形成的枝状结构就牢固，透气量相应就小。因此，纤维多，能形成的枝状结构就多，单位面积能容纳的粉尘就多，过滤效率就高，透气性能越差，同时过滤器的使用寿命也会越长。由于4#样品的孔隙率和平均孔径都比3#低，因此过滤效率稍高一些，而透气量略有降低。

（2）热空气压力（速度）的影响

热空气速度是对熔体进行牵伸而形成超细纤维的重要因素。一般热空气速度的改变要通过调节热空气的压力来完成。在较高的压力下，热空气的速度也会比较高。风速越高，对熔体的牵伸效率越高，纤维的线密度越细，结晶度越高。这是由于较高的风速会产生较大的牵伸力，在这种力的作用下，熔体被迅速拉伸，其中的大分子会产生较高的取向，随着牵伸程度的增大，在同一截面上的大分子数目会明显减少，纤维变细，此时大分子的排列较为规整，利于结晶的形成，这对纺丝过程较为有利。但过高的风速会对熔体产生过大的喷吹作用，导致断丝增多，从而难以形成均匀性良好的纤维。因此，热风速度不能无限度提高，应当控制在适宜的范围内。

风速的提高也会对样品中纤维的卷曲程度产生较大影响。在较高气流的作用下，纤维被热气流拉伸变细的同时，也会受到由于热气流所产生的周围室温气流的影响。热气流的流速越大，周围室温气流对纤维的影响也就越大。当热气流远离模头后，便会逐渐减弱，而此时热气流、室温气流会互相混合共同作用于纤维，同时由于受重力作用纤维会随意摆动，在到达接收装置时形成杂乱无章的分布形式。

因此，随着风速的提高，纤维到达接收装置的时间会缩短，室温气流作用于纤维的时间减少的同时，纤维的随意摆动概率降低，样品中的纤维卷曲度也就随之降低。其次，纤维和混合气流在到达接收装置表面时，混合气流会沿着接收装置表面被分开，这时纤维随气流沿接收装置表面运动的概率会提高，其卷曲度也会随之下降。

在实验中对风压进行了调节来改变风速，图5-15中（a）（b）（c）分别是7#、8#、9#样品的电镜照片。由图可知，随着热空气压力（速度）的提高，样品中的纤维线密度逐渐减小（在3～6μm之间），卷曲度越来越小，分布情况越来越规整。所以较高压力（速度）的牵伸气流在一定程度上会改变纤维在样品中的分布及形态。

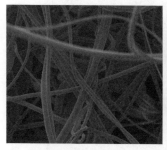

(a) 7#样品（0.12MPa）　　　(b) 8#样品（0.15MPa）　　　(c) 9#样品（0.18MPa）

图5-15　不同热空气风压产品的SEM图

5.2.1.4.3　狭缝宽度的影响

狭缝的宽度与热空气的流速以及熔体被喷出后所形成的纤维在产品中的分布情况有很大关系。由于上下两狭缝间成60°夹角，且狭缝比气流通道内部窄，所以上下两股气流在熔体挤出处相遇时，气流会被强烈地压缩，当气流流出模头时便会膨胀。狭缝越窄，气流的膨胀效应越大。狭缝较窄则热空气的流速相对较快，气流的膨胀较大，周围室温气流产生的作用也会越强，此时形成的纤维较细。同时由于室温气流对纤维的随机分布作用增强，这样纤维在样品中的分布情况会随着纤维的卷曲程度提高而变得复杂起来。

由此可见，狭缝宽度对纤维的线密度及其在熔喷非织造材料中的分布有很大影响。图5-16是不同狭缝宽度下产品的SEM图。由图5-16可以清楚地看到，随着狭缝宽度的增加，纤维卷曲度降低，表面变得光滑，线密度变粗（图5-17是对应狭缝宽度下的纤维直径）。这是因为，在其他参数不变的情况下，狭缝宽度越小，气流速度越高。也就是说，狭缝宽度的减小等同于气流速度的提高，两者的效果是一样的。

狭缝宽度对纤维的线密度及其在熔喷非织造材料中的分布有很大影响，进而对PLA熔喷非织造材料的过滤及透气性能也有一定影响。表5-7是不同狭缝宽度下产品孔隙率和平均孔径的计算结果及其过滤和透气性能的测试结果。

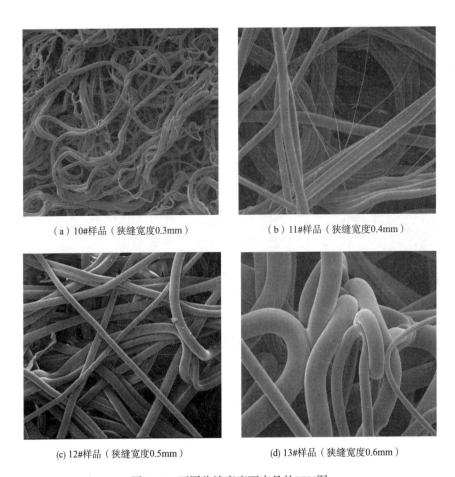

（a）10#样品（狭缝宽度0.3mm）　　　　　　　（b）11#样品（狭缝宽度0.4mm）

(c) 12#样品（狭缝宽度0.5mm）　　　　　　　(d) 13#样品（狭缝宽度0.6mm）

图5-16　不同狭缝宽度下产品的SEM图

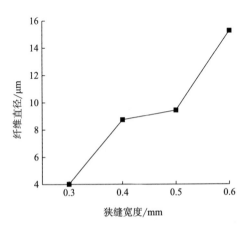

图5-17　纤维直径与狭缝宽度的关系

表5-7　不同狭缝宽度下产品的结构和过滤性能测试结果

样品编号	纤网孔隙率/%	纤网平均孔径/μm	过滤效率/%		透气性/ $[L/(m^2 \cdot s)]$
			0.3μm	0.5μm	
10#样品	89.56	7.16	92.72	93.97	120
11#样品	88.20	27.62	79.28	80.37	90
12#样品	87.74	30.17	73.53	74.88	166
13#样品	84.42	51.79	55.49	57.12	582

由表5-7可以看出，随着狭缝宽度的增大，纤网的孔隙率减小，平均孔径增大。在纤维直径、纤网孔隙率和平均孔径的综合作用下，产品的过滤效率随狭缝宽度的增大而下降，而透气量先减小后增大。这是因为，纤维越细，其比表面积越大，对粒子的吸附能力就越强；同时，纤维卷曲度越高，所形成的产品蓬松度就越高，纤网孔隙率大，过滤时气流流经路径的曲折度提高了，从而使空气中的粒子与纤维表面接触的机率大大提高，粒子更容易被纤维所吸附及捕捉。因此，随着狭缝宽度的增大，产品过滤效率减小，这与电镜所显示的PLA熔喷纤网结构相对应。

至于透气性能，在狭缝宽度较小时，由于纤维较细且卷曲，纤网蓬松，虽然孔隙率高，但是单位面积内纤维根数多，纤网平均孔径小，因此有些孔隙可能就成了无效孔隙，气流所经的流程增加，因此透气性能较小。随着狭缝宽度的增大，虽然孔隙率有所下降，但纤维直径和纤网平均孔径的增大幅度更大，同时纤维卷曲度的降低也导致气流所经曲径系统的路程减小，所以透气性大大提高。但对于11#样品，其透气量比10#样品有所降低，这可能是因为狭缝宽度增大后，相对应的气流速度降低了，纤维到达成网帘的速度降低，纤维间的黏结点减少导致的纤网蓬松度增大值比纤维卷曲度减小导致的纤网蓬松度减小值幅度大，因此纤网厚度略有增加，气流经过滤材的曲径系统时路程增加，加上其孔隙率减小，因此透气量略有降低。

5.2.1.4.4　接收距离（DCD）的影响

在熔喷非织造材料的生产过程中，DCD是一个非常重要的工艺参数。图5-18是热空气温度为290℃、其他工艺参数不变时，不同DCD下产品的SEM图。

从图5-18可以看出，随着DCD的增加，纤维表面比较光滑，粗细均匀度较好，纤维直径减小，如图5-19所示。其中15#样品（DCD=10cm）例外，其纤维均匀

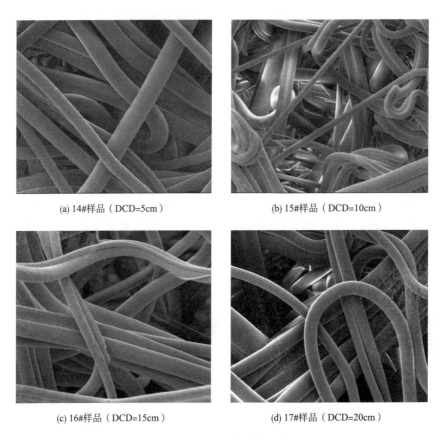

(a) 14#样品（DCD=5cm）　　　　　　(b) 15#样品（DCD=10cm）

(c) 16#样品（DCD=15cm）　　　　　　(d) 17#样品（DCD=20cm）

图5-18　不同接收距离下产品的SEM图

度较小，且纤维卷曲度大，排列比较杂乱。从运动学角度来分析，在喷头附近，纤维受到高速热气流的拉伸，加速度很大，纤维速度很快地达到最大值，因此在较大的拉伸力作用下，纤维卷曲度较小，在纤网中的杂乱程度也较小。有关实验证明，对于PLA熔喷非织造材料，其DCD在11cm时气流速度与纤维速度相等。因此在本实验中，当DCD等于10cm时，纤维速度与气流速度基本相等，因此纤维在接收装置上杂乱排布，卷曲度也较大。随着DCD的再增大，纤维离喷头的距离越来越远，受到气流的牵伸力也越小，纤维的加速度也渐小，但纤维的速度继续增加，纤维在自身运动的惯性力作用下，在纤网中的排布方向性越来越明显，在外力作用减弱后纤维伸展，卷曲度降低。

　　DCD与纤网密度密切相关，进而对PLA熔喷非织造材料的过滤和透气性有一定影响，表5-8是热空气温度为290℃时，不同DCD下产品孔隙率和平均孔径的计算结果及其过滤和透气性能的测试结果。

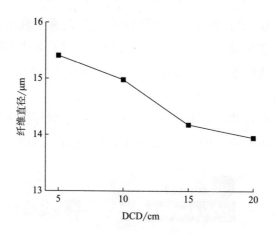

图5-19　纤维直径与DCD之间的关系

表5-8　不同DCD下产品的结构参数和过滤性能测试结果

样品编号	纤网孔隙率/%	纤网平均孔径/μm	过滤效率/%		透气性/$[L/(m^2 \cdot s)]$
			0.3μm	0.5μm	
14#样品	88.87	93.12	38.87	40.12	582
15#样品	89.01	91.75	47.69	49.33	730
16#样品	89.15	87.88	58.49	59.98	1102
17#样品	89.23	85.06	64.31	66.37	1260

由表5-8可知，在其他工艺参数一定的条件下，随着DCD的增加，纤网的孔隙率增大，平均孔径降低。这是因为，在热空气一定的情况下，随着DCD的增大，纤维冷却时间增加，到达接收辊时纤维温度相对较低，纤网中纤维的黏合点减少，导致孔隙率增大；同时，随着DCD的增加，纤维飞向成网帘的速度降低，纤网的蓬松度增加，因而孔隙率也增大。另外，随着DCD的增加，纤维直径逐渐减小，单位面积内的纤维数量增加，因此在铺网的过程中纤维交叉点增多，导致纤网的平均孔径减小。

因此，在纤维直径、纤网孔隙率和平均孔径的共同作用下，随着DCD的增加，PLA熔喷非织造材料的透气性增大，其过滤效率也增大。

5.2.2　纤维素增塑溶液喷射非织造材料制备技术

基于气流拉伸机理，熔喷技术仅限于对热塑性树脂的加工，且要求较高的熔体流动性，目前主要用于聚丙烯超细纤维的制备，因此其应用受到了极大的限制。天津工业大学程博闻团队提出，采用低蒸汽压的离子液体通过双螺杆挤出机来增塑纤维素，制备纤维素浓溶液，并通过溶液喷射的方法来制备微纳米纤维非织造材料，可以解决纤维素类高聚物不能进行熔喷纺丝的问题，揭示了纤维素浓溶液喷射成纤机理。

增塑溶液喷射纺丝装置是用双螺杆挤出机取代单螺杆挤出机，对接收装置进行了必要的改动，将在空气中接收改成在凝固浴中接收，如图5-20所示。

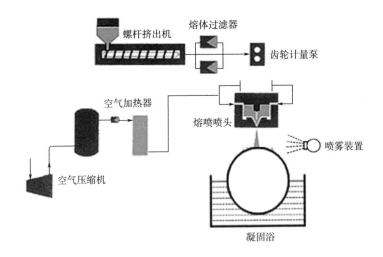

图5-20　增塑溶液喷射纺丝装置示意图

5.2.2.1　纤维素纺丝液体系制备

为了研究不溶性聚合物在双螺杆挤出机中的增塑溶解行为，以纤维素为研究对象、离子液体为增塑剂，研究了增塑条件对溶液制备的影响。影响纺丝液制备的条件包括螺杆转速、扭矩、温度等。

在研究纤维素的溶解过程时，溶解温度恒定为100℃，螺杆转速为20r/min。纤维素溶解过程中搅拌时间与体系扭矩的关系如图5-21所示。从图中可以看出，纤维素在［AMIM］Cl中的溶解过程大致可分为三个阶段。

开始为混合阶段，即通过螺杆的剪切作用将纤维素与［AMIM］Cl充分混合均匀。在这个阶段，整个体系的扭矩比较稳定，没有发生太大的变化，且物料混合需要约10min。

随后进入溶胀溶解阶段，［AMIM］Cl进入纤维素分子链中，使纤维素开始发生溶胀，体系的体积和黏度增大，扭矩增大且提升的幅度也随之增加。随着搅拌时间的增长，扭矩急剧增大，这是因为随着纤维素不断溶胀，已溶胀的纤维素

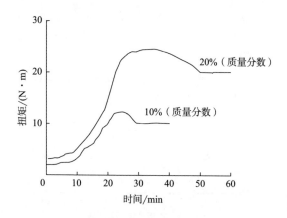

图5-21　溶解时间与体系扭矩的关系图

对未溶胀的产生了高浓度的包埋作用，阻碍了纤维素的继续溶胀，而破坏这种作用需要更高的剪切力。之后，先溶胀的纤维素开始溶解，而未溶胀的纤维素有机会与溶液接触，开始发生溶胀。溶解与溶胀的同时发生，使混合物体系的体积和黏度逐渐趋向平衡，扭矩提升的幅度也逐渐变得平缓。随着纤维素不断溶解在［AMIM］Cl中，体系的黏度减小，体积收缩，扭矩也不断减小，最终保持不变。

5.2.2.2　聚合物增塑过程中的降解行为

以纤维素为研究对象，在离子液体增塑纤维素的过程中，纤维素受到溶剂及其杂质、温度等的影响，会造成纤维素不同程度的降解。

咪唑类离子液体中通常含有少量N–甲基咪唑，研究发现，含有少量N–甲基咪唑的溶液再生后纤维素聚合度下降，且N–甲基咪唑含量越高，纤维素聚合度越低。以［AMIM］Cl为溶剂溶解纤维素后，再生纤维的聚合度普遍高于［BMIM］Cl溶液。通过二次函数拟合得到，［AMIM］Cl在咪唑含量约为10.3%时聚合度将基本保持不变，聚合度在350左右保持稳定；而［BMIM］Cl在9.7%时即稳定，此时聚合度约为340。可见N–甲基咪唑在纤维素含量较少时对降解的影响较大，而当其含量超过10%后，纤维素不再降解（图5-22）。对纯［AMIM］Cl咪唑溶液pH值进行了测定，结果表明，无论是纯［AMIM］Cl咪唑溶液，还是含N–甲基咪唑的离子液体溶液，其pH值均大于7，呈碱性，且［BMIM］Cl溶液的碱性稍大于［AMIM］Cl溶液。而随着N–甲基咪唑含量的增加，溶液的pH值也增加。如图5-23所示，通过二次函数拟合得出，当N–甲基咪唑含量为8%时，两种离子液体的pH值基本稳定在10.3左右，而当N–甲基咪唑含量为10%时，聚合度才基本稳定。这一现象表明，纤维素在上述两种离子液体中的降解不仅与离子液体中的单体杂质有关，还与离子

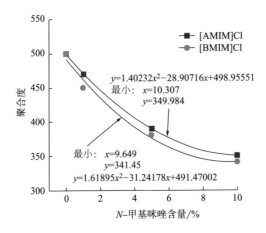

图5-22　再生纤维素聚合度与N-甲基咪唑含量关系图

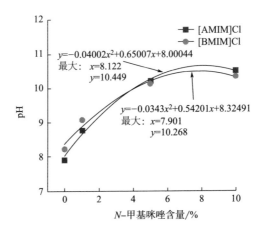

图5-23　离子液体/咪唑溶液pH值与N-甲基咪唑含量关系图

液体中的阳离子取代基有关。

　　通过DSC和原位红外分析了溶液温度及离子液体单体N-甲基咪唑含量对溶液降解性能的影响，并判断出主要的影响因素。从图5-24中可以观察到，当温度达到250℃后，有很明显的吸热现象，推断不含N-甲基咪唑的纤维素/［AMIM］Cl溶液是纤维素溶液的分解吸热峰，而加入不同含量N-甲基咪唑后的纤维素/［AMIM］Cl溶液吸热峰情况基本相同，且与未加入杂质时相比，吸热峰向高温区偏移，而吸热量则有所下降。经计算后，含咪唑1%～10%的纤维素/离子液体溶液，其吸热峰面积基本相同，这表明纤维素降解也受到温度的较大影响，当温度升高到250℃后，温度引起的降解占主导因素，而N-甲基咪唑的含量则退居次要因素。

如图5-25纯离子液体变温红外谱图所示，变化主要在891cm⁻¹、1645cm⁻¹与3397cm⁻¹上，其中1645cm⁻¹是烯丙基上的C=C伸缩振动，它的峰值降低可能是由于加热导致双键断裂造成的，而在891cm⁻¹与3397cm⁻¹上分别是纤维素上的C—O—C峰与—OH峰，这是纤维素链上的基团，C—O—C与—OH的断键就直接意味着纤维素的降解。由于纤维素含量较少，样品在每个温度段停留20min并逐渐提高温度，长时间高温加热使纤维素全部降解成了小分子，所以120℃后C—O—C峰与—OH峰基本没有变化。这些结果很好地说明了纤维素的断键降解，并且纤维素随着溶解时间的延长、溶解温度的提高，其降解程度越高。120℃已经大于纤维素在离子液体中的降解温度，纤维素已经开始有了降解。

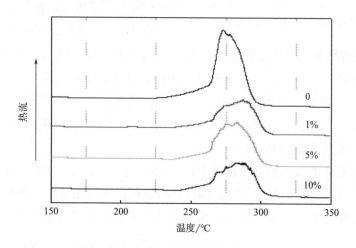

图5-24 不同N-甲基咪唑含量的纤维素/［AMIM］Cl DSC谱图

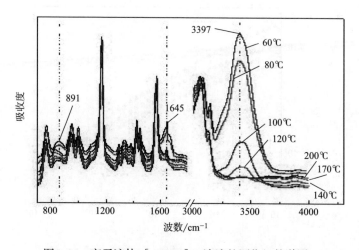

图5-25 离子液体/［AMIM］Cl溶液的原位红外谱图

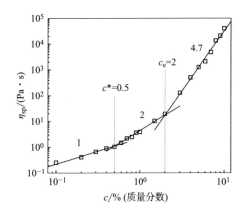

图5-26　25℃时纤维素/［EMIM］Ac离子
液体溶液增比黏度与浓度的关系

5.2.2.3　纤维素浓溶液的可纺性

聚合物的可纺性主要是通过溶液的流变行为来判断。首先需要判断出溶液的临界浓度及缠结区等，再通过在相应的区间进行具体讨论来确定合适的纺丝溶液体系。

以［EMIM］Ac为例，采用增比黏度对浓度作图可确定聚合物的溶液缠结区，从而指导溶液制备。图5-26中，根据直线斜率不同，可以将该溶液体系分成三个区域：稀溶液区、非缠结半稀溶液（亚浓溶液）区以及缠结半稀溶液（浓溶液）区。三个区间所对应的浓度分别为$c<0.5\%$、$0.5\%<c<2.0\%$、$2.0\%<c$，在这三个区域内，增比黏度η_{sp}分别与$c^{1.0}$、$c^{2.0}$、$c^{4.7}$成正比关系。而θ溶剂中幂指数应为1、2、14/3，良溶剂中幂指数应为1、1.3、3.9，从而可判断，［EMIM］Ac溶剂是纤维素的θ溶剂。类似地也可判断［AMIM］Cl及［BMIM］Cl是纤维素的θ溶剂。

同时也明确了，当溶液浓度为2%（质量分数）时，即为浓溶液。在浓溶液区，根据流变学理论，则溶液符合Cox-Merz规则，即可用动态角频率描述静态剪切速率。此时，可将图5-27按Cross模型进行拟合后获得零切黏度和非牛顿指数间的关系，见表5-9。

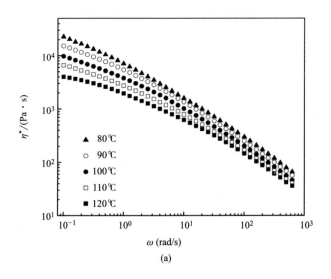

(a)

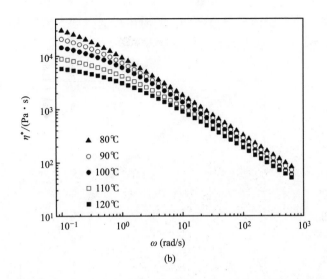

图5-27　15%纤维素/［AMIM］Cl（a）、纤维素/［BMIM］Cl（b）溶液在不同温度下的流动曲线

从图5-27中可以看出，溶液的表观黏度η^*随温度的增加而降低。将上述图用Cross模型拟合计算，并通过计算黏流活化能（表5-9）。可知，10%纤维素/［AMIM］Cl浓溶液的黏流活化能为70.41kJ/mol，高于同浓度的纤维素/［BMIM］Cl溶液（68.28kJ/mol）。

表5-9　纤维素/［AMIM］Cl浓溶液黏流活化能

c/%（质量分数）		10	12.5	15	17.5	20	22.5	25
黏流活化能/（kJ/mol）	［AMIM］Cl	70.41	61.82	55.48	43.84	40.70	37.17	30.54
	［BMIM］Cl	68.28	67.06	56.18	42.54	41.36	39.19	32.67

再通过水平移动因子获得15%（质量分数）纤维素/［AMIM］Cl浓溶液在100℃的主曲线，如图5-28所示。

图5-29为四种纤维素/［AMIM］Cl浓溶液在较高温度下的流变曲线，将流变曲线与两种MFR分别为22（PP1）和44（PP2）的PP材料的流变曲线进行了对比。从图中可以看出：质量分数10%的纤维素/［AMIM］Cl溶液在120℃下的表观黏度曲线与PP2熔体几乎是相同的，可见，该浓度的纤维素/［AMIM］Cl有非常好的流动性；升高温度或提高剪切速率可以使质量分数15%、20%纤维素的表观黏度降低；同时可以发现，浓度越高，溶液黏度受剪切速率的影响越大。因此，使用这两种浓度进行纺丝时必须严格控制其所受到的剪切作用，使其受力均匀，这样才能保证溶液具有稳定的流动性。质量分数25%纤维素溶液在温度达到200℃时，其表观

黏度依然很高，切力变稀现象很显著，此时可以通过增大剪切速率的方法，降低表观黏度，从而达到能够流动成形的状态。

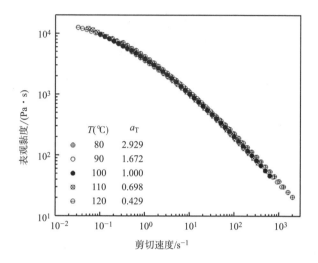

图5-28 质量分数为15%的纤维素/［AMIM］Cl的主曲线(T_0=100℃)

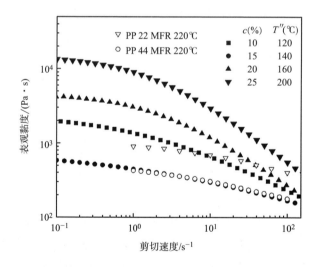

图5-29 纤维素/［AMIM］Cl溶液与聚丙烯熔体表观黏度的比较

5.2.2.4 溶液喷射纺丝工艺

溶液喷射纺丝受溶液浓度、模头温度、风温及风压等因素的影响。

（1）溶液浓度

溶液浓度对喷射成形的纤维性能有显著影响。当喷头温度为140℃、热风温度为140℃、风压为0.5MPa、接收距离为1m时，使用不同浓度的纤维素溶液制备的非织造材料，其电镜照片如图5-30所示。

(a) 8%　　　　　　　　　(b) 10%

(c) 12.5%　　　　　　　(d) 15%

图5-30　不同溶液浓度下非织造材料的FESEM图（100倍）

从图5-30可以观察到，在纺丝液浓度为15%（质量分数）时，非织造材料表面有明显的块状结构，随着纺丝液浓度的降低，这种块状体也逐渐消失。在溶喷过程中，热空气的压力是一定的，所产生的牵引力也一定，聚合物溶液浓度较高时，溶液黏度及弹性较大，易在喷头处凝聚成块而被热风直接喷到接收装置上，从而形成大小不一的块状体。

由图5-31可知，纤维直径随溶液浓度的增大而增大，直径分布逐渐变宽，当溶液浓度由8%增加到15%时，纤维平均直径从2.6μm增加到7.4μm。另外，高浓度的纤维素溶液弹性模量大，挤出胀大效应严重，且过大的黏度也导致其拉伸效率降低，直径变粗，力学性能也受到较大影响，见表5-10。

表5-10为不同浓度纤维素/离子液体溶液溶喷非织造材料的力学性能测试结果，从表中的数据可以看出：溶喷纤维素非织造材料的强度不大，质量分数为12.5%溶液制备的样品的纵横向断裂强度均大于8%样品的强度。15%样品的力学性能出现了反常现象，这可能是由于其形貌结构的缺陷造成的。

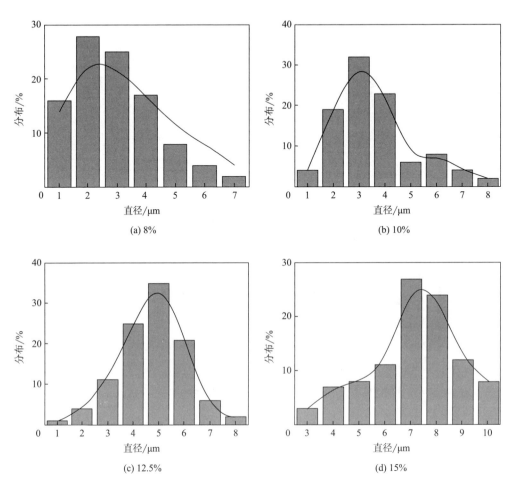

图5-31 不同溶液浓度下非织造材料中纤维的直径分布图

表5-10 不同溶液浓度制备的纤维素非织造材料的力学性能

样品/% （质量分数）	纵向		横向	
	断裂强度/（N/5cm）	断裂伸长率/%	断裂强度/（N/5cm）	断裂伸长率/%
8	23.9	19.8	14.2	18.3
10	25.4	23.6	21.4	25.4
12.5	30.5	27.5	23.7	30.8
15	23.7	21.8	17.9	26.1

（2）模头温度

模头温度是另一个重要影响因素，较高温度的模头可以很快把流经其内的溶液加热，使其黏度降低、流动性能提高，在热空气的作用下有利于溶液牵伸。但温度过高也会造成纤维素溶液降解，相反，较低温度的模头对热量的传递较少，溶液流动性会有一定程度的降低，弹性加大，气流拉伸受到的阻力也随之增大。所以，模头温度的设定是纤维素溶液溶喷非织造材料的一个关键步骤，只有选取合适的温度才有利于纺丝过程的顺利进行。不同溶液温度下非织造材料的SEM图如图5-32所示。

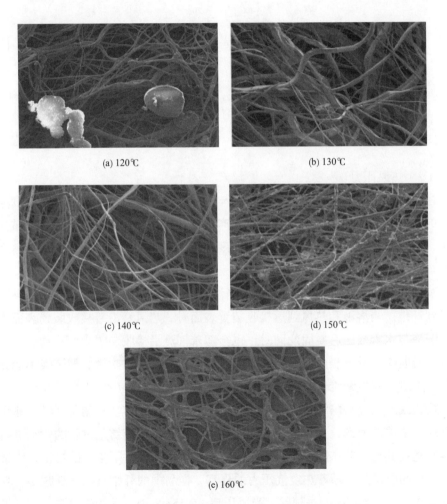

(a) 120℃

(b) 130℃

(c) 140℃

(d) 150℃

(e) 160℃

图5-32　不同溶液温度下非织造材料的FESEM图（400倍）

从图5-32中可以观察到，在喷丝模头温度为120℃时，非织造材料表面同样出现了块状结构。随着温度的升高，这种块状体逐渐消失，纤维表面变得光滑，黏合点的数目也增多，纤维的直径变细。但是当温度到达160℃时，纺出的非织造材料变脆，强力较小，这主要是温度升高造成聚合物的降解所致，如图5-33所示。其力学性能也因为聚合物的聚合度下降而造成非织造材料的力学性能下降，如图5-34所示。

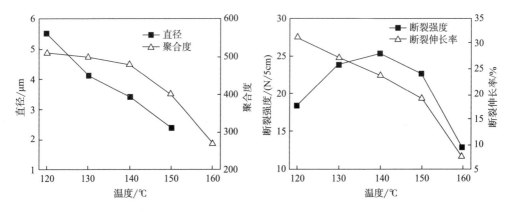

图5-33　纤维直径和聚合度随溶液温度的变化　　图5-34　溶液温度对非织造材料力学性能的影响

（3）热风压力

在纤维素溶液喷出喷丝孔后，受到与溶体喷出方向呈一定夹角的高压高速热空气的喷吹作用。在高压高速热风喷吹产生的拉伸牵引作用下，溶液迅速被拉伸细化，最后凝固形成微细纤维。热风温度、压力与溶液的拉伸细化程度有着密切的关系。

溶液溶喷不同于熔体熔喷工艺，当溶液到达接收装置后，必须经过凝固才能得到纤维。当溶液和热风到达接收装置表面时，热风会沿着接收装置表面被分开，溶液与水雾接触后凝固的同时，也会随着气流沿接收装置表面运动，非织造材料的卷曲度会进一步降低。但是风速过快时，水雾易被吹散，使溶液不能充分凝固，生成的初生纤维皮层薄弱，受力易破裂，致使纤维内部的溶液流出，最终形成蹼状或膜状等缺陷结构。所以，热风压力的设定是溶喷法制备纤维素非织造材料的一个关键因素，只有选取合适的压力才有利于溶液纺丝过程的顺利进行。图5-35是在其他工艺参数不变，只改变热空气压力的条件下生产的再生纤维素非织造材料的电镜图。随着热空气压力的提高，样品中的纤维直径逐渐减小，卷曲度越来越小，分布情况变得规整。当风压超过0.55MPa时，非织造材料中的纤维分布较稀疏，且形成了大量的蹼状结构，缺陷增多，表明热风压力在一定程度上会改变纤维在样品中的分布和形态。

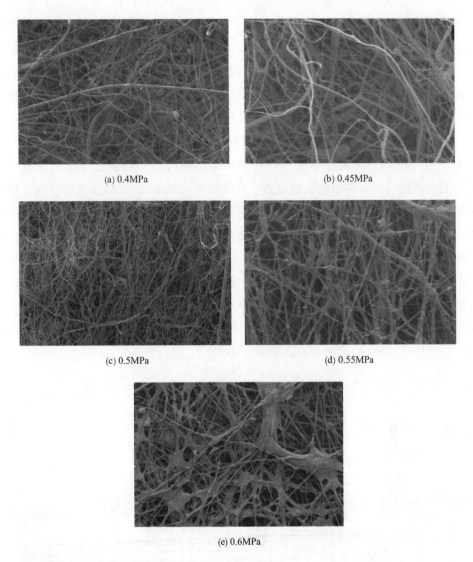

(a) 0.4MPa

(b) 0.45MPa

(c) 0.5MPa

(d) 0.55MPa

(e) 0.6MPa

图5-35 不同热风压力下非织造材料的FESEM图（100倍）

5.3 聚苯硫醚熔喷非织造材料制备技术

随着工业进程的迅速发展和人类对于生态环境的日益重视，能源化工领域所产生的废气、废液和废固所带来的环境污染问题，已成为限制行业持续健康发展的瓶颈，是我国未来实现"碳峰值""碳中和"的关键症结所在。将熔喷非织造技术应用于环境净化等领域是环境治理、节能减排的有效手段。然而，常规熔喷材料（如聚乙烯、聚丙烯和聚酯等）存在耐温性、耐腐蚀性以及抗氧化性不足等缺陷，无法满足苛刻环境下的环境治理和资源回收的使用要求。因此，开发特种工程材料的熔喷非织造技术应用于苛刻环境下的气体过滤、资源回收等，已成为熔喷非织造技术的重要研究方向。

纤维级PPS树脂加工而成的PPS纤维，是我国"十一五""十二五"和"十三五"规划期间重点发展的一种新型高性能纤维，目前正逐渐成为电子电气、工业高温过滤等领域的首选材料。现阶段国内制备PPS纤维主要通过两步法熔融纺丝工艺，即先制备初生纤维，再对其进行拉伸热定型。然而熔融纺丝技术制备的初生纤维取向度和结晶度均较低，限制了纤维力学性能的提高。目前国内PPS纤维产量不足5000t，产品多集中在1.2~2cN/dtex。为了提高纤维或织物的过滤精度，PPS纤维正逐步向细旦化方向发展。值得关注的是，与传统熔融纺丝相比，采用熔喷非织造技术制备的PPS非织造材料的纤维更细（纤维直径通常低于5μm），粉尘过滤精度更高，过滤阻力更小，且具有加工工艺流程短、效率高、产品性能优良等优势。PPS熔喷非织造设备如图5-36示。

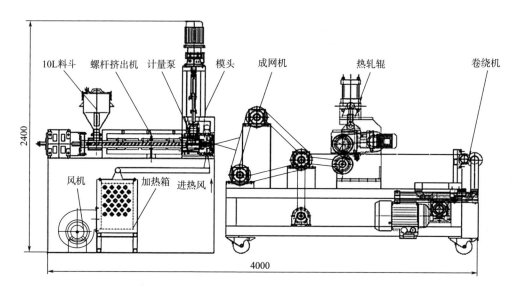

图5-36　PPS熔喷非织造设备

5.3.1　PPS树脂改性

PPS树脂的表观黏度对温度很敏感，且在高温下容易发生氧化交联反应，这使熔喷加工过程较为困难，因此必须对加工过程中的相应温度进行严格控制。但在实际生产过程中，加热模块的控温精度低，温度响应慢，很难精准控制各个加热区的温度。相较于熔融纺丝，熔喷设备喷头的孔更多且更细。用纯PPS熔喷树脂为原料，极易导致在熔喷过程中形成熔滴，同时在熔喷过程中会采用高温热气流牵伸纤维，加大了PPS纤维与热空气的接触机会，使熔喷出的纤维表面料点多且纤维发黄。如图5-37所示，图（a）为添加增塑剂和抗氧化剂的PPS熔喷非织造材料，图（b）为纯PPS熔喷非织造材料，图（b）表面有非常多的黑色料点且非织造材料色泽发黄。为解决这一问题，研究者做了大量相关研究，主要集中在PPS熔喷树脂增塑改性和抗氧化改性上。

(a) 添加增塑剂和抗氧化剂的PPS熔喷非织造材料　　　(b) 纯PPS熔喷非织造材料

图5-37　PPS熔喷非织造材料

5.3.1.1　PPS树脂增塑改性

美国专利US6110589公开了一种PPS熔喷非织造材料的制备方法，用一定量的聚丙烯和PPS树脂熔融共混造粒，以改善PPS树脂的可纺性，发明者用该树脂在普通熔喷设备上成功制备出PPS熔喷非织造材料。研究发现：在PPS树脂中添加5%聚丙烯，纺出的熔喷非织造材料产品质量最优，设备能够长时间运转而不出现喷丝孔堵塞现象。美国专利US5695869公开了一种PPS熔喷非织造材料及其制品的制备方法。该方法是通过向PPS树脂中加入一定量亚磷酸盐和亚磷酸化合物，再通过双螺杆挤出机熔融共混造粒，使用改性后的PPS树脂能够有效避免PPS熔体在喷丝孔上聚集，显著减少PPS熔喷非织造材料表面的料滴。李振环等在PPS树脂中加入1.5%~7%的乙撑双油酸酰胺、0.5%~3%的抗氧剂KY-1330、0.5%~1.5%的月桂酰胺丙基三甲基铵硫酸甲酯盐，高速搅拌1h后熔融塑化挤出，制备的PPS树脂具有良好的可纺性，在熔喷加工过程中，既能抑制PPS分解，又能减轻PPS氧化交联。采用该树脂纺出的PPS熔喷非织造材料具有良好的韧性、耐高温性和抗氧化性。

5.3.1.2　PPS树脂抗氧化改性

由于PPS分子链中含有大量低价态硫原子，在高温有氧环境下，硫原子很容易从+2价被氧化成+4价或+6价，受硫原子的影响，苯环与苯环间也容易发生氧化交联反应。PPS树脂合成初期，受当时工艺条件的限制，PPS树脂的分子量较低，并含有大量低聚物。常利用PPS树脂不耐氧化这一特性，通过热氧化交联或化学交联的方法来提高PPS的分子量，以便后续加工成型。但随着聚合工艺的不断完善，线型高分子量PPS树脂的合成技术已非常成熟，但PPS不耐氧化这一特性却成为纺丝加工的一大弊端。

近年来，PPS的氧化机理引起了越来越多的关注，研究者试图深入研究PPS的氧化反应机理，进而从根本上解决PPS不耐氧化的问题。何国仁等研究了不同氧化方法（高温空气、过氧化氢、高锰酸钾）对PPS结构和性能的影响，并探讨了氧化交联机理。研究发现，这三种氧化剂都能将PPS分子链中的硫醚氧化成亚砜和砜，并且苯环间会发生氧化交联。古昌红等对螺杆挤出前后的PPS树脂进行红外光谱分析，并采用量子化学计算，发现经螺杆机在320~330℃下挤出后的PPS被氧化成芳醚和亚砜，热氧化交联发生在苯环间，为1,2,4-三取代形式。李文刚等采用红外光谱分析不同温度下经密炼机热处理后PPS树脂的结构变化，研究了PPS的热氧化交联机理，结果表明：相较于未处理的PPS树脂，热处理后PPS的苯环C—H面外弯曲振动峰、C—CH面内变形振动峰、C—S面内伸缩振动峰和亚砜基伸缩振动峰向高位偏移，且经热处理后的PPS发生氧化交联，氧化发生在硫醚键上，交联发生在苯环上。

为解决PPS树脂在熔融加工过程中易被氧化这一问题，研究者做了大量研究工作。其中向PPS树脂中掺杂抗氧剂是一种简单有效的方法，目前常用的抗氧剂有受阻酚类抗氧剂、胺类抗氧剂、胺/酚协同抗氧剂、亚磷酸酯类抗氧剂、硫醚类抗氧剂等。万继宪将抗氧剂4426、B215和抗氧剂C206分别与蒙脱土复合后，再添加到PPS树脂中。研究发现，这三种抗氧剂都能在一定程度上提高PPS树脂的抗氧化性能，并降低PPS树脂的热降解速率。其中抗氧剂4426的性能最优，当蒙脱土添加量为2%、抗氧剂4426添加量为0.1%~0.3%时，PPS树脂的氧化诱导温度从460℃提高到495℃，且具有最高的热降解活化能。他认为蒙脱土的加入能够防止氧气分子渗入PPS分子链中，同时蒙脱土片层能够有效阻挡降解的小分子逸出，从而抑制PPS氧化降解。连丹丹用双螺杆挤出机向PPS树脂中添加功能化的纳米二氧化硅（Ti-

SiO_2和D-SiO_2）和中间相碳微球（MCMB），并成功纺出了PPS纤维。研究发现，这三种添加剂都能均匀地分散在PPS基体中，起到异相成核剂的作用，使PPS的结晶度更高，并能明显改善PPS纤维的耐高温氧化性能。邢剑等用十六烷基三甲基溴化铵和钠基蒙脱土为原料制备出有机蒙脱土（OMMT），再采用熔融共混的方法得到PPS/OMMT复合材料。分别对纯PPS树脂和PPS/OMMT复合材料进行热氧化处理，发现添加5%的OMMT能够在一定程度上减缓PPS树脂在高温下被氧化，进一步用红外光谱分析证明：长时间的高温环境会使PPS和PPS/OMMT的分子链均发生交联，分子链结构由线型变为网状结构。网状结构的产生会使PPS树脂由热塑性转变为热固性，严重降低PPS树脂的流动性，在熔喷加工过程中极易堵塞喷丝孔。王笑天、李振环等用双（2,4-二枯基苯基）季戊四醇二亚磷酸酯（S-9228）作为抗氧剂，掺杂到PPS树脂中制备出抗热氧化PPS/S-9228树脂。研究发现，S-9228和PPS具有良好的相容性，当添加质量分数为1%的S-9228时，PPS树脂具有最优良的抗热氧化性能。S-9228的引入会破坏PPS分子链的规整性，抑制PPS结晶，降低PPS树脂的熔点，使PPS树脂具有更好的流动性，有利于熔喷加工。李晨暘、李振环等采用静电自组装的方法制备出有机化蒙脱土固载碳化硅复合物（OMMT@SiC），通过与PPS树脂熔融共混制备了PPS/OMMT@SiC改性树脂。研究发现，在OMMT与SiC的相互协同作用下，PPS树脂的氧化分解速率显著降低。当OMMT/SiC的质量比为1∶5时，PPS/OMMT@SiC的氧化诱导温度高达513.1℃，相较于纯PPS提高了40.9℃。他又将PPS树脂和PPS改性树脂分别熔喷成非织造材料，测试表明，改性PPS熔喷非织造材料的氧化诱导温度相较于纯PPS熔喷非织造材料提高了47℃，且具有更加优异的力学性能。

5.3.2　PPS的可纺性

可纺性是聚合物熔体在纺制纤维时必须面对的一个基本问题。可纺性通常是指流体在承受拉伸力下所具有的形成细长丝条的能力。PPS熔喷工艺原理（图5-38）是先将PPS原料加热至熔融态，在剪切力的作用下动态流动并从喷丝孔挤出，通过两股高压热气流对熔体细流进行充分牵伸，从而得到PPS超细纤维。由于熔喷工艺要求的限制，聚合物必须具备较好的流动能力，因此对于熔喷原料和熔喷加工温度的选择就显得尤为重要，它将直接影响熔喷加工能否顺利进行。如果聚合物熔体黏度过高，则难以从喷丝孔挤出，螺杆挤出机需要提供更高的压力且能耗更多，熔体细流由于高黏度而很难得到热空气流的充分拉伸，最终影响超细纤维的形成。

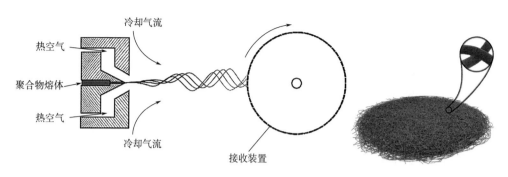

冷却气流

热空气

聚合物熔体

热空气

冷却气流

接收装置

图5-38　PPS熔喷工艺及熔喷非织造材料示意图

胡宝继等对熔喷工艺参数进行探索发现：熔融指数为258g/10min的PPS树脂具有较好的熔喷可纺性，当挤出机加热温度为340℃、模头温度为345℃、热风温度为350℃时，可以均匀纺出纤维直径为2~5μm的聚苯硫醚非织造材料。研究也发现，加热温度对PPS熔喷的可纺性影响较大，当加热温度较低时，PPS熔体黏度大，流动性差，无法成纤，过高的加热温度会使PPS熔体氧化交联变黑，造成喷丝孔堵塞。由于在熔喷加工过程中，PPS熔体不可避免地会接触到空气中的氧气，在高温下导致PPS分子链氧化交联，同时PPS在高温下也会发生分子链断裂，这一系列变化能直接影响PPS熔体的流变性。因此，在熔喷加工开始之前，首先对PPS树脂在熔融剪切作用下的流变性能进行研究是非常必要的。陈磊等研究了剪切速率和温度对熔喷级PPS树脂流变性能的影响，研究发现，PPS树脂的黏度随着剪切速率的增大而减小，产生剪切变稀的现象，为假塑性流体；升高温度能减小PPS熔体的弹性，并增加PPS熔体的流动性，使PPS树脂的非牛顿指数趋向于1；同时也发现，随着剪切速率的增加，PPS熔体的黏流活化能也增加，表明剪切速率越高，PPS树脂黏度对温度的敏感性越高。

5.3.3　PPS熔喷工艺参数的设定

PPS熔喷非织造材料的结构性能受诸多因素影响，其中工艺参数（包括挤出机温度、螺杆转速、计量泵供量、热牵伸风量和风温、接收距离等）是除原料组成外的另一重要影响因素。

在喂入挤出机前应先对PPS树脂进行干燥，干燥有两个主要目的：一是将PPS树脂中的水分除去，由于微量水分的存在会给纤维质量造成不利的影响，且高温下水分很容易汽化成气泡，对成网均匀度产生严重影响；二是提高PPS树脂的结晶度和软化点，干燥前PPS树脂软化点较低，在挤出机喂料区极易软化并粘在内壁上，形成环结阻料，影响正常生产。

5.3.3.1　熔喷各区段加工温度

PPS熔体黏度对温度具有很高的依赖性，在加工时螺杆挤出机各区段的温度需要根据材料的热性能和流变性能进行设定。PPS熔喷挤出机各加热区温度设置见表5-11。当各区段温度达到预设温度后先恒温半小时，然后开动计量泵和螺杆并调节转速，加入聚丙烯PP切片先对螺杆挤出机进行清洗以便除去杂质，避免残留的杂质堵塞喷丝孔，影响熔喷实验的顺利进行。将干燥后的PPS树脂喂入挤出机，在先不安装熔喷模头的情况下，观察熔体挤出时的流动情况，并根据熔体的流动情况确定最后的螺杆挤出机各区段温度。为了能改善熔体的流动性，可适当提高加工温度。

表5-11　熔喷各区段加工温度

熔喷设备各区	一区	二区	三区	管路	计量泵
温度/℃	270~280	320~340	320~340	310~330	320~340

5.3.3.2　模头温度

熔体挤出时的温度即为熔喷模头温度。由流变测试结果可知，通过调节温度可以改变聚合物熔体黏度的大小。过低的模头温度会使熔体黏度过高，导致无法正常纺丝。在有限的范围内升高模头温度，可显著降低熔体黏度，在提高熔体流动性的同时，使熔体细流在从喷丝孔挤出后更易被热风牵伸拉细，接收网带上接收的纤维的直径更细且温度更高，纤维排列更紧密，有利于进一步提高非织造材料的力学性能。然而，过高的模头温度将会导致熔体降解、大分子链断裂、使熔体黏度过低，接近于牛顿流体。当熔体从喷丝孔挤出时，熔体与喷丝孔之间的摩擦力不足以对熔体进行有效握持，未经热风充分牵伸便以熔滴的形式直接下落在接收网带上，使非织造产品外观质量和手感严重下降，因此确定合适的模头温度范围是非常重要的。

保证熔喷设备在正常挤出压力条件下，通过试纺找到合适的模头温度范围。如先将熔喷模头温度设置为295℃，若发现此时PPS熔体可从喷丝孔挤出，实验进程较顺利，则可尝试进一步升高模头温度，观察熔体细流从喷丝孔的挤出情况。熔体黏度随着温度的升高进一步下降，流动性变得更好，当模头温度继续升高时，发现此时的熔体细流可以像水一样快速地通过喷丝孔，喷丝孔对熔体的握持作用明显减小，部分熔体细流并没有完全牵伸成纤维便直接落在接收网带上，使非织造材料外观质量和手感明显变差，此时可停止对模头升温。

5.3.3.3 热风量

熔喷工艺中主要通过两股高速高压热风对从喷丝孔挤出的熔体细流进行喷吹牵伸来制备超细纤维。高聚物熔体离开喷丝孔后的流变行为主要取决于这两股热风的牵伸，同时热风量的大小也会对纤维细度产生复杂的影响，因此热风量是熔喷工艺中一个非常关键的参数，探索出合适的热风量范围是很有必要的。

当热风量设置较低时，PPS熔体从喷丝孔挤出后并没有被全部有效地牵伸成细纤维状就脱离了喷丝孔而直接滴落到接收网带上，有的熔体呈黏稠坨状且直接粘在了接收网带上，堵住网眼，使接收网带的通气性降低，处于接收网带下方的吸风机吸风困难，导致从模头喷出的大量热牵伸风夹带着纤维向空中飞散。经过调节，逐渐提高热风量，熔体细流受牵伸作用加强，熔体直接滴落至接收网带上的现象明显消失，制备的非织造材料外观手感变好。在一定的模头温度条件下，尝试继续提高热风量，此时喷丝孔对熔体细流的有效握持作用再次减小，成品非织造材料上又出现了部分熔体直接滴落的现象，以此来确定熔喷实验的热风量范围。

5.3.3.4 计量泵供量

熔喷工艺中通常用计量泵对聚合物进行精确计量，在保证聚合物熔体可以连续输送的同时，使纺丝组件拥有一定的熔体压力，确保熔体可以克服纺丝组件或熔喷模头的阻力从喷丝孔中顺利挤出，在空气中形成初生纤维。实际生产中通常的做法是，计量泵挤出量根据过滤器阻力的变化进行调节，保证进入机头压力的稳定。

在熔体温度已较高的情况下，当泵供量过低时，喷丝孔对熔体细流的握持作用明显减弱，热风不能将熔体完全牵伸成纤维状，成品非织造材料上会出现部分熔体直接滴落的现象。原因是当计量泵挤出量降低到一定程度时，相当于熔体在生产线中停留的时间变长，在高温下熔体流动性变得更好，导致喷丝孔对熔体的握持作用变小。当然，也不能将泵供量无限地提高，为了能获得外观及手感良好的非织造材料，同时防止计量泵过压运行，需要反复调试来确定最后计量泵供量范围。

5.3.3.5 接收距离

接收距离对熔喷纤维间的热黏合程度和纤网的蓬松程度会产生重要的影响。接收距离过小，不利于牵伸热空气的冷却和扩散，熔喷纤维间热黏合加强，但产品蓬松度下降，影响手感，此时纤网中大部分纤维呈团聚状排列；过大的接收距离会使纤维和牵伸热风的温度迅速下降，降低纤网中纤维间的热黏合效率，熔喷纤网变得过于疏松，从而降低纤网的力学性能。因此，适宜的熔喷接收距离可以保证熔喷纤网具有一定的强度且蓬松度适中。

5.3.4　熔喷工艺参数对改性PPS熔喷非织造材料形貌及过滤性能的影响

PPS熔喷非织造材料具有纤维细、孔隙率高、孔隙小、过滤阻力低、耐高温、耐酸碱、耐腐蚀等一系列优点，因此PPS熔喷非织造材料在高温过滤除尘领域得到了广泛应用。

熔喷非织造材料中纤维直径的大小会对非织造材料的手感、强度与过滤性能产生重要影响。非织造材料过滤性能的好坏主要通过过滤效率和过滤阻力来衡量，其中过滤效率决定了非织造材料是否可以满足过滤要求，而过滤阻力决定了驱动设备能耗的大小。因此，分析掌握各工艺参数对改性PPS熔喷非织造材料纤维直径和过滤性能的影响是非常必要的。

通过自动滤料测试仪对熔喷非织造材料的过滤效率及阻力进行测试。采用NaCl固体气溶胶对非织造材料进行过滤效率测定，NaCl气溶胶质量中值的直径为0.26μm。测试在室温下、气体流量为32L/min的环境中进行，多次测试取平均值。

5.3.4.1　计量泵供量对改性PPS熔喷非织造材料纤维直径和过滤性能的影响

在其他工艺参数不变时，随着计量泵供量的增大，制得的熔喷纤维会变粗。原因是当其他工艺参数不变时，单位时间内从喷丝孔挤出的熔体量随着计量泵供量的增加而增加，高压热风由于总牵伸力不变，随着需要被牵伸的熔体量变多，而分配给每一部分熔体的牵伸作用力却在减小，导致热风给予纤维的牵伸力减弱，使熔体细流更加难以被拉长变细，所以纤维平均直径变粗。另外，当熔体细流从喷丝孔挤出后进入膨化区，剪切速率和剪切应力在其高弹形变恢复的同时迅速减小，黏弹性熔体细流会随着其储存的弹性能的释放而产生膨胀，也会导致纤维平均直径变粗。另外，随着计量泵供量的增加，熔体形成纤网时，纤维与纤维之间的黏结点增多，较粗的纤维形成并丝。因此，可以通过适当降低泵供量来达到降低纤维直径的目的。

从表5-12可以看出，随着计量泵供量的提高，改性PPS熔喷非织造材料的过滤效率和过滤阻力先降低后又变大，这与纤维直径的变化相对应。如前所述，计量泵供量越多，则纤维直径越粗，纤网孔径会变大，导致过滤效率降低。同时随着计量泵供量的变多，在同样时间内喷覆到接收网带上的纤维量越多，纤网厚度变大，使纤网孔隙越来越小，导致气体介质所经过的曲径路程增加，致使过滤效率和过滤阻力又有所增加。

表5-12 计量泵供量与改性PPS纤维直径及过滤性能的关系

编号	泵供量/（g/min）	直径/μm	过滤效率/%	过滤阻力/Pa	克重/（g/m²）
1#	98.78	3.33	70.12	210.9	49.57
2#	105.84	3.90	68.26	192.8	56.38
3#	112.89	5.69	60.43	181.7	73.42
4#	119.95	7.92	67.59	206.9	94.19

注 热风量0.72m³/min，模头温度298℃，接收距离26cm。

5.3.4.2 模头温度对改性PPS熔喷非织造材料纤维直径和过滤性能的影响

当其他工艺参数不变时，随着模头温度的升高，制得的熔喷纤维直径变细，纤维排列更紧密，纤维间黏合并丝现象增多，有助于进一步提高非织造材料的强力。据文献报道，相比其他工艺参数，模头温度对纤维直径的影响更为显著。当熔体细流从喷丝孔挤出后，极易被热风牵伸拉细，如果降低模头温度，纤维直径会越来越粗，并且纤维会随模头温度降低到一定程度时变得无法被牵伸断裂，变成了连续的长丝。高模头温度下，接收网带收集的纤维温度较高，纤维间更易相互黏合，降低了纤维间隙，使纤网致密程度提高，最大孔径减小。熔喷纤网中超细纤维的增多和纤网致密性的提高均有助于熔喷非织造材料过滤性能的提高，因此在模头使用温度允许范围内，适当提高模头温度有利于制备过滤性能更高的熔喷非织造材料。

从表5-13可以看出，随着模头温度的升高，改性PPS熔喷非织造材料的过滤效率和过滤阻力均增加。原因是当模头温度升高时，制得的熔喷纤维直径越来越细，接收网带上收集的纤网紧密性提高，纤维间孔隙变小，纤维对微粒的阻拦作用增强，导致过滤效率和过滤阻力均变大。

表5-13 模头温度与改性PPS纤维直径及过滤性能的关系

编号	模头温度/℃	直径/μm	过滤效率/%	过滤阻力/Pa	克重/（g/m²）
5#	295	5.30	61.76	207.4	69.38
6#	298	3.33	70.12	210.9	49.57
7#	302	2.67	74.38	225.7	48.62
8#	305	2.23	79.12	236.9	43.89

注 热风量0.72m³/min，计量泵供量98.78g/min，接收距离26cm。

5.3.4.3　热风量对改性PPS熔喷非织造材料纤维直径和过滤性能的影响

当其他工艺参数恒定时，随着热风量的升高，制得的熔喷纤维直径明显变细，同时纤网中孔隙减小，纤网致密性显著提高。原因是当热风量升高时，加大了气流速度，使纤维得到更充分牵伸，因此减小了纤维直径；相反，较低的热风量会使纤维受到不充分的牵伸，导致纤维直径变大。当纤维直径减小时，纤网孔径也会相应减小。由于较大的热风量加快了气流速度，使喷丝孔附近形成了非常复杂的气流状态。当热风量升高后，纤网中的纤维规整度下降，无序度增加。这是由于高压气流吹断了部分纤维，导致纤维无法被充分牵伸，部分较粗的纤维被保留在了纤网中而使无序度增加。

从表5-14可以看出，随着热风量的增加，改性PPS熔喷非织造材料的过滤效率和过滤阻力均显著增加。原因是在同等条件下，当热风量增大时，纤维受到的牵伸也更充分，纤维直径变细，在接收网带上随机排列的纤网相对变得更加致密，纤网孔径也随之变小，使纤网对微粒的阻挡作用增强，从而提高了非织造材料的过滤性能。另外，随着纤维直径、纤网孔径的减小，纤网的致密性提高，导致非织造材料内部形成的气流通道变得更加狭小曲折，使过滤阻力增加。

表5-14　热风量与改性PPS纤维直径及过滤性能的关系

编号	热风量/（m³/min）	直径/μm	过滤效率/%	过滤阻力/Pa	克重/（g/m²）
9#	0.72	2.23	79.12	236.9	43.89
10#	0.78	2.11	81.09	257.8	40.47
11#	0.84	2.04	83.16	263.9	36.33
12#	0.9	2.02	83.98	266.5	35.42

注　计量泵供量98.78g/min，模头温度305℃，接收距离26cm。

5.3.4.4　接收距离对改性PPS熔喷非织造材料纤维直径和过滤性能的影响

当其他工艺参数不变时，随着接收距离变大，制得的熔喷纤网孔隙明显变大，纤网致密性变差。当接收距离较小时，纤维并没有完全冷却，造成一定的并丝现象，使纤维直径较大；随着接收距离的进一步增大，纤维间缠结减少，此时纺出的丝更多是单纤维状态，所以纤维直径变小；当接收距离过大时，纤维受热空气射流的影响变小，但受到外界气流的干扰变大，纤维在较长的运动距离内有更多的时间产生收缩，使纤维平均直径变大。有文献曾指出，熔喷工艺中接收距离的远近与纤维粗细并没有太大关系，然而对纤网的疏密程度会产生重要影响。熔体在挤出喷丝孔后，在极短的距离内会被高速高温的热空气流迅速拉伸，无论在哪种温度条件下，非织造材料的最大孔径都会随着接收距离的减小而减小。原因可能是当接收距离小时，纤维到达接收网带的时间很短，温度高，并且热空气方向较为一致，导致纤维将受到很大的压力，从而使纤维之间的缠结增加、黏合点变多，纤网致密度变高，纤维间隙就变小；反之，当接收距离增大时，纤维间的缠绕、抱合程度变弱，纤维之间的间隙相对变大，形成的纤网孔隙大，纤网致密程度变差，变得蓬松。

从表5-15可以看出，随着接收距离的增加，改性PPS熔喷非织造材料过滤效率的变化并不明显，而过滤阻力显著减小。原因是当其他工艺参数不变时，接收距离的增加使纤维飞向接收网带的速率降低，纤网蓬松度增加的同时厚度也会增加。厚度的增加提高了纤网的过滤效率，而孔隙率的增加会降低过滤效率，两者的共同作用导致过滤效率的变化不明显。另外，由于接收距离的增加导致了非织造材料内部孔隙变大，使纤网过滤阻力显著下降。

表5-15　接收距离与改性PPS纤维直径及过滤性能的关系

编号	接收距离/cm	直径/μm	过滤效率/%	过滤阻力/Pa	克重/（g/m²）
13#	23	2.60	74.66	223.5	34.05
14#	26	2.02	83.98	266.5	35.42
15#	29	2.92	82.23	173.8	85.36
16#	32	3.37	77.37	143.6	182.18

注　热风量0.9m³/min，计量泵供量98.78g/min，模头温度305℃。

5.3.5　PPS熔喷非织造材料改性及应用

PPS熔喷非织造材料除了具有纤维细、孔隙率高、孔隙小、过滤阻力低、纤维柔软的特点，同时还具有耐高温、耐酸碱、耐腐蚀等一系列优点，因此PPS熔喷非织造材料能完美地应用于高温除尘、极端环境下的吸油和分离过滤等领域。

5.3.5.1　高温环境下的分离过滤

袋式除尘是目前应用广泛且技术比较成熟的治理高温废气的主流方法之一，该方法除尘效率较高。市面上常见的高温除尘滤袋主要是聚酰亚胺P84、芳纶

1313、PTFE、PPS针刺非织造材料。针刺非织造材料所用的短纤维较粗，很难截留PM2.5小颗粒。而PPS熔喷非织造材料纤维更细，过滤阻力更低，能够实现更高精度的过滤，所以采用PPS熔喷非织造材料作为除尘滤袋具有一定的研究价值。李晨旸系统地研究了计量泵供量、喷丝头温度、热风量和接收距离对PPS熔喷非织造材料过滤效率和过滤阻力的影响。实验表明，随着计量泵供量的增加，PPS熔喷非织造材料的过滤效率和过滤阻力先降低后变大；随着喷丝头温度的升高和热风量的增大，PPS熔喷非织造材料的过滤效率和过滤阻力均增大；随着接收距离的增加，PPS熔喷非织造材料的过滤效率变化并不明显，而过滤阻力显著减小。

5.3.5.2　湿态环境下的分离过滤

PPS熔喷非织造材料亲液性差，既不亲水也不亲油。为了使PPS熔喷非织造材料在液态环境下发挥更好的性能，研究者按使用环境的不同，对PPS熔喷非织造材料采取了两种截然相反的改性方法，即亲水改性和亲油改性。

（1）PPS熔喷非织造材料亲水改性及应用

熊思维等研究了热轧压力和温度对PPS熔喷非织造材料亲水性能的影响，研究表明，在50.0MPa的热轧压力下，随着热轧温度的升高，PPS熔喷非织造材料的水接触角逐渐降低。当加热板温度为25℃时，PPS熔喷非织造材料的水接触角为155°，具有较强的疏水性；当加热板温度升高到105℃时，PPS熔喷非织造材料的水接触角降低至72°，呈现亲水性。张马亮等用33%~34%的硝酸对PPS熔喷非织造材料进行亲水改性，再通过简单的溶液浸泡法使ZIF-90均匀地附着在亲水改性后的PPS熔喷纤维表面，最后经热轧处理得到亲水性的PPS/MOFs微纳米纤维膜。经测试，该纤维膜具有优异的亲水性和较高的吸碱率，能够在碱性水电解槽中长时间稳定工作。程博闻等通过将PA溶液涂覆在经硝酸亲水改性后的PPS熔喷超细纤维膜上，制备了高性能水系电池复合隔膜。PA的引入解决了PPS熔喷纤维膜孔径大和孔径分布不均匀的问题。当PA添加量为11%时，PA/PPS复合膜的孔隙率为59.03%，保液率为548.41%。在0.2C倍率的条件下，由PA/PPS复合膜组装的水系锌离子电池初始放电比容量为340mAh/g，经100次循环稳定性测试后，放电效率接近100%，展现出优异的循环稳定性。李振环等采用聚吡咯对PPS熔喷纤维膜亲水改性，再通过热轧的方法在亲水改性后的PPS熔喷纤维膜上复合一层PPS微孔膜，该复合膜能够有效降低水系二次锌离子电池的界面阻抗。Huang等用真空过滤技术将多壁碳纳米管（MWCNT）和纤维素（FC）与PPS熔喷非织造材料复合，制备了超亲水的MWCNTs@PPS/FC复合膜。得益于MWCNT较高的太阳能吸收率（接近93%）和良好的光—热转换能力，以及FC良好的水传输能力和较高的保温性，MWCNTs@PPS/FC复合膜在光照下表现出较高的水蒸发效率。此外，MWCNTs@PPS/FC复合膜可应用于不同盐度的海水、不同pH值和含重金属离子的废水净化，并具有长期的耐久性和良好的可重复使用性。

（2）PPS熔喷非织造材料亲油改性及应用

熊思维等考察了熔喷PPS非织造材料对不同种类油的吸附性能，结果表明，熔喷PPS非织造材料对食用油、原油、机油、柴油都有较好的吸油量和持油率，且具有良好的重复使用性能。为了进一步提高熔喷PPS非织造材料的吸油性能，黄浩将聚乙烯蜡粉（PEW）和聚四氟乙烯（PTFE）的混合液喷涂在PPS熔喷非织造材料上，经高温处理后，制备了超疏水—超亲油的PEW/PTFE/PPS复合膜。负载PTFE和PEW极大地降低了复合膜的表面能，并提高了复合膜的表面粗糙度，使复合膜的水接触角达到154.39°，呈超疏水状态。通过对多种油水混合物的分离测试表明：该PPS复合膜最高渗透通量达5190L/（$m^2 \cdot h$），分离效率高达99.5%，经过20次循环使用后，其渗透通量依然能保持在4000L/（$m^2 \cdot h$），分离效率始终保持在98.5%以上。Fan等通过溶液浸泡法在PPS熔喷纤维膜上均匀地沉积一层rGO，制备了疏水亲油的rGO@PPS复合膜。该复合膜的油/水（二氯甲烷/水）渗透通量为12903L/（$m^2 \cdot h$），分离效率为99.99%，且具有良好的可重复使用性。此外，rGO@PPS复合膜在白天能被太阳光加热吸附黏性原油，在晚上，原油可被焦耳加热吸附。通过太阳能加热和焦耳加热可使吸附原油的时间分别减少98.6%和97.3%。rGO@PPS复合膜可在强酸强碱的极端环境下全天候利用，大大提高了吸附效率，能有效降低能源消耗。

5.3.5.3　PPS熔喷非织造材料在催化、吸附领域的应用

PPS的苯环具有较高的反应活性，可通过硝化、磺化、氯甲基化赋予PPS特殊的性能。李振环等采用氯磺酸对PPS熔喷非织造材料进行磺化改性，并将磺化聚苯硫醚（SPPS）非织造材料用作催化剂催化果糖合成5-羟甲基糠醛（5-HMF）。实验结果表明，SPPS非织造材料具有较高的催化活性，其中磺化度为14.7%的SPPS熔喷非织造材料催化活性最高，在90℃下催化果糖转化为5-HMF，仅反应130min，产率就能达到100%。SPPS非织造材料在重复使用6次后催化活性无明显降低，5-HMF的产率仍能达到98.4%。何臣臣等在磺化后的PPS熔喷非织造材料上负载零价铁用于除去废水中的Cr^{6+}，并系统地研究了反应过程中溶液的pH、初始质量浓度、温度对熔喷非织造材料吸附性能的影响。研究表明，溶液的pH越低、初始质量浓度越低、温度越高，PPS熔喷非织造材料对Cr^{6+}的吸附效率越高。

5.4　熔喷纳米纤维非织造材料制备技术

纳米纤维是指直径为纳米尺度而长度较大的线状材料，广义上将纳米颗粒填充到普通纤维中对其进行改性的纤维也称纳米纤维。纳米纤维的直径介于1～100nm之间，纺织领域通常把纤维直径低于1000nm的纤维均称为纳米纤维。当纤维直径从微米数量级降至纳米数量级时，可显著提升纤维材料在环境、能源、医疗卫生、工程与装备等领域的应用性能。目前纳米纤维的制备技术主要包括拉伸法、模板合成法、海岛法、原纤化法、静电纺丝法等。

熔喷技术与其他的超细纤维制备工艺相比，具有产量高的优点，其产量可比静电纺丝技术高出几个数量级。近年来，熔喷技术逐渐成为纳米纤维领域的研究热点。但熔喷纤维的尺度通常分布在1~5μm级，若进一步减小纤维的直径，可提高熔喷非织造材料的过滤效率。且有资料表明，由于纳米级熔喷非织造材料中的纤维更细，可采用更轻克重的熔喷材料与纺粘材料复合制成SMS类产品，可减少熔喷纤维所占的比重。

目前常规熔喷喷丝孔的孔径范围通常在0.1~0.4mm之间，降低喷丝孔的孔径是目前制备熔喷纳米纤维最主要的手段。James等设计了一种小孔径、大长径的熔喷模头，如图5-39所示，该喷头喷丝孔的孔径为0.127mm，长径比高达200，可生产平均直径为300～500nm的熔喷纤维。在保持熔喷孔径不变的情况下，也可通过降低产量、提高聚合物温度和增大牵伸风压等方法制备熔喷纳米纤维。Macosko等采用熔喷纺丝技术与海岛纤维相结合的方法，将水溶性聚合物、磺化聚对苯二甲酸乙二醇酯（SP）、亲水性聚对苯二甲酸丁二醇酯（PBT）和疏水性聚偏氟乙烯（PVDF）的不互溶共混物进行熔喷，再水洗去除亲水组分，制备直径小于200nm

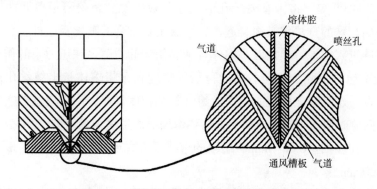

图5-39　小孔径、大长径的熔喷模头示意图

151

的纳米纤维。但上述方法较难工业化生产，因为喷丝孔径过小，极易导致熔喷模孔堵塞，过高的风温和风压容易产生飞花现象。下面重点介绍几种新型熔喷纳米纤维的制备方法。

5.4.1 NTI公司组合式薄型喷丝板组件熔喷技术

Nonwoven Technologies（NTI）公司纺制熔喷纳米纤维的薄型喷丝板组件如图5-40及图5-41所示。

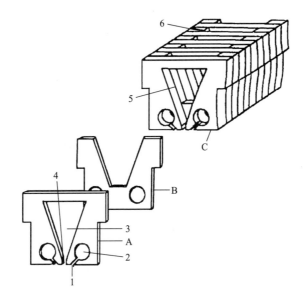

图5-40　单排组合式薄型喷丝板组件示意图
A—带喷丝孔的薄板单元　B—阻隔板单元　C—组合体
1—气道　2—气腔　3—熔体腔　4—喷丝孔　5—带喷丝孔的薄板单元　6—阻隔板单元

从图5-40可知，将带有喷丝孔的喷丝薄板单元和阻隔薄板单元两者相间叠合，并采用特殊的方法将其组合起来，形成垂直排列的喷丝板组件。各单元的缺口即为熔体进入的地方，内腔是熔体容纳和传输的通道。在压力泵的作用下，熔体可以依次通过内腔传输至各喷丝薄板的喷丝孔，将熔体挤出纺丝孔；与此同时，分布在纺丝孔两侧的气腔沿纺丝组件整个长度贯通，中间通过热空气，在到达纺丝孔两侧时快速喷出，将挤出的熔体牵伸形成熔喷纳米纤维。NTI公司喷丝组件的喷丝孔孔径细至0.0635mm，纺出的熔喷纤维直径大约为500nm，最细的单纤直径可达200nm。

为了提高产量，NTI公司增加了喷丝孔的孔数，每个喷丝板有3排甚至更多排喷丝孔，且可将许多单元组件组合，形成幅宽达3m以上的喷丝板。当采用0.0635mm的喷丝孔时，单排每米喷丝板的孔眼数为2880个，如采用3排，则每米喷丝板的孔眼数可达8640孔，其产量就与常规熔喷技术相当。采用4排喷丝孔的单元组件如图5-41所示。

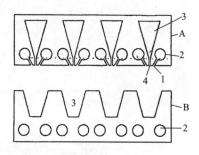

图5-41　4排组合式薄型喷丝板组件示意图

A—带喷丝孔的薄板单元　B—阻隔板单元
1—气道　2—气腔　3—熔体腔
4—喷丝孔

5.4.2　静电辅助熔喷纳米纤维制备技术

1990年，Moosmayer等首先提出了将熔喷和静电纺丝结合的想法，并被后人称为Electroblowing技术。通过该技术，带电的聚合物熔体在高速热气流和静电场的双重作用下通过喷丝板挤出，形成纳米纤维。

宁新等通过在传统熔喷设备中引入静电场，采用一级静电辅助熔喷工艺制备纳米纤维。研究发现，将电场距离固定为20cm时，随着电压从0增加到40kV，纤维的平均直径从1.69μm减小到1.02μm；直流电源的电压设置为40kV，电场距离从20cm减小到10cm时，纤维直径的平均值从1.02μm降低到0.96μm，同时纤维直径的分布变窄，变得更均匀。图5-42是一级电场静电辅助熔喷示意图和纤维形貌图。

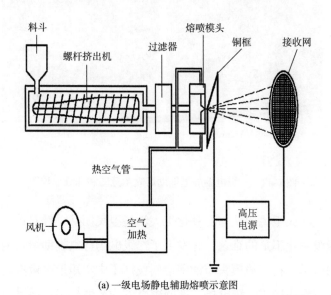

(a) 一级电场静电辅助熔喷示意图

图5-42

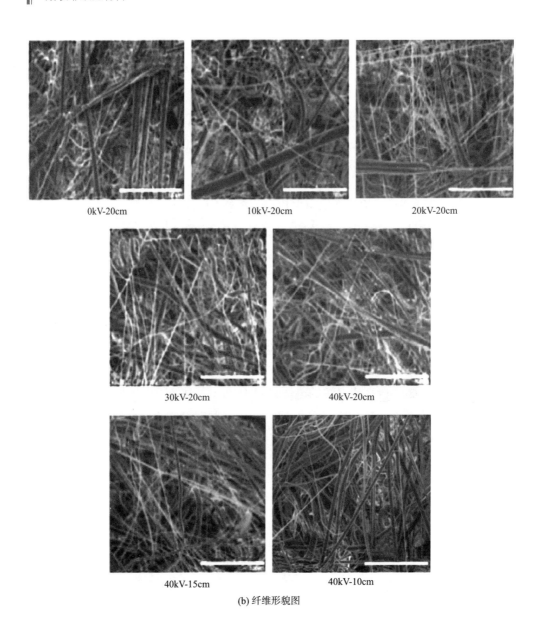

0kV-20cm   10kV-20cm   20kV-20cm

30kV-20cm   40kV-20cm

40kV-15cm   40kV-10cm

(b) 纤维形貌图

图5-42　一级电场静电辅助熔喷示意图和纤维形貌图

　　天津工业大学康卫民团队与北京化工大学杨卫民团队，针对传统熔喷非织造纤维细度在微米级细化不足的难题，开发出了二级电场静电辅助熔喷纳米纤维制备技术。如图5-43所示，在熔喷模头与铺网帘间设计了中空矩形电极板，中空矩形电极板与接地的熔喷模头构成一级电场，铺网帘下方为酚醛树脂负压风箱，上面安置带网孔的电极板。带网孔的电极板与中空矩形电极板间构成二级电场，聚合物射流在一级电场中经过电场力和气流牵伸细化，然后穿过中空矩形电极板，在二级电场中受到静电力接力牵伸。可以通过调节电场电压及电场间距实现对熔喷非织造纤维细度及铺网密度的调控，接收的纤维直径从2~5μm显著降低到500nm左右。

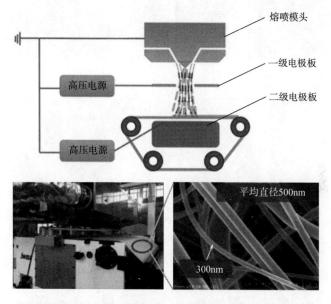

图5-43 二级电场静电辅助熔喷示意与设备图

5.4.3 一步法熔喷微纳交替纤维非织造制备技术

天津工业大学康卫民团队基于低相容高聚物的高温流动差异特性，利用气流场和静电—气流的耦合作用，通过熔喷技术实现了具有"多尺度结构"的微纳米粗细交替纤维滤膜的规模化制备。图5-44（a）和（b）分别是聚丙烯/聚苯乙烯、聚丙烯/聚乳酸体系在气流场和静电—气流场作用下制得的熔体微纳米粗细交替纤维滤膜的SEM图。经测算，滤膜中约有40%的纤维直径小于1000nm，最小直径为150nm；约有20%的纤维直径大于6μm，部分超过10μm，尤其在静电—气流耦合作用下，纤维粗细差异更为显著，如图5-44（b）所示。本发明利用微米级粗纤维的骨架支撑作用提高纤网孔隙率，纳米级细纤维的小尺度效应提高纤网过滤性能，开发的微纳交替多尺度纤维滤布的过滤效率高达99.95%（满足H13标准），过滤阻力仅约24.4Pa，取得了高效低阻的优异效果。

微纳米粗细交替纤维的成型归因于非均相聚合物熔体的黏度变化而产生的"拔河"效应的非稳态拉伸细化机制。如图5-44（c）所示，非均相聚合物熔体经螺杆

图5-44　聚合物熔体微纳米粗细交替纤维膜照片及"拔河"效应纤维细化机制示意图

挤出至毛细孔时，低黏度熔体区A在气流牵伸力（或静电—气流牵伸力）的作用下加速流动细化时，受到相邻高黏度熔体区B黏滞力的反向牵制，此时速度V_A远大于V_B，形成类似双向"拔河"的作用，促使高流动性熔体A细化成纳米纤维；当随后的B区受牵伸时，与之相邻的是黏滞力较小的高流动熔体区C，此时熔体B受类似单向"拔河"的作用，使V_B与V_C的速差较小而难以细化，从而形成大直径微米纤维。依次循环，最终堆积形成微纳交替多尺度纤维滤布。此外，该团队也将聚对苯二甲酸丁二醇酯（PBT）和PP作为原料，制备了PBT/PP双组分微纳米熔喷非织造材料（图5-45），得到具有明显微纳交替纤维层叠结构的熔喷非织造材料。实验得到最细纤维直径为0.32μm，最粗纤维直径为10.88μm，CV值为98.53%的熔喷非织造材料。

　　类似地，张恒等以PET和PP为原料，采用共混熔喷法制备了PP/PET双组分

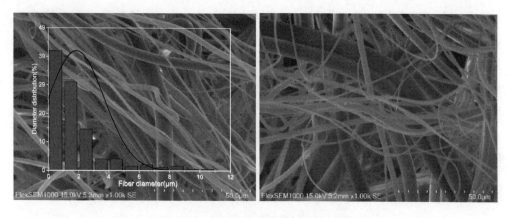

图5-45 PBT/PP混纺纳微纤维的电镜图

微纳米纤维熔喷非织造材料，所制备的样品形貌为典型的熔喷非织造材料结构特征，细纤维与粗纤维在水平方向上交错排列形成叠合形态。在双组分纤维内，PET与PP之间有清晰相界面，且PET以直径为10~100nm的纳纤形式存在于PP之间。

5.5 亲水熔喷非织造材料制备技术

由于熔喷纺丝工艺是在高温下进行的，水分的存在会影响熔喷纺丝的顺利程度与熔喷非织造材料的质量（使用酯类原料时甚至会导致水解，产生不利于非织造产品质量的副反应物），因此熔喷非织造原料多为典型的非极性和疏水性聚合物，导致熔喷非织造材料的亲水性较差，限制了其在某些领域的应用。随着熔喷材料在电池隔膜、擦拭材料领域的应用拓展，亲水熔喷非织造材料的开发也成为熔喷领域的重要分支。目前，国内外对提高熔喷非织造材料亲水性能的研究主要分为三类：第一类是在纺前阶段对纺丝原料进行处理使其获得亲水性；第二类是在纺丝过程中使纤维获得亲水性；第三类是利用后整理的方法对非织造材料的表面进行亲水改性。

5.5.1 纺前阶段的亲水改性

纺前阶段的亲水改性是指在熔喷纺丝前对熔喷聚合物原料进行改性，主要包括物理共混与化学改性两种方法。其中，物理共混是指在熔喷纺丝所用的母粒中加入具有强亲水基团、低表面张力、良好的热稳定性的亲水性物质，赋予熔喷母粒亲水性能；化学改性是指通过聚合或共聚，在熔喷聚合物原料大分子结构中引进大量的亲水性极性基团，以提高熔喷纺丝聚合物原料的亲水性。通过对上述物理共混与化学改性获得的母粒进行熔喷纺丝后，能够获得具备良好亲水性的熔喷非织造材料。纺前阶段的亲水改性效果均匀持久，应用方便。但有时会加大纺丝难度，并对纤维的物理性能有较大影响，因此为了保证熔喷纺丝过程的顺利进行以及熔喷非织造材料的质量，纺丝前必须进行切片干燥。

5.5.2 纺丝阶段的亲水改性

纺丝阶段的亲水改性是在熔喷纺丝过程中，通过与其他亲水性聚合物进行共混纺丝，或通过纺丝工艺参数的调控改变纤维结构，使所得的熔喷非织造材料具有亲水性能。

5.5.2.1 与亲水性聚合物复合纺丝

在熔喷纺丝过程中，将亲水性物质混入高聚物熔体中，如将聚丙烯酸酯类衍生物、聚乙二醇衍生物、亲水改性聚丙烯等混入聚丙烯高聚物熔体中，可在接收辊上收集到混有亲水性物质的高聚物熔喷纤维，一定程度上改善了纤维的亲水性，从而得到亲水性熔喷非织造材料。范玲玲在熔喷纺丝过程中将亲水改性剂混入聚丙烯中，当亲水改性剂含量为5.5%时，所得熔喷非织造材料的水接触角降低至38.3°，且重复使用时其亲水性无明显衰减。在与亲水性聚合物复合纺丝法中，影响熔喷非织造材料亲水性的因素包括亲水性物质的含量、亲水性物质的分子量与熔喷工艺温度。随着亲水性物质含量的增加，纤维中的亲水组分越多，材料的亲水性能越好；随着亲水性物质的含量、分子量的降低，亲水性物质的熔点和黏度都降低，分子容易迁移运动，有利于迁移到聚合物表面，实现更好的亲水性能；较高的熔喷温度有利于亲水性物质向表面迁移，因此提高热成型温度也有利于提高共混物的亲水性。

5.5.2.2 改性纤维表面或内部的物理结构

利用纺丝方法将纤维结构微孔化，即改变纤维的形态结构，使它具有许多内外贯通的微孔，从而利用毛细吸水现象实现纤维的亲水性。这种方法仅能在纤维表面张力适当的情况下改善纤维的吸水性，但对纤维的吸湿性没有改善。

5.5.3 后整理亲水改性

后整理亲水改性是利用后整理的方法对熔喷纤维或非织造材料的表面加上一

层亲水性化合物，在基本保持纤维原有特性的情况下，增加纤维的吸湿性和吸水性，以达到提高纤维表面亲水性能的目的。目前常用的后整理方法主要包括亲水整理剂吸附固着成膜法与表面接枝聚合法。

5.5.3.1　亲水整理剂吸附固着成膜法

亲水整理剂吸附固着成膜法是一种将亲水整理剂均匀而牢固地附着在纤维表面，从而形成亲水性的处理方法，是近年来对熔喷非织造材料进行亲水整理的主要加工方法。在这种方法中，一般是选择既含有亲水基团又含有交联反应官能团的整理剂进行整理，其中的亲水链段提供亲水性能，而交联反应官能团则在纤维表面形成薄膜，从而提高整理剂的耐久性能。此外，也可以选择含有亲水基团的水溶性聚合物与一种合适的交联剂组成一个体系，控制交联剂与水溶性高聚物的反应程度，从而使水溶性高聚物的一部分亲水基团保留在纤维表面，使纤维的亲水性得到改善。例如，钱晓明等将聚丙烯熔喷非织造材料浸渍到有机硅聚醚亲水整理剂中，使其在纤维表面吸附，获得透气性较好的亲水聚丙烯熔喷非织造材料，但耐久性较差。亲水整理法由于工艺简单、成本低廉而在亲水熔喷非织造材料的制备中得到广泛应用，也可与其他方法（如化学后处理，热预处理或物理化学预处理等）配合使用，能够实现更好的耐久性与柔软性。

5.5.3.2　表面接枝聚合法

表面接枝聚合法是利用引发剂、紫外光、等离子体、电离辐射等方法，使纤维表面产生游离基，然后亲水性单体在游离基上进行接枝聚合，从而形成持久的具有吸水性能的新表面层，以改善熔喷非织造材料的亲水性。作者团队研究了电子束预辐照引发聚丙烯熔喷非织造材料与丙烯酸的接枝共聚反应，来改善聚丙烯熔喷非织造材料的亲水性。图5-46所示为未接枝样品和接枝率为17.3%的接枝样品的SEM图，接枝样品中的纤维表面粗糙，覆盖有许多凹凸，而空白样品中的纤

图5-46　未接枝样品和接枝率为17.3%的接枝样品的SEM图

维是光滑的。研究发现，随着接枝率的增加，材料的保水性单调增加，这是由于丙烯酸接枝样品中通过氢键与—COOH结合的水越多，熔喷非织造材料的保水性越高。

此外，还通过紫外线诱导的光接枝聚合将丙烯酸接枝聚合在聚丙烯熔喷非织造材料上，然后再共价接枝壳聚糖，并在表面固定银纳米粒子，从而制备出具有优异的抗菌和亲水性能的聚丙烯熔喷非织造材料。

韩万里等采用低温等离子体对聚丙烯熔喷非织造材料表面进行改性，使得聚丙烯熔喷非织造材料的水接触角由原来的120.5°降至36.5°，但处理后纤维表面的刻蚀现象明显，试样的力学性能稍有下降。唐丽华等利用常压介质阻挡放电和低压辉光放电等离子体分别对聚丙烯熔喷非织造材料进行亲水改性，证明了氧气等离子体比氩气等离子体更能有效地提高非织造材料的吸水率和吸水速率，且增大放电频率和电压以及适当延长处理时间，均可显著提高材料的亲水改性效果。表面接枝聚合法由于其机理为亲水功能基团以化学键与纤维表面键合，在应用过程中亲水功能基团不会流失，赋予了熔喷非织造材料稳定持久的亲水性能，成为目前最有前途的亲水改性方法之一。

参考文献

［1］刘伟时. 熔喷非织造布发展概况及应用［J］. 化纤与纺织技术，2007（4）：33-36.

［2］赵博. 熔喷法非织造布生产技术的发展［J］. 聚酯工业，2008，21（1）：5-7.

［3］郭秉臣. 非织造布学［M］. 北京：中国纺织出版社，2002.

［4］赵永霞. 非织造设备及技术的最新进展［J］. 纺织导报，2007（11）：33-37.

［5］刘玉军，侯幕毅，肖小雄. 熔喷法非织造布进展及熔喷布的用途［J］. 纺织导报，2006（8）：79-81.

［6］洪粲. 熔喷非织造布生产应用及专用料的制备［J］. 化工进展，2004，23（7）：778-781.

［7］朱本松，李小宁，赵大钧. 各向同性沥青的可纺性及纺丝工艺研究［J］. 合成纤维工业，1994，17（2）：10-13.

［8］钱志勇，刘孝波. 可生物降解聚酯酰胺共聚物研究进展［J］. 材料导报，2001，15（9）：53-56.

［9］SCHMACK G, JEHNICHEN D, VOGEL R, et al. Biodegradable fibres spun from poly（lactide）generated by reactive extrusion［J］. Journal of Biotechnology, 2001, 86（2）：

151-160.

［10］周美华，徐静波. 乳酸和聚乳酸的研究进展［J］. 中国纺织大学学报，2000，26
　　　（5）：111-114.

［11］UNITIKA. Polylactic biodegradable fiber products［J］. Chemical Fibers International，
　　　1999，49（1）：5.

［12］ARNOLD E WILKIE. Hills公司的新型熔喷纤维专用技术［J］. 合成纤维，2006
　　　（7）：49-51.

［13］MARK R SHIDER. 新颖双组分纤维［J］. 生活用纸，2007（1）：37.

［14］钱蔚芬. 美国诺信公司推出双组分纤维熔喷技术［J］. 上海纺织科技，2005（5）：62.

［15］李玉梅，程博闻，刘亚. 浅谈双组分熔喷非织造工艺［J］. 产业用纺织品，2007
　　　（7）：6.

［16］CHRISTINE（QIN）SUN，DONG ZHANG. 双组分纤维熔喷非织造布及其潜在应用
　　　［J］. 产业用纺织品，2005，19（11）：12.

［17］SANJIVR，MALKAN. An overview of spunbonding and meltblowing technologies［J］.
　　　Tappi，2004，78（60）：185-189.

［18］JASON S FAIRBANKS，GAINESVILE，FRANK P ABUTO，et al. Crimped thermoplastic
　　　multicomponent fiber and fiber webs and method of making：US，7045211［P］. 2006-
　　　05-16.

［19］DONG ZHANG，CHRISTINE SUN，HUA SONG. An investigation of fiber splitting of
　　　bicomponent meltblown /microfiber nonwovens by water treatment［J］. Journal of Applied
　　　Polymer Science，2004，94：1218-1226.

［20］CHRISTINE SUN，DONG ZHANG，YANBO LIU，et al. Preliminary study on fiber
　　　splitting of bicomponent meltblown fibers［J］. Journal of Applied Polymer Science，
　　　2004，93：2090-2094.

［21］RON（RONGGUO）ZHAO，LARRY C WADSWORTH，CHRISTINE SUN and DONG
　　　ZHANG. Properties of PP/PET bicomponent melt-blown microfiber nonwovens after heat-
　　　treatment［J］. Polymer International，2003，52：133-137.

［22］DONG ZHANG，CHRISTINE SUN，JIHUA XIAO. Effect selected additives on surface
　　　energy of fibers and meltblown nonwovens［J］. Textile Reaserch Journal，2006，76
　　　（3）：261.

［23］DONG ZHANG，CHRISTINE SUN，JOHN BEARD，et al. Development and
　　　characterization of poly（trimethylene terephthalate）-based bicomponent meltblown
　　　nonwovens［J］. Journal of Applied Polymer Science，2002，83：1280-1287.

［24］EDWARD MCNALLY. 熔喷法的设备、工艺和产品［J］. 产业用纺织品，2008

（5）：24-25.

［25］张伟力，刘瑞霞. 浅谈丙纶熔喷非织造布在过滤领域中的应用［J］. 产业用纺织品，2000，18（3）：26-28，46.

［26］江健，夏钟福，崔黎丽. 神奇的驻极体［M］. 北京：科学出版社，2003.

［27］张维，刘伟伟，崔淑玲. 驻极纤维的研究进展［J］. 山东纺织科技，2009（3）：52-54.

［28］赵文元，王亦军. 功能高分子材料［M］. 北京：化学工业出版社，2008.

［29］黄志强，徐政. A1^{+3}、Pb^{+2}掺杂提高SiO$_2$驻极体正电荷贮存性能［J］. 同济大学学报，1999，27（5）：526-529.

［30］康卫民. 复合驻极聚丙烯熔喷非织造布开发及其性能研究［D］. 天津：天津工业大学，2004.

［31］PETER P，HEIDI SCHREUDER-GIBSON，PIHILLIP GIBSON. Different electrostatic methods for making electret filters［J］. Jamal Eletrostatics，2002，54：333-341.

［32］张家祥. 非织造布过滤材料的开发和应用［J］. 产业用纺织品，1998，16（7）：9-11.

［33］BOZENA LOWKIS，EDMUND MOTYL. Electret properties of polypropylene fabrics［J］. Journal of Electrostatics，2001，51-52：232-238.

［34］张虹. 熔喷非织造的静电充电［J］. 非织造布，1996（2）：14-17.

［35］MATSUUA，SATOSHI，SHINAGAWA. Film electret and an electret filter：US，5256176［P］. 1993-10-26.

［36］ANGDAJIVAND，SEYED A，JONES. Method of charging electret filter media：US，5496507［P］. 1996-03-05.

［37］谢小军，黄翔，狄育慧. 驻极体空气过滤材料静电驻极方法初探［J］. 洁净与空调技术，2005（2）：41-44.

［38］欧金明. 干燥聚酯切片中水含量分析［J］. 广东化纤，2002（9）：37-40.

［39］杨始堃. 聚酯（PET）树脂切片的干燥和结晶［J］. 聚酯工业，2005（11）：55-57.

［40］陈克权. PET切片干燥过程中的固相缩聚［J］. 合成纤维，1989（5）：50-53.

［41］柯勤飞，靳向煜. 非织造学［M］. 上海：东华大学出版社，2004.

［42］王新元. 熔喷聚氨酯非织造的成网机理与性能研究［D］. 上海：东华大学，2004.

［43］沈新元. 高分子材料加工原理［M］. 北京：中国纺织出版社，2000.

［44］李刚. 国产线性聚苯硫醚树脂流变行为研究［J］. 合成技术及应用，2006，21（4）：24.

［45］付小栓. 熔喷弹性聚烯烃加工工艺及材料性能研究［D］. 上海：东华大学，2007.

［46］何曼君，陈维孝. 高分子物理［M］. 上海：复旦大学出版社，2005.

［47］梁基照. 聚合材料加工流变学［M］. 北京：国防工业出版社，2008.

［48］牛明军，陈金周，李新法，等. 聚对苯二甲酸乙二醇酯的流变性能研究［J］. 郑州大学学报，2000，32（2）：91-93.

［49］AKSHAYA JENA，KRISHNA GUPTA. 流体孔率计：一种用于过滤介质测量的完美技术［C］. //吴英. 第一届中国国际过滤材料研讨会. 上海：中国技术市场协会，2000：100-118.

［50］周蓉，张洪弟，晁岳壮，等. 非织造布孔隙率计算方法探讨［J］. 北京纺织，2002，23（3）：17-18.

［51］张伟力，刘亚，邢克琪，等. 一种双组份熔喷非织造布及其制造方法：中国，2006101300795［P］. 2007-06-06.

［52］张伟力，陈华泽，佘余. 一种PLA/PP双组份纤维过滤材料的制备方法及其制品：中国，200910244869X［P］. 2010-06-09.

［53］柯勤飞. 面向21世纪熔喷非织造滤材的性能与设计［J］. 产业用纺织品，2000（5）：1-3.

［54］袁传刚，张勇. 熔喷法聚丙烯过滤材料加工工艺参数对其性能的影响［J］. 产业用纺织品，2008（1）：16-18.

［55］卢昱，刘刚，魏曙光. 驻极体滤料性能的分析与讨论［J］. 洁净与空调技术，2007（1）：1-3.

［56］王迎辉. 驻极体过滤材料过滤性能的测试［J］. 产业用纺织品，2007（11）：15-19.

［57］赵鸿雁，崔世忠. 聚丙烯熔喷非织造布及其过滤性能［J］. 郑州纺织工学院学报，2001，12（4）：29-31.

［58］谢小军. 功能性驻极体空气过滤材料的静电过滤机理与试验研究［D］. 陕西：西安工程科技学院，2006.

［59］冀忠宝，夏钟福，沈莉莉，等. 电晕充电的聚丙烯无纺布空气过滤膜的电荷储存及稳定性［J］. 物理学报，2005，54（8）：3709-3803.

［60］陈钢进，肖慧明，王耀翔. 聚丙烯非织造布的驻极体电荷存储特性和稳定性［J］. 纺织学报，2007，28（9）：125-128.

［61］靳向煜，殷保璞，吴海波. 新型医用防护口罩过滤材料的结构与性能［J］. 第二军医大学学报，2003，24（6）：625-628.

［62］刘维. 军服保暖新材料的开发与性能研究［D］. 天津：天津工业大学，2004.

［63］毕红军，顾钰良. 新型轻薄复合保暖材料的研制［J］. 山东纺织科技，2003（5）：11-13.

［64］贾娟，王革辉. 冬服保暖功效学原理及保暖材料的发展现状与前景［J］. 国外纺织技术，2004（7）：1-5.

［65］杨楠. 服装用复合保暖材料的设计与开发［J］. 科技信息，2009（36）：410-411.

［66］靳向煜. 熔喷超细纤维非织造复合隔热材料传热性能［J］. 纺织学报，1989（12）：29-31，40.

［67］周华，郭秉臣，牛海涛. 薄型热风非织造材料保暖性能的探讨［J］. 天津工业大学学报，2005（4）：106-110.

［68］钱程，储才元. 非织造布絮片保暖性能的研究［J］. 非织造布，1999，13（3）：14-16.

［69］毕红军，顾钰良. 非织造保暖材料在军用服装中的应用［J］. 产业用纺织品，2002（4）：11-13.

［70］魏取福. 熔喷非织造布吸油材料的性能分析及其开发应用［J］. 非织造布，1996（1）：37-38.

［71］陆晶晶，周美华. 吸油材料的发展［J］. 东华大学学报（自然科学版），2002，28（1）：126-129.

［72］凌昊，沈本贤，陈新忠. 熔喷聚丙烯非织造布对不同原油的吸油效果［J］. 油气储运，2005，24（5）：24-26.

［73］李晶，郭秉臣. 非织造布吸声材料的现状与发展［J］. 非织造布，2007，15（1）：8-13，20.

［74］罗以喜. 降噪复合非织造布的研制［J］. 产业用纺织品，2003（3）：26-29.

［75］孙广荣. 吸声、隔声材料的结构浅说［J］. 艺术科技，2001（3）：12-17.

［76］王文奇. 吸声与隔声的区别和联系［J］. 劳动保护，1986（11）：1-2.

［77］齐共金，杨盛良. 泡沫吸声材料的研究进展［J］. 材料开发与应用，2002（5）：40-44.

［78］胡立晨，陈福源，宴熊. 柔性针刺非织造布材料吸声性能分析［J］. 玻璃钢/复合材料，2010（1）：53-66.

［79］罗以喜. 吸声隔音用纤维与非织造布复合材料［J］. 非织造布，2003，11（4）：35-38.

［80］苏文，李新禹，刘树森. 道路声屏障用非织造布吸声材料的可行性研究［J］. 浙江纺织服装职业技术学院学报，2009（2）：8-11.

［81］BRADY D G. Poly（phenylene sulfide）-how, when, why, where and where now［J］. Applied Polymer Symposia, 1981, 36: 231-239.

［82］FROMMER J E. Conducting polymer solutions［J］. Accounts of Chemical Research, 2002, 19（1）: 2-9.

［83］HILL H W, BRADY D G. Properties, environmental stability, and molding characteristics of polyphenylene sulfide［J］. Polymer Engineering & Science, 1976, 16（12）: 831-835.

［84］TSUCHIDA E, SHOUJI E, YAMAMOTO K. Synthesis of high-molecular-weight poly（phenylene sulfide）by oxidative polymerization via poly（sulfonium cation）from methyl phenyl sulfoxide［J］．Macromolecules，1993，26（26）：7144–7148.

［85］ROBELLO D R，ULMAN A，URANKAR E J．Poly（p–phenylene sulfone）［J］．Macromolecules，1993，26（25）：6718–6721.

［86］李晨旸．层状纳米粒子改性聚苯硫醚及熔喷非织造材料研究［D］．天津：天津工业大学，2017.

［87］HARWOOD C F，VASSERMAN I，GSELL T C．Polyarylene sulfide melt blown fibers and products：US，6110589［P］．2000–8–29.

［88］AUERBACH A B，HARMON W S．Melt–blown polyarylene sulfide microfibers and method of making the same：US，5695869［P］．1997–12–9.

［89］李振环，程博闻，康卫民，等．一种熔喷用聚苯硫醚树脂的制备方法：中国，106398214A［P］．2017–02–15.

［90］何国仁，曾汉民，胡江滨，等．不同氧化处理的聚苯硫醚结构和性能［J］．高分子材料科学与工程，1986（6）：16–21.

［91］古昌红，谭世语，周志明．热交联聚苯硫醚的红外光谱研究［J］．渝州大学学报（自然科学版），1998（2）：66–69.

［92］李文刚，路海冰，黄标，等．热处理聚苯硫醚的红外光谱分析［J］．合成纤维工业，2012，35（2）：71–73.

［93］万继宪．聚苯硫醚的合成及抗氧化改性研究［D］．浙江：浙江理工大学，2012.

［94］连丹丹．抗氧增强聚苯硫醚（PPS）纤维的制备与性能研究［D］．太原：太原理工大学，2014.

［95］邢剑，邓炳耀，刘庆生，等．聚苯硫醚/有机蒙脱土复合材料热氧化研究［J］．合成纤维工业，2014，37（5）：6–10.

［96］王笑天，周旭晨，李振环，等．S–9228抗氧剂改善聚苯硫醚热氧化性能的研究［J］．合成纤维工业，2017，40（3）：17–21.

［97］LI C，LI Z，ZHANG M，et al．SiC–fixed organophilic montmorillonite hybrids for poly（phenylene sulfide）composites with enhanced oxidation resistance［J］．RSC Advances，2017，7（74）：46678–46689.

［98］沈新元．高分子材料加工原理［M］．北京：中国纺织出版社，2014.

［99］胡宝继，刘凡，邵伟力，等．聚苯硫醚熔喷可纺性的研究［J］．上海纺织科技，2019，47（8）：29–31.

［100］陈磊．聚苯硫醚PPS熔喷非织造布的制备与可纺性能研究［D］．上海：东华大学，2012.

［101］BRESEE R R，QURESHI U A．Influence of process conditions on melt blown web structure. part IV–fiber diameter ［J］．Journal of Engineered Fibers & Fabrics，

2006, 1（1）: 32-46.

［102］渠叶红, 柯勤飞, 靳向煜, 等. 熔喷聚乳酸非织造材料工艺与过滤性能研究［J］. 产业用纺织品, 2005（5）: 19-22.

［103］熊思维, 罗丹, 严珺宝, 等. 热轧压力和温度对聚苯硫醚熔喷非织造布性能的影响［J］. 产业用纺织品, 2017, 35（2）: 16-21.

［104］张马亮, 程博闻, 李振环, 等. 一种PPS/MOFs微纳米纤维碱性水电解槽隔膜的制备方法: 中国, 111733602A［P］. 2020-10-02.

［105］程博闻, 谭策, 李振环, 等. PA/n-PPS隔膜的制备及其在水系电池中的性能研究［J］. 天津工业大学学报, 2021.

［106］李振环, 范兰兰, 曹磊, 等. 一种基于粘流改性技术的聚苯硫醚基隔膜的制备方法: 中国, 112310557A［P］. 2021-02-02.

［107］HUANG H, ZHAO L, YU Q, et al. Flexible and highly efficient bilayer photothermal paper for water desalination and purification: self-floating, rapid water transport, and localized heat［J］. ACS Applied Materials & Interfaces, 2020, 12（9）: 11204-11213.

［108］熊思维, 严珺宝, 赵正辉, 等. 熔喷聚苯硫醚非织造布吸油性能研究［J］. 产业用纺织品, 2017, 35（9）: 20-23.

［109］黄浩. 超湿润聚苯硫醚油水分离超细纤维膜的制备与性能研究［D］. 武汉: 武汉纺织大学, 2019.

［110］FAN T, SU Y, FAN Q, et al. Robust graphene@ PPS fibrous membrane for harsh environmental oil/Water separation and all-weather cleanup of crude oil spill by joule heat and photothermal effect［J］. ACS Applied Materials & Interfaces, 2021, 13（16）: 19377-19386.

［111］李振环, 伊秋婷. 磺化聚苯硫醚材料高效率催化果糖合成5-羟甲基糠醛［J］. 天津工业大学学报, 2019, 38（5）: 7-13.

［112］何臣臣, 殷先泽, 彭家顺, 等. 聚苯硫醚超细纤维负载零价铁去除六价铬的研究［J］. 合成纤维, 2017, 46（2）: 31-35.

［113］SAMMONS R J, COLLIER J R, RIALS T G, et al. Rheology of 1-butyl-3-methylimida-zolium chloride cellulose solutions I shear rheology［J］. J Appl Polym Sci. 2008, 110: 1175-1181.

［114］BRANG J E, WILKIE A, HAGGARD J S. Method and apparatus for production of meltblown nanofibers: US, 10041188［P］. 2018-8-7.

［115］MOOSMAYER P, BUDLIGER J P, ZURCHER E, et al. Apparatus for electrically chargingmeltblown webs（B-001）: US, 4904174［P］. 1990-2-27.

［116］CHU B, HSIAO B S, FANG D, et al. Electro-blowing technology for fabrication of fibrous articles and its applications of hyaluronan：US，7662332B2［P］. 2006-2-16.

［117］ PU Y，ZHENG J，CHEN F X，et al. Preparation of polypropylene micro and nanofibers by electrostatic-assisted melt blown and their application［J］. Polymers，2018，10（9）：959.

［118］ 杨卫民，李小虎，马帅，等. 一种批量制备纳米纤维的熔体微分电喷纺丝装置及工艺：中国，103451754B［P］. 2013-9-22.

［119］ DENG N P，HE H S，YAN J，et al. One-step melt-blowing of multi-scale micro/nano fabric membrane for advanced air-filtration［J］. Polymer，2019，165：174-179.

［120］ 甄琪，张恒，朱斐超，等. 聚丙烯/聚酯双组分微纳米纤维熔喷非织造材料制备及其性能［J］. 纺织学报，2020，41（2）：26-32.

［121］ 姚瑜. 聚丙烯的亲水性改性研究［D］. 南京：南京工业大学，2005.

［122］ 范玲玲. PP/CHA熔喷非织造材料的制备及其亲水性能研究［D］. 上海：东华大学，2011.

［123］ 廖启忠，江碗兰，刘军. 聚丙烯共混改性研究［J］. 高分子材料科学与工程，1994，10（6）：36-41.

［124］ 焦晓宁，马莹莹. 非织造亲水整理及亲水剂［J］. 产业用纺织品，2003（6）：33-36.

［125］ C DECKER，K ZAHOUILY. Surface modification of polyolefins by photografting of acrylic monomers［J］. Macromolecular Symposia，1998，129：99-108.

［126］ 钱晓明，杨志云，李明达. 丙纶熔喷非织造布的亲水整理研究［J］. 天津纺织工学院学报，1997（5）：68-72.

［127］ 虞胜椿，肖春晓，徐鹤年，等. 亲水性纺粘—熔喷复合非织造材料的制备及性能［J］. 现代丝绸科学与技术，2020，35（6）：17-19.

［128］ C WILD. Spin finishes and polymer additives：soft- permanent hydrophilic-anti-soiling［J］. Chemical Fibers International，2004，54（5）：314-319.

［129］ Q DONG，Y LIU. Styrene-assisted free-radical graft copolymerization of maleic anhydride onto polypropylene in supercritical carbon dioxide［J］. Journal of Applied Polymer Science，2010，90（3）：853-860.

［130］ L FONTAINE，T LEMELE，J BROSSE，et al. Grafting of 2-vinyl-4，4-dimethylazlactone onto electron-beam activated poly（propylene）films and fabrics application to the immobilization of sericin［J］. Macromolecular Chemistry and Physics，2002，203（10-11）：1377-1384.

［131］ Y REN，J ZHAO，X WANG. Hydrophilic and antimicrobial properties of acrylic acid and chitosan bigrafted polypropylene melt-blown nonwoven membrane immobilized with silver nanoparticles［J］. Textile Research Journal，2018，88（2）：182-190.

［132］韩万里，易洪雷，张焕侠，等. 等离子体处理对聚丙烯熔喷非织造布的亲水改性［J］. 上海纺织科技，2016，44（4）：27-30.

［133］唐丽华，任婉婷，李鑫，等. 低温等离子体亲水改性聚丙烯熔喷非织造布［J］. 纺织学报，2010，31（4）：30-34.

第6章　溶液喷射纺纳米纤维非织造材料

6.1　概述

溶液喷射法非织造技术是近年来兴起且发展迅速的一种微纳米纤维非织造制备技术，它是基于熔喷气流拉伸机理发展起来的一种新型非织造材料成形方法，利用高速气流对聚合物溶液细流进行超细拉伸，并促进溶剂挥发形成微纳米纤维非织造材料。该技术在英文文献中通常被称为"solution blow spinning, solution blowing"，中文文献中常称为"溶液喷射纺丝技术""溶喷技术""液喷技术"或"溶液气流纺丝技术"。

与熔喷技术、静电纺丝技术等相比，溶液喷射纺丝技术在多方面具有明显的优势，对比见表6-1。溶液喷射纺丝技术与熔喷成网技术相比：原料适用性广，尤其适用于纤维素、聚丙烯腈等无法熔融的聚合物，突破了熔喷技术仅可加工高流动性热塑性聚合物的限制；纤维直径更细，最小可到几十纳米，与静电纺丝纤维直径相当；无需高温加热，工艺能耗较低。与静电纺丝技术相比，溶液喷射纺丝技术具有：生产效率高，单针头纺丝速度可达静电纺丝速度的10倍以上；无需高压电场及相关配套保护装置，生产操作灵活、简单，更适合工业化生产。最重要的是，与上述两种制备技术相比，溶液喷射纺丝技术可以直接将纤维沉积到任何材料的表面，如常规的多孔成网帘、实验桌台面等，甚至在生物组织表面也可以实现纤维沉积。因此，利用该方法还可以实现廉价和可移动的手持简易纺丝设备，从而大大促进纺丝设备的小型化、简易化进程。同时，借助熔喷技术平台，溶液喷射纺丝技术的规模化研究也得到了快速发展，天津工业大学程博闻、庄旭品团队在溶液喷射纺丝技术的装备、组建和方法上取得了系列专利，并与中国石化集团公司合作开发了溶液喷射纺丝中试生产线，实现了微纳米纤维的量产。

表6-1　不同纺丝工艺的优缺点比较

纺丝工艺	优点	缺点
溶喷纺丝	大规模制造，安全、无高温和高压，原材料适用性广，良好的产业化前景	溶剂耗费量大，产业化技术尚不成熟
熔喷纺丝	无溶剂消耗，大规模制造	纤维直径较大，需高温，能源耗费大
静电纺丝	设备简单，原材料适用性广，纤维直径小	使用高压静电，单位生产效率低

6.2　溶液喷射法非织造技术工艺流程

溶液喷射法非织造技术可定义为：利用高速（冷、热）气流对溶液细流进行超细拉伸，在纺丝溶液细化的过程中伴随着溶剂蒸发而固化为纳米纤维网的一种

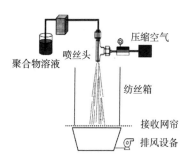

图6-1　溶液喷射纺丝原理示意图

非织造技术。典型的溶液喷射纺丝原理如图6-1所示，基本过程包括聚合物溶液配制、计量泵输出、牵伸气流控制、纤维成形、纤维成网、溶剂回收等。

（1）聚合物溶液配制

溶液喷射法非织造技术的聚合物适用面广，可溶解于挥发性溶剂的聚合物原则上均可使用，如PVDF、PVA、PAN、PES等。表6-2总结了近年来文献报道的一些聚合物，并给出了溶液浓度、纺丝

过程中相应的纺丝参数。同时，为满足工业化生产中多模头工艺生产速率快、纺丝溶液需求量的因素，通常可通过加热、搅拌等方式提高溶液配制效率，并可增加溶解釜的数量以保证连续生产。

表6-2　不同材料的溶液喷射纺丝工艺参数

聚合物材料	纺丝液浓度（质量分数）/%	牵伸气流/MPa	接收距离/cm	纺丝流速/[mL/(h·孔)]	喷丝孔直径/mm
PCL	6~8	0.1~0.3	10~18		
PS	8~10	0.1~0.3	10~18		0.5
PVDF	20	0.4	50	3	
polyamic acid (PAA)	8	0.08	20	2.4	

聚合物材料	纺丝液浓度（质量分数）/%	牵伸气流/MPa	接收距离/cm	纺丝流速/［mL/（h·孔）］	喷丝孔直径/mm
poly(styrene−b−isoprene−b−styrene) (SIS)	22	0.345		10	0.838
fish−skin gelatin (FSG)	16.5	0.38	50	6	
polysulfone (PSF)	6.9	0.4	4～5		0.5
PLA	8.4	0.0024	20	7.2	
PVA	13.8	0.55		7.2	0.7
EVA	1～10	0.4	20	30	1
PMMA	10	0.3	12	7.2	0.5
PAN	10				
PLLA	5	0.1	30	30	
PU	10		20	1.5	0.7
PLGA	10				
CMC	3.2	0.3～0.6	40	51	0.5
zein	23	0.38	60	2.4	
AOP/PPLA	33 (6∶5)				
PCL/PLLA	7 (1∶1)	0.3	18		0.5
PCL/PS	7 (1∶3)	0.3	18		0.5
PLA/PEG	12 (9∶1)	0.0024	18	0.43	0.5
PDMS/nylon 6	18 (8∶1)	0.1	50	16	0.5
PANI/PAN	12		80		0.5
FSP/nylon 6		0.4	15	10	
PCS/PS	30 (2∶1)	0.12	60	16	0.5
diclofenac /PHBV		0.4	12	0.43	0.5
PLA/HPMC		0.55	20	0.9	
PLA/ Cellulose nanocrystals (CNC)	8.6 (8∶1)	0.55	40	3	
Ti(OBu)$_4$ /PVP	21 (2∶1)	0.069	20	3	0.16
ZrOCl$_2$/PVP		0.069	20	3	0.16
Ni(NO$_3$)$_2$/PVP	18.7 (2∶3)	0.41	60	3	
PLA/SiO$_2$	7.6 (100∶1)		20	5	

聚合物材料	纺丝液浓度 （质量分数）/%	牵伸气流/ MPa	接收距离/ cm	纺丝流速/ ［mL/（h·孔）］	喷丝孔直径/ mm
PVDF/Ni	18.9 (10∶1)	0.14	22	4.56	
PVDF/TiO$_2$	15.6 (2∶1)	0.7	10		0.5
PLA/ TiO$_2$	6	0.4	12	7.2	
Cu metallic acetates (Ac)/PVP	10 (1∶1)	0.133	40	3	0.5
PVP/AgNO$_3$	60 (1∶5)		20 ~ 50	0.75	
graphene /nylon-6		0.3	70		8

（2）计量泵输出

充分溶解的聚合物溶液，经一定的压力作用注入计量泵中，在进入计量泵前通常会设置有过滤装置，保证纺丝溶液体系的均一和稳定，从而确保计量泵的稳定工作状态及纺丝的连续稳定，最后由计量泵将纺丝溶液定量输入纺丝模头。

（3）牵伸气流控制

有机聚合物溶液纺丝过程会受水汽的影响，如牵伸气流中含有较多的水汽会引起喷丝孔处聚合物固化堆积等现象，进而导致纺丝过程不稳定，引起布面疵点。为保证溶液细流牵伸过程中的纤维成形稳定，牵伸细流通常需要进行除湿处理，并有效调控气压、温度等参数，以保证纺丝状态的稳定。

（4）纤维成形

纺丝溶液经计量泵输送到纺丝模头，并经由纺丝模头的喷丝孔挤出。在这一过程中，高压气流在喷丝孔周围形成稳定的环吹风，带动溶液细流快速拉伸、运动形成均匀稳定的溶液细流，并且使溶剂快速挥发，纺丝溶液细流脱溶剂后固化形成微纳米级超细纤维。

（5）纤维成网

成形后的纤维，在牵伸风、环境气流及下吸风的作用下，沉积在成网帘上，形成结构稳定、随机排列的三维卷曲的纤维网络结构，从而制成微纳米纤维非织造材料。为便于控制成网条件及溶剂回收，可使用纺丝箱体，其中温度及气流场的控制是纤维成形结构的重要控制因素。典型的溶喷纺丝箱体环境是：温度控制在60~80℃，风道整体为下吸风状态，并可辅以一定的斜吹风控制。类似于熔喷非织造材料，借助于高速气流拉伸而获得的溶喷非织造材料，也表现为优异的材料覆盖性，纤维排列无定向性好，且具有更小的纤维细度，在过滤、吸附、能源、清洁等领域具有广阔的应用前景。

（6）纤维网加固

与熔喷非织造材料的蓬松结构类似，溶液喷射纺微纳米纤维在气流的作用下呈现三维卷曲形态，堆积后形成蓬松的纤网结构，其加固方法也可根据相关产品的应用领域，采用与熔喷非织造材料相类似的手段。但受限于其工业化产品尚处于开发阶段，其加固手段亦未可知，根据实验室的小型试验产品来看，溶喷非织造材料可利用纤维间的缠结结构，采用自身黏合工艺来进行加固。此外，由于溶喷非织造材料的超细纤维结构，也可采用类似于SMS等结构，与多层非织造材料复合再加固的方法，实现产品的应用。

（7）溶剂回收

溶液喷射法非织造工艺中，在纤维制备过程中，会伴随大量的溶剂挥发，因此配备相关溶剂回收装置是必要的。纺丝箱体中，受大功率吸风装置的作用，整体的风场环境为自上而下的流动状态。挥发的溶剂会随风场环境经由下吸风管道排出，经专门的溶剂回收装置将其回收。

6.3　溶液喷射纤维成型与结构调控

溶液喷射纺丝过程中，聚合物溶液细流在高速气流作用下的形变情况对纤维成型十分重要，因此，对其纺丝过程进行理论研究，尤其是高速气流场下的拉伸变形，对深入理解纺丝过程及工艺的改进和有效控制具有重大意义。

Medeiros在首次介绍溶液喷射纺丝技术时便指出，在纺丝喷头的低压区会形成一个类似于泰勒锥的液锥形态，对液锥的锥角部分放大后发现，聚合物溶液以分裂的多股而不是一股细流进行发散，如图6-2所示。溶液从喷丝孔射出时，聚合物溶液射流先是在高速气流作用下沿直线运动且保持一股射流状态，在气流拉伸和溶液射流黏弹力的综合作用下发生弯曲，并发生近似螺旋运动的鞭打扰动，然后进一步细化，直到某一固化位置时，纤维发生

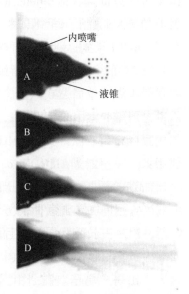

图6-2　高速相机拍摄的溶液喷射纺丝射流液锥图

弯曲断裂，进而沉积在接收网上形成最终的非织造纤维网。Sumit通过数据模型的建立也发现了同样的现象，他认为射流刚出针头时，其横截面直径仍然很大，足以防止由风场引起的显著弯曲扰动，其主要通过周围高速气流的轴向拉伸而逐渐细化。

　　Han采用正交设计和数值模拟相结合的方法，对喷嘴形貌及气流场特性进行了评价，发现喷丝针头直径越细，环吹风喷嘴直径越大，纤维就越容易细化，而针头的伸出长度对纤维直径并没有太大影响。这一理论发现为溶液吹制纳米纤维的可控制备提供了重要参考。东华大学王新厚教授课题组利用响应面分析法系统地研究了溶液喷射纺丝中多因素（包括气压、溶液浓度、喷嘴直径和注射速率等）对纤维形态的影响，建立了纤维直径从137nm到1982nm的变化与这些变量间的内在关联。研究得出，较低的溶液输出速率与较高的牵伸气压相结合制备的纤维直径相对更小。溶液吹塑纤维直径随着喷嘴直径的增大有减小的趋势。进一步地，唐定友通过高速摄影技术发现纯溶剂在高速气流作用下的射流呈现完全分散的状态。对于低浓度聚合物溶液，由于高分子链无法形成有效的缠结作用，溶液射流受到风速的剪切作用后，因不稳定也会形成上述的发散状态；而随着聚合物浓度的进一步提高，达到某种临界黏度后，溶液细流便形成稳定射流，并会同样伴随出现直射细流，且得到的纤维形貌良好。这里提到的溶液纺丝临界黏度也称为交叠浓度（overlap concentration），即溶液中聚合物链能否缠结的临界点，它是聚合物溶液的射流能够形成纤维的首要条件。聚合物的交叠浓度可以通过公式（6-1）、公式（6-2）得到：

$$c^* = \frac{6^{3/2} M_w}{8 N_A (R^2)^{3/2}} \quad (6-1)$$

$$R^2 = \alpha^2 \sigma_\infty \frac{2 M_w}{M_0} l^2 \quad (6-2)$$

式中：c^*——交叠浓度；
　　　M_w——聚合物重均分子量；
　　　N_A——阿佛伽德罗常数；
　　　R^2——末端距的均方近似值；
　　　α——膨胀因子；
　　　σ_∞——特征比值；
　　　M_0——结构单元分子量；
　　　l——聚合物链键长。

　　然而，Srinivasan后来发现对于某些超高分子量聚合物，在低于其交叠浓度的情况下依然可以通过溶液喷射纺丝技术得到所需要的纤维。

　　溶液喷射纺丝效率高效，但是在早期研究中，其主要靠高压气流的牵伸使射流细化成纳米级超细纤维。由于缺少温度控制箱体，在纺丝过程中，针对某些特殊的聚合物，纺丝温度过低或溶液浓度不合适而导致溶剂不能及时挥发，从而导致纺丝状态不稳定，制备的纤维呈现粘连状态或是聚合物液滴残留量大。因此，在技术改进方面，研究人员在喷丝头到接收板的区域安装了温度控制箱体，进而探究了射流拉伸时箱体温度对纤维形貌的影响规律，发现当箱体温度为35℃时，纤维发生严重的粘连，而当温度达到45℃后，纺丝效果稳定，纤维成形效果良好且表面相对平滑。

　　此外，同轴静电纺丝是制备核/壳纳米纤维最简单常见的方法，S. Sinha-Ray等最早利用溶喷纺丝技术探讨了核/壳纳米纤维的制备，他们分别将6%（质量分数）PMMA溶于DMF/二氯甲烷（质量比为60：40）和8%PAN溶于DMF中制得了核壳层的纺丝溶液，纺丝后获得PMMA/PAN核壳纳米纤维，进一步利用高温处理，将芯层PMMA去除，PAN层碳化，获得中空碳纳米纤维。作者团队进一步优化设计了应用于溶液喷射纺丝技术的同轴纺丝喷头，并利用这种方法制备了5-氨基水杨酸/丙烯酸树脂（ES100）皮芯纳米纤维。此外，以纤维素为纺丝研究对象，通过提高牵伸气流的温度加速纤维素溶液中溶剂的挥发，探索出制备纤维素纤维的工艺路线，然而所制备的纤维直径比较粗（260~1900nm），且其直径分布较分散。为探索制备直径较小的纤维素纤维工艺方法，又利用同轴溶液喷射纺丝技术制备出具有皮芯结构的纤维素/聚氧化乙烯（PEO）纳米纤维，通过去除PEO，得到的纤维素纤维直径可以控制在160~960nm，同时讨论了温度、气压对芯层纤维直径的影响。在后期利用溶液喷射纺丝技术制备PAN纳米纤维的工作中，系统性地研究了溶液浓度、气流压力和溶液输入速度对纤维形态的影响，并在相似条件下，将溶液喷射纺丝纳米纤维网与静电纺丝纳米纤维网的孔径进行了对比表征，结果显示，溶液喷射纺丝纳米纤维网的孔径介于静电纺丝与熔喷纤维网之间，证明了溶液喷射纺纳米纤维网具有高过滤效率、低过滤阻力的优势，在过滤领域具有广阔的应用前景。

　　相比于静电纺纳米纤维网，溶液喷射纺纳米纤维网最显著的特点是三维卷曲，二者对比如图6-3所示。此外，溶液喷射纺丝制备的材料具有结构蓬松、孔隙率高（可达95%以上）等特点。同时，溶液喷射纺纳米纤维的直径相比于静电纺纤维的分布范围更广，小至几十纳米，大则可达几微米。纳米纤维的可控制备是纺丝技术是否成熟的一个重要标志，溶喷法非织造材料制备工艺结合了熔喷和静电纺丝两种工艺的技术特点。因此，影响其最终产品性能及结构的因素很多，包括挤出速率、牵伸气体压力、聚合物溶液的浓度和黏度、纺丝模头结构与喷丝孔形状、纺丝箱体环境等，甚至于增加辅助电压后，电压的数值也会对纤维成形产生影响。

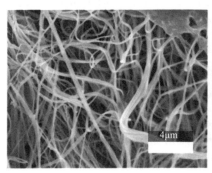 

(a) 溶液喷射纺纳米纤维   (b) 静电纺纳米纤维

图6-3 溶液喷射纺与静电纺PVDF纳米纤维对比图

在纤维形态的可控制备方面，于俊荣利用溶液喷射纺丝技术制备了间位芳纶纳米纤维，并探讨了溶液浓度、气压、挤出速率和接收距离等参数对纤维形貌结构和直径的影响。同时为了得到类似于静电纺纤维的高取向结构，于俊荣还探索了利用高速滚筒制备溶液喷射纺取向纤维的可能性，发现随着接收滚筒转速的增加，纤维膜的取向度和力学性能均有一定程度的提高。娄辉清通过数值模拟分析变压力条件下环形喷嘴下方的气流场分布情况，研究了纺丝过程中气流场分布和聚合物溶液射流运动对纤维形貌的影响。发现随着气流压力的增加，纤维平均直径明显降低且分布均匀；然而，当气流压力过大后，纤维平均直径的降低幅度变小且不均匀程度增加，并出现纤维缠结现象。而Benavides变换了牵伸气流与溶液射流的输出角度，开发了垂直式溶液喷射纺丝工艺。在接收装置方面，Liang利用弯曲棍子组装成一个圆形接收器作为接收装置，发现接收装置形状的改变对纤维的三维结构、孔隙率和纤维直径都有明显的影响。

Tutak等发现在溶液喷射纺丝过程中，纤维会发生缠结形成纤维束，而这一成形过程明显区别于静电纺丝技术，Bolbasov制备的聚偏氟乙烯四氟乙烯共聚物（PVDF—TeFE）纳米纤维进一步验证了这一现象。为了进一步提高溶液喷射纺纳米纤维毡在孔隙率方面表现出的优势，Medeiros采用直接将纤维纺入以液氮为成形介质的方法，得到了极高孔隙率的纳米纤维网，这种成纤方式严格区别于常规溶剂挥发的方式，实现了纤维中的多孔结构。Sinha制备了大豆蛋白/尼龙6皮芯纳米纤维，并且进一步发现，利用甲酸—大豆蛋白溶液作为皮层纺丝液，伴随甲酸的挥发，皮层纳米纤维会形成多孔结构。除此之外，Ju利用溶液喷射纺丝技术构建了类似蜂窝状多孔碳纳米纤维，Gonzalez实现了介孔TiO_2纳米纤维的 制备。

如前文所述，溶喷纺丝技术在某些特殊情况下，尤其是受某些聚合物溶液黏度过低或高速气流的高剪切力影响，溶液射流多以分散的形态存在，形成分散不稳定的射流状态，影响纺丝效果。此外，高速气流赋予溶液喷射纺丝技术高产量和低能耗等突出特点的同时，其与高聚物黏弹溶液之间的作用也带来了纳米纤维并丝成束的问题，纤维并丝成束给纤维分布的均匀性造成了一定困难。因此，基于上述挑战，将静电纺丝的静电场引入溶喷纺丝技术中改善溶液的拉伸效果成为一种有效手段。基于静电分丝理论，在溶喷原纺丝装置的基础上增加电源系统（高压电源），高压电源一端接地，一端连接纺丝喷头。纺丝过程中，不锈钢喷嘴处同时提供静电场和风场牵伸力，聚合物凝固和溶剂蒸发后，溶液通过高速气流和静电拉伸在成网帘上获得纳米纤维。感应静电辅助溶喷纺丝技术示意图如图6-4所示。在溶液纺丝过程中引入静电场可以有效地增强溶液射流的牵引和拉伸效应，优化纤维分布效果，同时具有较低的电压要求、较高的安全性和可操作性。唐定友等结合响应面分析法，利用多元二次回归方程来拟合因素与响应值之间的函数关系，系统地评价了辅助电场及气流场对纤维成形的影响。结果表明，

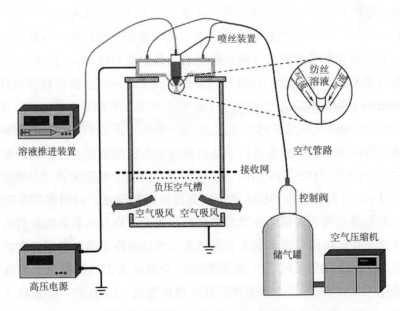

图6-4 感应静电辅助溶液喷射纺丝技术示意图

辅助静电能够在一定范围内调控纳米纤维的直径与卷曲度，有效抑制了纤维并丝、成束、分布不匀的问题，并在一定程度上提高了纤维的结晶性能，使纳米纤维膜具有高孔隙率和高强力的特点。

6.4　溶液喷射纺微纳米纤维非织造材料的应用

溶液喷射纺非织造技术具有生产效率高、设备简单、操作安全等优势，所制备的纳米纤维集合体或非织造材料具有很高的孔隙率、大的比表面积和良好的透气性。通过相关参数的控制，可以实现纳米纤维形貌、孔隙结构的调控，最重要的是溶液喷射纺丝技术提供了一种简易控制的批量化纳米纤维制备方法。因此，溶液喷射纺纳米纤维凭借其结构及制备方面的优势，在生物医用、过滤、催化、能源材料、传感器等领域广泛应用。

6.4.1　生物医用材料

高孔隙率的纳米纤维是生物医用材料的理想选择，尤其在医用敷料、组织工程等相关应用方面，溶喷纳米纤维可以促进细胞的增殖、分化和浸润，并结合低毒和具有生物相容性的聚合物和溶剂材料，是制备快速、高效医用创口和细胞培养载体的理想材料。

Hoffman分别对比了静电纺以及溶液喷射纺纳米载体材料对骨髓基质细胞的培养效果，发现在溶液喷射纺载体材料的细胞培养深度（78.75μm±18.46μm）远远大于静电纺载体材料的细胞培养深度（34.75μm±8.77μm）。而在另一项研究中，Bolbasov利用VDF-TeFE溶液喷射纺纳米纤维培养出了数量更多的细胞。Tomecka制备了PLLA和PU纳米纤维基体用于培养心肌细胞，对比传统的PS培养基，发现由溶液喷射纺丝技术制备的细胞培养基体培养的心肌细胞对心脏药物的敏感性更高。Paschoalin制备了PLA/PEG溶液喷射纺纳米纤维用于细胞培养，发现细胞会受纤维引导而增殖，并在纤维界面上表现出高度的动态行为。Xu制备了壳聚糖/聚乳酸/聚乙二醇纳米纤维，并采用戊二醛蒸汽对其进行交联，所制备的材料具有良好的透气性，并可吸收伤口的渗出液而凝胶化，有效保持了伤口湿润的愈合环境，是一种理想的生物医用敷料。Bonan借助苦配巴油制备了具有优异细菌阻隔功能的溶液喷射纺PLA/PVP（乙烯基吡咯烷酮）伤口敷料。Liu则以乙二醇缩水甘油醚作为纺丝交联剂，制备了壳聚糖/PVA水凝胶溶纳米纤维毡，该纳米纤维毡具有水凝胶特性，对大肠杆菌的抑菌率可达81%。Ting和Markus则基于溶喷法制备的羟丙基纤维素（HPC）纳米纤维制备了一种超级多孔水凝胶，通过将交联剂柠檬酸（2.5%）、助纺聚合物PEO与HPC的共混获得纺丝溶液，利用0.03Pa（0.3bar）的牵伸气流获得复合纳米纤维，进而通过140℃的高温交联获得所需的水凝胶材料。相比传统的无孔HPC水凝胶材料，基于HPC溶喷非织造技术制备的交联水凝胶可以在水中膨胀，并形成具有形状记忆特性的超多孔水凝胶。为了实现快速机体组织修复和纳米纤维在受伤组织的直接沉积，青岛大学龙云泽等设计了一种便携式溶喷装置，具有良好的纺丝效果，将该装置与微创手术相结合，可有效解决微创手术操作空间狭小的问题，在猪肝的止血实验中也表现出优异的应用效果。

6.4.2　过滤材料

颗粒物防治是大气环境保护中的重要一环，溶液喷射纺纳米纤维毡具有独特的三维卷曲结构、高孔隙率及微孔孔隙，同时其内部空间有高的相互关联性，因此作为过滤材料具有高通量、低阻力的优势。

Shi将尼龙6三维卷曲纳米纤维应用于过滤材料中，发现其过滤效率可达到93.5%，压降可低至30.35Pa，证明了溶液喷射纺纳米纤维在高效低阻过滤材料中具有广泛的应用前景。Lee利用溶液喷射纺丝技术成功制备了具有二维净化膜结构的尼龙6与石墨烯的复合纳米纤维，并将其应用于水过滤材料中，发现在膜面积为5cm²时其净水速率就可达到0.3~4L/h。Sumit发现将直径为20~50nm的溶液喷射纺纳米纤维沉积在商业化电纺纤维过滤膜的表面，可以明显优化材料的过滤性能，在粒径为200nm的铜颗粒悬浮液中，该过滤膜仍可以保持高效的过滤效率。李超制备了直径为146~532nm的PMIA纳米纤维膜，探讨了面密度对纤维膜孔径结构、透气性、水通量及过滤效率的影响，并通过对过滤机理的探索，发现虽然纤维膜的孔径比微球直径大，但依然对其有很好的过滤作用，大部分微球均被拦截于纤维膜表层，且膜污染程度很小。斯坦福大学的崔毅等则通过溶喷纺丝技术制备了多种聚合物（PAN、PVP、PMMA、尼龙66）纳米纤维作为室内PM污染防护的透明空气过滤膜，这种纤维膜可以很容易地涂覆于纱窗，并很方便被清理。

作者全面地对比了不同纳米纤维膜的光学透明度和PM颗粒的去除效率，其中PAN纤维膜具有优良的透光率（80%）、过滤效率（>99%）和压降。高温过滤方面，Wang等则通过溶喷纺丝和煅烧处理获得了耐高温ZrO₂纳米纤维海绵，其在750℃的高温和10cm/s的风速条件下，依然可以保证99.97%（PM0.3~2.5）的过滤效率。这种优良的过滤效率和耐高温性能证明了溶喷ZrO₂海绵在高温过滤中具有良好的应用前景。

近年来，具有多尺度直径纳米纤维的多级纳米纤维膜得到了研究人员的广泛关注，并被证明是优化纤维膜结构的有效材料之一。研究者利用溶液喷射纳米纤维网蓬松多孔的结构优势，结合分子自组装技术，提出了一种新型的多级纳米纤维非织造材料制备技术，并将其应用于空气和水过滤材料，获得了良好的应用效果。在研究中，利用1，3：2，4-二亚苄基-D-山梨醇（DMDBS）超分子凝胶材料的自组装，在纤维基体材料内部构建了多级纤维体（图6-5），系统地研究了不同溶剂对纤维自组装效果的影响。实验发现，多级纤维结构的创建不仅保证了材料较高的水通量，而且提升了原有纤维基膜的过滤效率，对0.4μm的PS微球截留率可达99.3%，对空气中0.2μm以上颗粒物的截留率大于99.99%，过滤阻力小于42Pa。

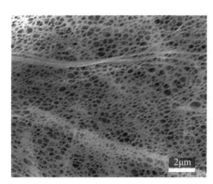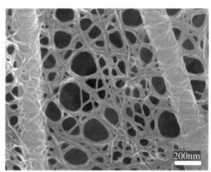

图6-5　DMDBS/PAN多级纳米纤维网

6.4.3　电极材料

碳材料以比表面积大、可塑性高、可直接用作电极等优势，在电极材料的应用方面受到广泛关注。利用纳米纤维制备技术制备前驱体，经过烧结工艺得到连续的碳纳米纤维，这种方法操作简单、制备效率高，已成为国内外研究者制备碳纳米纤维的最主要方法。溶液喷射纺纳米纤维凭借其稳定的结构优势，在电极材料领域也逐渐得到研究者的重视。

贾开飞设计了一种取向接收装置，采用一对平行辊作为接收装置，制备了PAN溶液喷射纺纳米纱线，经碳化处理得到有序排列的碳纳米纱线材料。电学性能测试显示，PAN基溶液喷射纺碳纳米纤维的电导率可达到608.7S/cm，当电流密度为500m/Ag时，质量比电容可达到70F/g。史少俊利用醋酸锌和聚丙烯腈作为前驱体材料制备了包覆ZnO纳米晶粒的碳纳米纤维，并将其应用于电极材料中，结果显示其在高电流密度下表现出优异的循环性能。而赵义侠利用溶液喷射纺丝技术制备了SiC纳米纤维，并将其应用于超级电容器材料中，测试结果显示其表现出良好的电化学性能，表明溶液喷射纺丝技术在超级电容器电极材料领域的广泛应用前景。邓南平则利用溶喷纺丝法制备了PCNFs-CNTs-S复合材料，并尝试将其应用于锂硫电池负极材料。通过在复合材料中设计多孔结构并引入碳纳米管，有助于建立高导电路径和储存更多的硫/聚硫化合物，抑制由于酸化的聚乙烯醇基多孔碳纳米纤维在电解质中的溶解度损失，研究发现该多孔结构和碳纳米管可有效缓解电池循环过程中的体积变化。所得PCNFs-CNTs-S阴极在Li-S电池中表现出优异的性能，初始放电容量高达1302.9mAh/g，300次循环后依然具有极为稳定的容量（809.1mAh/g）。

6.4.4 吸附材料

溶液喷射纺纳米纤维膜内部具有极高的孔隙率和大的比表面积，相比传统的吸附亲和膜，其更有利于膜材料与目标分子或离子发生作用，因而溶液喷射纺丝技术在吸附材料中有广泛应用。Kolbasov通过溶液喷射纺丝技术制备了多种含有生物大分子（如海藻酸钠、大豆蛋白、木质素、燕麦粉、壳聚糖等）的纳米纤维膜，这些生物高聚物膜在重金属的水溶液吸附方面表现出优异性能。Wang以溶液喷射纺聚酰亚胺为基体纤维材料，通过原位聚合法在纤维表面引入经十二烷基苯磺酸接枝改性的聚苯胺，从而制得新型重金属吸附膜。测试结果显示，每10mg微孔吸附膜可以在300min以内完成25mL Cr（Ⅵ）溶液（5mg/L）的吸附清除。Tong基于同轴溶液喷射纺丝技术，制备了以PA6为芯层、壳聚糖和聚乙烯醇（PVA）为皮层的皮芯复合纳米纤维，并将汽巴蓝接枝固载于纤维表面，赋予其良好的蛋白吸附能力，结果显示，亲和膜拥有水凝胶和纳米纤维的共同优势，表现出良好的吸附能力，该膜对BSA的吸附量可达379.43mg/g。在另一项工作中，Tao通过KOH处理得到活化碳纳米纤维，其比表面积及孔容分别可达2921.263m^2/g和2.714cm^3/g，应用于苯酚吸附可到达251.6mg/g。Mercante制备了氧化石墨烯包覆的PMMA多孔纳米纤维，并将其应用于亚甲基蓝的吸附中，最大吸附量可达698.51mg/g。Ren等则利用聚苯胺（PANI）包覆PAN材料，通过溶液吹塑纺丝和原位聚合制备了一种新型复合纳米纤维毡，并对其六价铬的吸附去除效果进行了研究，实验结果表明，PANI/PAN复合纤维对Cr（Ⅵ）具有良好的吸附性能。此外，还系统地研究了影响水溶液中铬（Ⅵ）去除率的因素，并将实验数据拟合到各种动力学模型和等温吸附过程中，计算了吸附过程的热力学参数，细化了纤维对重金属的吸附及再生机理。

6.4.5 其他应用材料

质子交换膜作为燃料电池的核心部件，起着隔离两极反应气体且作为氢离子通道达到传导质子的作用，其性能的优劣直接决定着燃料电池的性能。早期应用于质子交换膜中的增强纳米纤维多是通过静电纺丝方法制备的，然而，静电纺纤维的天然特性使纤维结合紧密从而形成致密的网络结构，容易导致浸渍效果较差引起复合膜缺陷。针对这一问题，溶液喷射纺丝技术凭借其制备纳米纤维的高效性及孔隙结构方面的优势，在致密复合膜材料领域具有广阔的应用前景。

在溶液喷射纺纳米纤维应用质子交换膜的早期工作中，相关科研工作者将具有质子传导能力的磺化聚醚醚酮、磺化聚醚砜/聚醚砜及磺化聚醚醚酮/多面体低聚倍半硅氧烷溶液喷射纺纳米纤维成功利用浸渍法引入全氟磺酸树脂（Nafion）材料中，讨论其对质子交换膜电化学性能的作用，发现经过纳米纤维改性后复合膜的尺寸稳定性及质子传导率均有一定程度的改善，证明其在质子交换膜中应用的可能性。Zhang将溶液喷射纺纳米碳纤维网（CNFs）与磺化聚醚醚酮（SPEEK）复合，复合膜的截面观察表明CNFs在复合膜的厚度方向广泛分布，当其质量分数为0.48%时，质子导电率增加了41.6%（80℃，100%相对湿度），这归结于CNFs的三维空间分布及其与SPEEK的相互作用使—SO$_3$H沿二者界面富集分布建立了跨膜连续传输通道。Wang创新性的将复合材料制备技术中的热压工艺引入质子交换膜制备中，利用PVDF与磺化聚醚砜（SPES）溶液喷射纺纳米纤维的高孔隙率结构，制备了具有跨膜传输通道的SPES/PVDF复合质子交换膜，该复合膜具有优异的阻隔特性，其甲醇渗透系数达到了商业化Nafion膜的1/500。进一步地，借助生物细胞膜质子传递的启发，在聚偏氟乙烯（PVDF）纳米纤维表面引入氧化半胱氨酸，制备的复合质子交换膜的电化学应用性能可达到Nafion材料的2倍。天津工业大学庄旭品与天津大学尹燕等则提出了基于纳米纤维一步法制备氨基酸离子簇—质子传输通道的构想，利用溶液喷射纺丝技术，借助PLA的助纺效果，制备聚谷氨酸（PGA）/PLA纳米纤维，并与SPES复合，制备了复合PEM，实验结果发现，一维聚氨基酸纤维集成了氨基酸离子簇在质子传输通道构建的结构与功能优势，极大地提升了材料的综合应用性能，所制备的质子交换膜的质子传导率可达0.261S/cm（80℃，100%相对湿度），直接甲醇燃料电池的运行性能可达202.3mW/cm^2。同时，利用重金属染色和HAADF-STEM的手段验证了复合膜中功能离子簇在纳米纤维表面的富集分布形成了高效的质子传递通道（图6-6），并借助密度泛函数理论解释了质子在谷氨酸分子间的传递机理。

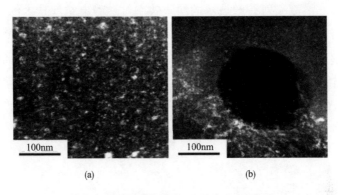

(a)   (b)

图6-6 纳米纤维复合质子交换膜TEM图片

高温超导材料是一种在电力及能源转换技术中具有重大战略意义的高新技术。Cena首次提出了利用溶液喷射纺丝技术制备$Bi_2Sr_2Ca_1Cu_2O_x$（BSCCO）超导纤维的可行性技术路线，通过合成BSCCO前驱体溶液，并将其以不同比例混入聚PVP配置成可纺溶液，利用溶液喷射纺丝技术制备得到BSCCO/PVP纳米纤维。最终的电性能结果显示，制备的超导材料在临界温度表现出明显的阻抗衰减，证明了溶液喷射纺新型纳米纤维制备技术可以成为制备高温超导材料的新方法。

6.5 溶液喷射静电纺纳米纤维非织造材料展望

作为一种新型而高效的纳米纤维制备技术，溶液喷射纺丝技术在近年来取得了快速发展。基于聚合物溶液浓度、牵伸风速和纤维直径的基本关系，国内外许多科研工作者在此方面做了许多探索和研究工作，不断致力于对设备、纺丝工艺的改善及产品的应用性研究。但与已经相对成熟的静电纺丝技术相比，溶液喷射纺丝技术还存在许多缺陷与不足，尤其是在基础理论研究及材料应用研究方面，仍需不断完善和发展。然而从另一方面来讲，溶液喷射纺丝技术简易的操作方法和较低的设备配置为研究者不断开发纳米纤维的新型应用研究工作提供了便利。在纤维结构方面，溶液喷射纺纳米纤维具有明显区别于静电纺纳米纤维的独特纤维形态结构，如三维卷曲、孔隙率高等，并凭借其结构方面的优势，在医用、过

滤、电极、吸附及电池隔膜材料等方面得到了广泛应用。进一步地，溶液喷射纺
丝技术可转化为手持简易纺丝设备，再加上其纳米纤维易附着、沉积的特性，若
能在相关技术上得到突破，相信在其未来的手持式快速伤口敷料材料上的应用
必将前景广阔。溶液喷射纺丝技术的纺丝效率可达静电纺丝技术的10倍，甚至更
多，同时不需要高压电场、能源消耗低、设备配置简单，在纳米纤维的批量化商
业生产上，该技术提供了一种崭新的并具有前景的技术路线。相信在不久的将
来，溶液喷射纺丝技术将会凭借其优势在社会发展的诸多领域发挥巨大作用。

参考文献

［1］石磊. 溶液喷射纳米纤维成形机理及其应用研究［D］. 天津：天津工业大学，
2010.

［2］SINHA-RAY SUMIT, SINHA-RAY SUMAN, YARIN A L, et al. Theoretical and
experimental investigation of physical mechanisms responsible for polymer nanofiber formation
in solution blowing［J］. Polymer, 2015, 56：452-463.

［3］HAN W, XIE S, SUN X, et al. Optimization of airflow field via solution blowing for
chitosan/PEO nanofiber formation［J］. Fibers and Polymers, 2017, 18（8）：1554-
1560.

［4］LOU H, LI W, LI C, et al. Systematic investigation on parameters of solution blown micro/
nanofibers using response surface methodology based on box-Behnken design［J］. Journal
of Applied Polymer Science, 2013, 130（2）：1383-1391.

［5］唐定友. 感应静电辅助溶液喷射纺丝技术及纳米纤维应用研究［D］. 天津：天津工业
大学，2015.

［6］SRINIVASAN S, CHHATRE S S, MABRY J M, et al. Solution spraying of poly（methyl
methacrylate）blends to fabricate microtextured, superoleophobic surfaces［J］.
Polymer, 2011, 52（14）：3209-3218.

［7］SINHA-RAY S, YARIN A L, POURDEYHIMI B. The production of 100/400nm inner/
outer diameter carbon tubes by solution blowing and carbonization of core-shell nanofibers
［J］. Carbon, 2010, 48（12）：3575-3578.

［8］ZHUANG X, YANG X, SHI L, et al. Solution blowing of submicron-scale cellulose fibers
［J］. Carbohydrate Polymers, 2012, 90（2）：982-987.

［9］XUPIN ZHUANG, KAIFEI JIA, BOWEN CHENG, et al. Preparation of polyacrylonitrile nanofibers by solution blowing process [J]. Journal of Engineered Fibers and Fabrics, 2013, 8（1）88–92.

［10］李超. 于俊荣. 王彦，等. 溶液喷射法制备间位芳纶纳米纤维的研究 [J]. 功能材料. 2016（10）：10218–10224.

［11］娄辉清. 辛长征. 许志忠，等. 气流场和聚合物射流运动对液喷纺纤维形貌的影响 [J]. 纺织学报，2015（10）：17–23.

［12］TUTAK W, SARKAR S, LIN–GIBSON S, et al. The support of bone marrow stromal cell differentiation by airbrushed nanofiber scaffolds [J]. Biomaterials, 2013, 34（10）：2389–2398.

［13］BOLBASOV E N, STANKEVICH K S, SUDAREV E A, et al. The investigation of the production method influence on the structure and properties of the ferroelectric nonwoven materials based on vinylidene fluoride – tetrafluoroethylene copolymer [J]. Materials Chemistry and Physics, 2016, 182: 338–346.

［14］MEDEIROS E L G, BRAZ A L, PORTO I J, et al. Porous bioactive nanofibers via cryogenic solution blow spinning and their formation into 3D macroporous scaffolds [J]. ACS Biomaterials Science & Engineering, 2016, 2（9）：1442–1449.

［15］JU J, KANG W, DENG N, et al. Preparation and characterization of PVA–based carbon nanofibers with honeycomb–like porous structure via electro–blown spinning method [J]. Microporous and Mesoporous Materials, 2017, 239: 416–425.

［16］ZHOU X, LI L, LI Z, et al. The preparation of continuous $CeO_2/CuO/Al_2O_3$ ultrafine fibers by electro–blowing spinning（EBS）and its photocatalytic activity [J]. Journal of Materials Science：Materials in Electronics, 2017, 28（17）：12580–12590.

［17］DINGYOU TANG, XUPIN ZHUANG, CHAN ZHANG, et al. Generation of nanofibers via electrostatic–induction–assisted solution blow spinning [J]. Journal of Applied Polymer Science, 2015, 132（31）：42326–42333.

［18］HOFFMAN K, SKRTIC D, SUN J, et al. Airbrushed composite polymer Zr–ACP nanofiber scaffolds with improved cell penetration for bone tissue regeneration [J]. Tissue Engineering Part C：Methods, 2015, 21（3）：284–291.

［19］TOMECKA E, WOJASINSKI M, JASTRZEBSKA E, et al. Poly（l–lactic acid）and polyurethane nanofibers fabricated by solution blow spinning as potential substrates for cardiac cell culture [J]. Materials Science and Engineering：C, 2017, 75: 305–316.

［20］PASCHOALIN R T, TRALDI B, AYDIN G, et al. Solution blow spinning fibres：new immunologically inert substrates for the analysis of cell adhesion and motility [J]. Acta Biomaterialia, 2017, 51: 161–174.

[21] XU X, ZHOU G, LI X, et al. Solution blowing of chitosan/PLA/PEG hydrogel nanofibers for wound dressing [J]. Fibers and Polymers, 2016, 17 (2): 205-211.

[22] BONAN R F, BONAN P R F, BATISTA A U D, et al. Poly (lactic acid) /poly (vinyl pyrrolidone) membranes produced by solution blow spinning: structure, thermal, spectroscopic, and microbial barrier properties [J]. Journal of Applied Polymer Science, 2017, 134 (19): 44802.

[23] LIU R, XU X, ZHUANG X, et al. Solution blowing of chitosan/PVA hydrogel nanofiber mats [J]. Carbohydr Polym, 2014, 101: 1116-1121.

[24] YANG NILSSON T, ANDERSSON TROJER M. A solution blown superporous nonwoven hydrogel based on hydroxypropyl cellulose [J]. Soft Matter, 2020, 16 (29): 6850-6861.

[25] GAO Y, XIANG H, WANC X, et al. A portable solution blow spinning device for minimally invasive surgery hemostasis [J]. Chemical Engineering Journal, 2020, 387: 124052.

[26] SHI L, ZHUANG X, TAO X, et al. Solution blowing nylon 6 nanofiber mats for air filtration [J]. Fibers and Polymers, 2013, 14 (9): 1485-1490.

[27] LEE J G, KIM D Y, MALI M G, et al. Supersonically blown nylon-6 nanofibers entangled with graphene flakes for water purification [J]. Nanoscale, 2015, 7 (45): 19027-19035.

[28] SINHA-RAY S, SINHA-RAY S, YARIN A L, et al. Application of solution-blown 20 ~ 50nm nanofibers in filtration of nanoparticles: The efficient van der Waals collectors [J]. Journal of Membrane Science, 2015, 485: 132-150.

[29] KHALID B, BAI X, WEI H, et al. Direct blow-spinning of nanofibers on a window screen for highly efficient PM2.5 removal [J]. Nano Letters, 2017, 17 (2): 1140-1148.

[30] WANG H, LIN S, YANG S, et al. High-temperature particulate matter filtration with resilient yttria-stabilized ZrO_2 nanofiber sponge [J]. Small, 2018, 14 (19): 258.

[31] WU X, CAO L, SONG J, et al. Thorn-like flexible $Ag_2C_2O_4/TiO_2$ nanofibers as hierarchical heterojunction photocatalysts for efficient visible-light-driven bacteria-killing [J]. Journal of Colloid and Interface Science, 2020, 560: 681-689.

[32] CHENG B, LI Z, LI Q, et al. Development of smart poly (vinylidene fluoride) -graft-poly (acrylic acid) tree-like nanofiber membrane for pH-responsive oil/water separation [J]. Journal of Membrane Science, 2017, 534: 1-8.

[33] JU J, SHI Z, FAN L, et al. Preparation of elastomeric tree-like nanofiber membranes

using thermoplastic polyurethane by one–step electrospinning［J］. Materials Letters，2017，205：190–193.

［34］WANG Y，CHAO G，LI X，et al. Hierarchical fibrous microfiltration membranes by self–assembling DBS nanofibrils in solution–blown nanofibers［J］. Soft Matter，2018，14（44）：8879–8882.

［35］冯晓苗，李瑞梅，杨晓燕，等. 新型碳纳米材料在电化学中的应用［J］. 化学进展，2012（11）：2158–2166.

［36］靳瑜，姚辉，陈名海，等. 静电纺丝技术在超级电容器中的应用［J］. 材料导报，2011（15）：21–26.

［37］JIA K，ZHUANG X，CHENG B，et al. Solution blown aligned carbon nanofiber yarn as supercapacitor electrode［J］. Journal of Materials Science：Materials in Electronics，2013，24（12）：4769–4773.

［38］SHI S，ZHUANG X，CHENG B，et al. Solution blowing of ZnO nanoflake–encapsulated carbon nanofibers as electrodes for supercapacitors［J］. Journal of Materials Chemistry A，2013，1（44）：13779.

［39］ZHAO Y，KANG W，LI L，et al. Solution blown silicon carbide porous nanofiber membrane as electrode materials for supercapacitors［J］. Electrochimica Acta，2016，207：257–265.

［40］DENG N，KANG W，JU J，et al. Polyvinyl alcohol–derived carbon nanofibers/carbon nanotubes/sulfur electrode with honeycomb–like hierarchical porous structure for the stable–capacity lithium/sulfur batteries［J］. Journal of Power Sources，2017，346：1–12.

［41］TONG J Y，XU X L，WANG H，et al. Solution–blown core–shell hydrogel nanofibers for bovine serum albumin affinity adsorption［J］. RSC Advances，2015（5）：83232–83238.

［42］张方. 徐先林. 王航，等. 聚乙烯亚胺纳米纤维的制备及其胆红素吸附性能研究［J］. 山东纺织科技. 2016（6）：6–11.

［43］KOLBASOV A，SINHA–RAY S，YARIN A L，et al. Heavy metal adsorption on solution–blown biopolymer nanofiber membranes［J］. Journal of Membrane Science，2017，530：250–263.

［44］WANG N，CHEN Y，REN J，et al. Electrically conductive polyaniline/polyimide microfiber membrane prepared via a combination of solution blowing and subsequent in situ polymerization growth［J］. Journal of Polymer Research，2017，24（3）.

［45］TAO X，ZHOU G，ZHUANG X，et al. Solution blowing of activated carbon nanofibers for phenol adsorption［J］. RSC Advances，2014，5（8）：5801–5808.

［46］MERCANTE L A, FACURE M H M, LOCILENTO D A, et al. Solution blow spun PMMA nanofibers wrapped with reduced grapheneoxide as efficient dye adsorbent ［J］. New Journal of Chemistry, 2017（41）.

［47］王航, 庄旭品, 王良安, 等. 纳米纤维复合型质子交换膜研究进展［J］. 电源技术, 2016（12）: 2486-2488.

［48］王航, 庄旭品, 聂发文, 等. SPES/SiO₂杂化纳米纤维复合质子交换膜的制备与性能［J］. 高分子学报. 2016（2）: 197-203.

［49］PEIGHAMBARDOUST S J, ROWSHANZAMIR S, AMJADI M. Review of the proton exchange membranes for fuel cell applications ［J］. International Journal of Hydrogen Energy, 2010, 35（17）: 9349-9384.

［50］LEE J, KIM N, LEE M, et al. SiO₂-coated polyimide nonwoven/Nafion composite membranes for proton exchange membrane fuel cells ［J］. Journal of Membrane Science, 2011, 367（1-2）: 265-272.

［51］MOLLÁ S, COMPAÑ V. Polyvinyl alcohol nanofiber reinforced nafion membranes for fuel cell applications ［J］. Journal of Membrane Science, 2011, 372（1-2）: 191-200.

［52］WANG H, ZHUANG X, LI X, et al. Solution blown sulfonated poly（ether sulfone）/poly（ether sulfone）nanofiber-nafion composite membranes for proton exchange membrane fuel cells ［J］. Journal of Applied Polymer Science, 2015, 132（38）: 42572.

［53］WANG H, ZHUANG X, TONG J, et al. Solution-blown SPEEK/POSS nanofiber-nafion hybrid composite membranes for direct methanol fuel cells ［J］. Journal of Applied Polymer Science, 2015, 132（47）.

［54］XU X, LI L, WANG H, et al. Solution blown sulfonated poly（ether ether ketone）nanofiber-nafion composite membranes for proton exchange membrane fuel cells ［J］. RSC Adv, 2015, 5（7）: 4934-4940.

［55］ZHANG B, ZHUANG X P, CHENG B, et al. Carbonaceous nanofiber-supported sulfonated poly（ether ether ketone）membranes for fuel cell applications ［J］. Materials Letters, 2014, 115: 248-251.

［56］WANG H, ZHUANG X, WANG X, et al. Proton-conducting poly-γ-glutamic acid nanofiber embedded sulfonated poly（ether sulfone）for proton exchange membranes ［J］. ACS Applied Materials & Interfaces, 2019, 11（24）: 21865-21873.

［57］吴兴超, 李永胜, 徐峰. 高温超导材料的发展和应用现状［J］. 材料开发与应用, 2014, 29（4）: 95-100.

［58］CENA C R, TORSONI G B, ZADOROSNY L, et al. BSCCO superconductor micro/nanofibers produced by solution blow-spinning technique ［J］. Ceramics International, 2017, 43（10）: 7663-7667.

第7章 熔喷非织造材料的应用

7.1 概述

由于熔喷非织造材料的性能特点，使熔喷非织造材料的隔热性能、过滤性能和吸油性能等应用特性是其他工艺生产的非织造材料所难以具备的。所以，熔喷非织造材料可广泛应用于电池隔膜、过滤材料、保暖材料、医疗卫生材料、吸油材料、工业及家庭用揩布、隔音材料以及特殊应用等领域。

7.2 空气与液体过滤材料

在过滤市场，熔喷纤网早期开发应用之一为香烟滤嘴，但熔喷香烟滤嘴的工业化生产迄今未取得成功，其开发工作仍在继续。熔喷纤网在其他常规的空气与液体过滤用途上已取得较大成功。美国BBA公司聚三氟氯乙烯熔喷非织造材料Halar打开了高温过滤用途等领域。

熔喷非织造材料由于其纤维直径细、比表面积大、孔隙小、空隙率高等特点，极适合作为液固分离、气固分离的过滤材料。在空气过滤中适合作亚高效以上的过滤，如医疗卫生口罩、防毒面具，可过滤粉尘、细菌等有害物质，也可作空调、汽车内空气过滤材料和发动机空气过滤材料，特别当熔喷非织造材料经驻极化处理后，空气过滤效率可超过99%，甚至高达99.99%，适合用作电子设备超净车间等高要求的空气净化场所。2003年，为防止SARS感染，经驻极化处理的熔喷非织造材料成为口罩或面罩的有效结构，有效防止了细菌和病毒的侵入，使熔喷非织造口罩热销，直到现在，出口及国内大量口罩均采用熔喷非织造材料。

以前一些高要求的空气过滤材料普遍采用微细玻璃纤维制备的滤材，近年来研究表明：微细玻璃纤维容易折断脱落，由呼吸进入人体鼻腔或是皮肤，不易排出体外，对人体有害，甚至可能会致癌。世界卫生组织IARC把微细玻璃纤维划归为可致癌物质。因此，现在很多地方已大量采用熔喷非织造复合型滤材代替微细玻璃纤维滤材。天津泰达洁净材料有限公司生产的经电晕处理的驻极体熔喷非织造复合滤材，在流量为32L/min、粒径为0.3mm的条件下，过滤效率可达99.99%，阻力为117.7Pa，达到了欧洲H13标准。在我国，随着对人体健康和环境保护的重视，对于开发高性能的过滤材料，熔喷非织造滤材必将成为重要的一员，具有广阔的市场前景。

7.2.1 空气过滤材料

7.2.1.1 口罩

随着空气污染的加重，许多城市经常出现长时间低能见度的雾霾天气（图7-1），严重影响人们的日常工作与生活，其中的主要污染物为粒径小于2.5μm的颗粒物。近几年的流行病学研究发现，颗粒物的浓度水平与呼吸系统、心肺疾病等的发病率及死亡率存在正相关，特别是对儿童、老人和易感染人群。为了防止雾霾等空气污染的危害，便携易使用的熔喷非织造防雾霾口罩成为人们日常防护的首选。

熔喷非织造材料是口罩最核心的材料。医用口罩及N95口罩都是由纺粘层、熔喷层和纺粘层构成的，其中，纺粘层、熔喷层均是聚丙烯材料。作为口罩的心脏，熔喷非织造材料在医用口罩中扮演着核心过滤层的角色，具有出色的过滤性、屏蔽性、绝热性和吸油性，经过驻极处理后可以把附着在空气、液体中的病毒及细菌等颗粒进行有效过滤，并且呼吸阻力小、不闷气。2020年新型冠状病毒的出现，再次将熔喷非织造材料的使用推向顶峰，出现了熔喷设备和口罩供应严重短缺，这也促进了熔喷非织造技术的快速发展。现如今，许多国家已把熔喷非织造材料作为国家储备物资，以备不时之需。

2020年，专利CN111116791A公开了一种绿色环保聚丙烯高速熔喷非织造材料的生产工艺，提高了高熔指聚丙烯产品性能的稳定性，具有较高的拉伸性、均匀性和可纺性，提高了熔喷非织造材料的产品优级品率。金

图7-1　低能见度雾霾天气场景

发科技公司在熔喷聚丙烯中引入无机抗菌、抗病毒粒子，赋予材料本征抗菌、抗病毒特性（专利CN111393754A）。同时，研发的组合物可用于生产高性能熔喷非织造材料，不仅具有高柔软度、高过滤效率，满足口罩领域的使用要求，而且还可以降低滤网更换频率，从而降低喷丝孔的堵塞概率（专利CN111499979A）。将低等规度聚丙烯（LMPP）与熔喷聚丙烯共混，能有效改善熔喷非织造材料的手感、强力和韧性及过滤性能（专利CN111548566A）。

同年，专利CN113349480A公开了一种珍珠抗菌非织造材料医用防护口罩，内层珍珠共混纤维中的珍珠负离子抗菌润肤，能够提高口罩的舒适度和抗菌性，避免呼吸和皮肤产生的细菌在口罩内表面滋生和堆积，同时使口罩的透气性增强，不会产生闷热感，长时间佩戴也不会刺激皮肤；抗菌非织造材料层可有效杀灭黏附的各种细菌和病毒；鼻夹条以及挂耳绳组件的设置使口罩更贴合脸型。

Zhou以PP驻极熔喷超细纤维滤料（克重12.28g/m^2，厚度0.19mm）为原料，采用外置式驻极处理工艺制备了医用防护口罩的过滤层。结果显示，该滤层具有较高的透气性能和过滤性能，可有效降低流感病毒感染扩散，同时，对于抑制和杀灭有害微生物发挥了重要作用。

Chen等使用双氧水、苯酚、戊二醛、含氯消毒剂、硼酸、甲醛、过氧乙酸和消毒酒精等医用消毒剂浸泡医用防护口罩过滤层，对驻极熔喷PP过滤材料的电荷稳定性以及过滤效率的变化规律进行了进一步探究。结果表明，其所具有的高效、低阻、灭菌性能均无明显变化，这为驻极熔喷PP过滤材料用于医用防护口罩提供了可靠的科学依据。

7.2.1.2　空气过滤器

在人类的生产生活中，有多种场合需要使用洁净的空气，洁净空气需要空气过滤器（简称空气滤）净化。而且不同场合需要净化的洁净程度各不相同，这就造成了空气过滤器的形体、控制的颗粒尺寸和选用的过滤材质不同，三大类空气滤的名称及保护对象见表7-1，空气滤实物如图7-2所示。

表7-1　三大类空气滤名称及保护对象

类别	名称区别	保护对象	习惯名称
I	保护机器类的空气滤	内燃机、空气压缩机、汽轮机及其他类发动机的进气系统机件保护	车用空滤
II	创建洁净房间的空气滤	洁净室无尘保证生产产品质量，烟雾厂房净化后保证人体健康	空气滤
III	保护大气用除尘器（除尘滤）	控制烟尘粉尘排放，保护地球一切生灵健康长寿	空气滤

图7-2　空气滤

刘朝军等将不同厚度、不同纤维直径以及驻极处理后的聚丙烯熔喷过滤材料作为容尘层与ePTFE膜复合制备ePTFE复合材料，并进行了测试，结果表明：复合材料的容尘量随容尘层厚度增加呈线性增加趋势，当容尘层厚度为0.45mm时，复合材料的容尘量达到6.37g/m²，较ePTFE膜提高了266%；复合材料的容尘量随容尘层纤维直径的减小呈增加趋势，当容尘层纤维直径为1.462μm时，复合材料的容尘量达7.96g/m²，较ePTFE膜提高了357%；经驻极处理后，当容尘层纤维直径为3.611μm时，复合材料的容尘量较驻极处理前提高了136%。

常敬颖等经熔喷工艺制备出PLA非织造空气过滤材料。发现PLA熔喷纤维呈三维网状排列结构，直径分布在1～5μm。该材料对粒径为1~1.5μm粒子的捕集效率在90%以上，对粒径为1.5~2.5μm粒子的捕集效率可达到100%，具有高效过滤PM2.5的能力。

专利CN102120115A公开了一种汽车空调过滤材料及其制备方法。所述滤材由聚丙烯非织造材料过滤层、驻极化的熔喷聚丙烯非织造材料过滤层（纤维细度3~4μm，厚度0.08~0.1mm，克重5~15g/m²）、竹原纤维过滤层和水刺非织造材料过滤层四层纤维层组成，用针刺紧密黏合，一次成型，工艺简单，成本低廉。此种滤材能有效去除空气中的有害微生物、灰尘和挥发性有机化合物。

鲍纬等利用nano-Ag/nano-TiO₂对聚丙烯熔喷非织造材料进行抗菌功能改性，通过改变等离子体处理时间、nano-Ag/nano-TiO₂配比、改性处理时间、改性温度等工艺参数，成功制备出具有抗菌功能的熔喷非织造空气过滤材料，并进行了相关性能测试。结果表明，nano-Ag/nano-TiO₂改性的最佳工艺为nano-Ag/nano-TiO₂配比为36：1，反应温度为30℃，改性时间为10min。nano-Ag/nano-TiO₂成功附着在材料表面，且未破坏材料原有的纤维结构，过滤性能也没有发生大的变化，与未改性的材料一样，具有较好的过滤性能。聚丙烯熔喷非织造材料经nano-Ag/nano-TiO₂改性后，具有明显的抗菌杀菌功能，且有较好的抗菌持久性。

7.2.2 液体过滤材料

在液体过滤方面，WU等以商业PP熔喷滤芯为基体，丙烯酰胺为单体，二苯甲酮为引发剂，采用紫外光辐射动力学方法制备了聚丙烯酰胺接枝改性PP熔喷非织造材料。应用衰减全反射傅立叶红外光谱和扫描电子显微镜证实了聚丙烯酰胺分子链可成功接枝到PP熔喷纤维表面，利用X射线能量色散谱对纤维中的元素含量进行表征，结果表明，PP熔喷滤芯内部聚合量高于外部。另外，引发剂浓度、单体浓度和反应温度等均是获取较高接枝率的关键，当二苯甲酮浓度为0.06mol/L、丙烯酰胺浓度为2mol/L、辐射时间为80min、反应温度为60℃时，体系接枝率达到2.6%。与此同时，相对水通量随滤芯亲水性和孔径的变化而变化，其六味地黄丸水提取液通量恢复率研究表明，改性滤芯显示较大的通量恢复，清洗后其通量恢复率可达70%左右。

Liu等使用PP熔喷过滤材料对回用水进行净化处理，分析了处理前后水样中COD_{Cr}、SS、NH_3—N含量变化以及浑浊度的去除效果。结果表明，该过滤材料极大地减小了COD_{Cr}、SS以及NH_3—N的数值，浑浊程度明显得到改善，具有显著的净化能力。此外，如果采用聚合氯化铝（PAC）对回用水进行预处理，聚合氯化铝离子会诱导水样中的微粒和有机化合物发生絮凝及沉淀现象，这样更有利于该过滤材料三维网状结构对COD_{Cr}、SS、NH_3—N和浑浊颗粒等进行拦截和捕获。

7.3 医卫防护材料

随着国民经济的快速发展和社会的进步，人们在衣食住行等生活水平有了较大提高，对自身的健康保护意识也有了进一步的增强，尤其在人口日趋老龄化、非典、禽流感、H1N1病毒和新型冠状病毒等公共卫生事件接连发生的情况下，人们对于关乎生活品质和生命质量的医疗卫生用非织造材料的需求有了明显提高。近年来，熔喷非织造材料代替传统纺织产品并与纺粘非织造材料复合后，应用于医疗卫生用品，是目前熔喷非织造材料最重要的应用领域之一。该材料强度高、手感好，能有效阻碍细菌穿透、不透血但可以透气；能防止交叉感染、减少尘屑和短绒脱落，提供最佳的手术环境；减少护理人员的劳动量，方便储藏、供应和更换；穿戴及使用方便、价格低，目前广泛应用于纱布块、止血塞、口罩布、手术衣、病房床单、枕头、伤口辅料、药物膏药、创可贴、医用胶带、医用绷带和医用抹布等。

金佰利公司已取得许多重要创新，该公司Brock的SMS（纺粘/熔喷/纺粘）专利打开了医疗用布与外科包覆用途的巨大销路。利用熔喷非织造材料和其他材料复合可以制作医疗卫生用品，通常熔喷非织造材料可以和透气、透湿膜复合，通常是将纺粘非织造材料与熔喷非织造材料复合为SMS、SMMS等。纺粘非织造材料主要使复合非织造材料，具有足够的强力，而熔喷非织造材料可防止带有细菌或病毒的血液、污液等侵入人体，其复合制品可以作为一次性或限次使用的防护服、手术衣、防护口罩、病人床单、病室窗帘等。这些产品可以根据需要进行三抗（抗静电、抗紫外线、阻燃）、三防（防血浆、防酒精、防污）、拒水、拒油、耐酸碱等各种特殊后处理。前面已提到熔喷非织造材料在经过驻极化处理后可以增强其屏蔽污液、细菌、病毒的作用，利用其复合材料做成的防护产品可有效保护医护人员，不仅可以防止病人间的交叉感染，也可以防止病人与健康人之间的传染。

熔喷非织造材料对病毒的阻隔与屏蔽作用被广泛认同，这推动了熔喷非织造材料的迅速发展，其在医疗卫生方面的应用被高度重视，随着我国医疗卫生事业的发展，熔喷非织造材料及其复合制品在医疗卫生方面的应用将会得到更进一步的发展。图7-3所示为医疗用熔喷非织造制品。

现今，国外一些企业除了保持熔喷非织造材料在常规应用市场的份额外，更多地把重点放在了一些特殊领域的开发工作。如金佰利公司的Shipp等取得了有关剃度滤料的专利（USP4714647）；Pall公司取得了用于血液过滤的熔喷滤料专利（USP5582907）；JNIL获得了直接把聚合物加工为成品管状滤料的专利（USP5409642）；Akzona取得了使用Exxon熔喷工艺的两项专利（USP4666763与USP4247498），可挤压溶体（solutions）并形成分离血液中白血球的薄膜。

严华荣等通过对抗微生齐聚物的化学修饰，使其产生可与基料发生化学键合的功能团，即将特定功能团化合物以化学键的形式键合到通用树脂的分子链上，赋予聚合物材料自身优异的广谱、高效、速效、持久的抗微生物性能，人体使用安全，具有良好的加工性。并运用一步法生产键合型抗菌防霉纺粘非织造材料，该法采用多级反应挤出技术，在双螺杆挤出机中同时进行，实现抗微生物齐聚物与聚丙烯树脂的分子键合，不仅可简化工艺过程，而且还能抑制大分子降解、交联等副反应，提高键合效率。通过反应挤出法，将具有优良抗微生物性能的特定功能团齐聚物以化学键的形式键合到非织造材料分子链上，从而使材料不是靠溶出物抗菌，而是依靠材料本身具有的高抑菌、杀菌能力来抵御有害微生物，使非

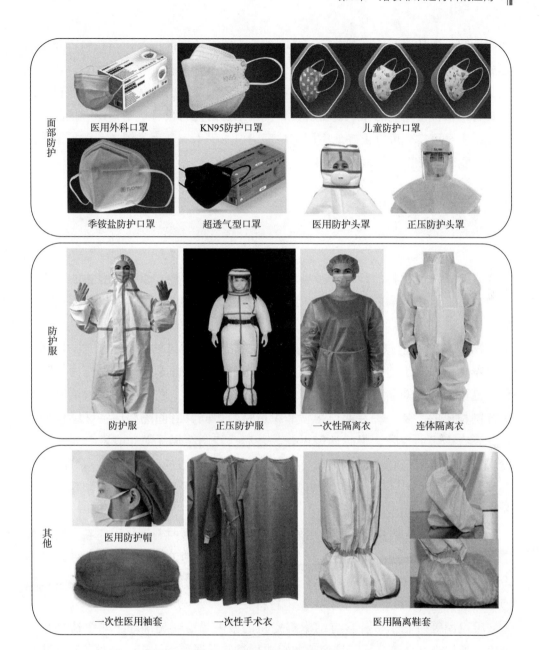

面部防护

医用外科口罩　　　　KN95防护口罩　　　　　儿童防护口罩

季铵盐防护口罩　　　超透气型口罩　　　医用防护头罩　　　正压防护头罩

防护服

防护服　　　　　正压防护服　　　　一次性隔离衣　　　　连体隔离衣

其他

医用防护帽　一次性医用袖套　　　一次性手术衣　　　　医用隔离鞋套

图7-3　医疗用熔喷非织造制品

织造材料自身成为抗微生物的组成部分，具有优良的热稳定性和化学稳定性，使之在加工和使用中不会因分解而失效。用该非织造材料制作医用防护服也可达到良好的抗菌效果。

在专利《一种抗菌无纺布》（CN113355913A）中，复合纳米铂金抗菌母粒和树脂按照一定的混合比例制备成一种有效抗菌成分浓度的抗菌树脂粒料，经熔喷形成冷却丝，再将预先配制的复合纳米铂金抗菌整理液喷洒在冷却丝上，热轧成型，制成抗菌非织造材料。通过对制备工艺进行大量研究，选择合适的原料，制备具有广谱抗菌功能的非织造材料具有抗菌杀菌的能力，且抗菌谱广、抗菌性能持久，安全可靠，可以很好地应用于护理垫巾、手术衣、手术铺巾和防护服等医用品，能满足医院、家庭抗菌的需要。

7.4　保暖材料

熔喷非织造材料的纤维直径细、孔径小、孔隙率高，能够使静止的空气含量增加，是十分优异的保暖材料，且重量轻、透气性能良好，具有非常好的抗风能力。

我国熔喷保暖材料发展很快，很多企业都把熔喷纤维的开发用作这一用途。天津泰达洁净非织造布有限公司率先采用熔喷法制备的非织造材料作为保暖材料，已成为全国知名品牌，受到军队后勤部门的青睐。它实际上是由熔喷非织造纤网构成的，是一种在两层熔喷非织造材料之间具有间隔叠层特殊结构的絮片，具有更多的空隙，保暖性能更好。之后，江阴金凤无纺布有限公司、安徽奥宏无纺布有限公司及北京贝斯特公司等企业都开始进行保暖材料领域的研究和开发工作。由此可见，熔喷非织造保暖材料在国内民用市场有不可限量的发展前景。

除了作为服装絮片起保暖作用外，熔喷非织造保暖材料还可以包卷在输气管道、输液管道或其他需要绝热的贮存器具外表，以作为有效的保温层，使热量或冷量不散失。美国3M公司曾开发了一系列保温产品供各种用途之用，其核心技术即是以熔喷超细纤维非织造材料为基本材料。

康卫民等研制了一种含有纳米陶瓷粉的聚丙烯熔喷超细纤维非织造材料，采用电子扫描显微镜分析了该熔喷非织造材料的纤网形态结构，并对其透气性、透湿性以及远红外功能等进行了测试。结果表明，加入纳米陶瓷粉之后，熔喷非织造纤网结构变得稀疏，其透气、透湿性能都有所提高，当纳米陶瓷粉含量为8%时，聚丙烯熔喷非织造材料的远红外发射率达82%，是一种优良的保暖材料。

焦晓宁等研制了一种含有纳米电气石的聚丙烯熔喷非织造材料，并对不同产地和不同含量电气石的熔喷非织造材料进行了分析，探讨了这种材料的光蓄热性能。实验证明，不同电气石含量对聚丙烯熔喷非织造材料的光蓄热性能有很大影响，当电气石含量在8%左右时，随着电气石含量的增加，熔喷非织造材料的远红外发射率随之增加，但是其光蓄热性能却不成正比关系。

总后勤部军需装备研究所成功开发了一种夹心式复合结构防寒鞋靴用系列保暖材料。其中所用的超微细涤丙熔喷棉（"新雪丽"保暖材料）是该所和3M（中国）有限公司共同定型的。3M（中国）有限公司生产的超微细涤丙熔喷棉是涤纶与丙纶两种组分构成的超微细纤维保暖材料，其中超微细丙纶提供保暖性能，涤纶作为骨架提供抗压性能，满足了寒区03防寒鞋使用中需抗压缩、持久保温的要求。加之其吸水量小于自重的1%，容易干燥，在潮湿环境中保暖性降低很小，纤维之间存在空隙，不会阻碍气体的通过，透气性能也较好。特别是均匀性高、质量稳定、耐高温，能够满足军用防寒鞋靴制鞋工艺的要求，对民用防寒鞋靴也具有推广应用价值。

赵爱景等研制了一种PP/PET混合型熔喷保暖材料，采用电子扫描显微镜分析了该熔喷材料的纤网形态结构，并对其透气性、保暖性以及力学性能等进行了测试。结果表明，加入PET纤维后，材料的纤网空隙增大，其透气性能得到提高，当PET纤维的质量分数为50%时，材料的保温率高达62.47%，强度为6.5N/5cm，是一种优良的保暖材料。

Shi等将PET卷曲短纤维混入PP熔喷非织造材料中，改善了PP熔喷非织造材料易压紧、难恢复的缺点。结果表明，PET卷曲短纤维作为支撑骨架混合在PP熔喷非织造材料中，有效提高了产品的蓬松度、耐压缩性能及保温性能。

杜康将羽绒和聚丙烯非织造材料复合，开发出了新型复合保暖絮片，此保暖絮片提高了聚丙烯熔喷非织造材料的各种服用性能，克服了羽绒作为服装填充材料存在的如钻绒、臃肿、不易裁剪等缺点，与羽绒本身作为保暖材料相比可降低价格。通过多次对复合保暖絮片的保暖性、透湿性、透气性、断裂强力、洗涤性能进行测试，结果表明，聚丙烯熔喷非织造材料的保温率在复合羽绒后提高了15%，达到了设计开发新型复合保暖絮片的预期目标。在其他服用性能方面，也都有不同程度的提高。

赵国通制备了PP/PET双组分熔喷非织造保暖材料，并对此保暖材料进行了保暖性、透湿性、透气性、压缩弹性率、断裂强力等测试。结果表明，PP/PET双组分熔喷非织造保暖材料的单位面积质量随PP用量的增加而增加。在PP含量一定的情况下，PP/PET双组分熔喷非织造保暖材料试样厚度随聚酯含量的减少而降低，同时随着PP相对含量降低，PP/PET双组分熔喷非织造保暖材料试样厚度也呈逐步下降趋势。试样保暖性的克罗值随试样厚度的增加而提高。PET含量对试样透气性的影响显著。PP用量达到一定值时，PP/PET双组分熔喷非织造保暖材料絮片的压缩弹性率由PET用量决定。

陈思等对比研究了10种规格PP/PET熔喷非织造材料的厚度及单位面积质量分别对其透气性和保暖性的影响，并分析了透气性与保暖性之间的关系。结果表明，一定范围内，非织造材料的厚度和单位面积质量减小，有利于材料透气，但保暖效果减弱；非织造材料的透气性越好，保暖性越差；PP/PET复合型熔喷非织造材料是一种很好的保暖材料。

仇何等介绍了PLA/PAE双组分熔喷非织造材料的制备研制过程，并对所制的PLA/PAE仿鹅绒高效保暖材料进行SEM表征，对细度、接触角以及保温透气性能等进行了测试分析。结果表明，当PAE质量分数约为10%时，可以很好地分布于聚合物PLA中，采用此配比制备的双组分熔喷非织造保暖材料，纤维直径小、孔径小、孔隙率高、表面活性能大，该结构有利于产生明显的毛细效应，并减少纤维表面和内部空气的渗透，极大地提高了保暖材料的吸湿透气性能和保温效果，其手感柔软度也得到非常好的改善。研究团队还考察了纳米电气石/PP复合熔喷非织造材料的远红外发射性能。结果表明，加入纳米电气石之后，产品的远红外发射率大幅提升，改善了产品的蓄热和保温性能。

汪阳等采用PP熔喷非织造材料代替传统棉布，作为羊毛纤维的包覆材料，制得不同充毛量的羊毛絮片，并与传统棉布包覆的羊毛絮片进行性能比较，包括透气透湿性、保温性、防钻毛性等。结果表明，熔喷非织造材料包覆的羊毛絮片与传统絮片相比，其透气性略有降低，透湿性相近，保温性与钻绒性均有很大幅度的提高。

陈影等通过改变接收距离、热空气速度及添加侧吹风装置，制备了不同的熔喷保暖材料并测试其性能，同时研究了制备条件的改变与熔喷材料保暖性能的关系。结果表明，随着接收距离和热空气速度的增大，材料的保暖性均有所改善；加入侧吹风装置后，材料的克重、厚度增大，透气性减小，保暖性变好。

高娟以聚乙烯醇为原料，利用不良溶剂诱导相分离法制备亚稳态溶液体系，再将非织造材料浸渍到该体系中，通过静置、置换和干燥制备出多孔聚乙烯醇/聚丙烯熔喷非织造复合保暖材料。

顾闻彦等以针刺保暖材料和熔喷材料作为单层材料，设计了16种具有不同组成、不同结构的多层非织造材料，分析了多层服用保暖材料的材料组成、结构等与保暖性和透气性的关系。研究发现：单层材料种类的差异性越大，越有助于多层材料表现出稳定的保暖性能；密松松密结构的多层材料兼具高保暖性和良好的透气性；面密度在1000~1600g/m²之间的多层材料保暖效率不高，但其透气性能类似于单层熔喷材料。

7.5　吸油材料

7.5.1　吸油材料的研究现状

我国是石油消费大国，消费量占世界第二位，随着海上运输业的迅速发展，油轮发生溢油事故和轮船含油污水排放经常发生，海洋溢油事件的发生不仅会造成巨大的资源浪费，还会使生态系统遭到严重破坏。因此，如何采取经济高效的措施清除和回收溢油，已成为当前的热门话题。利用吸油材料表面、间隙和空腔的毛细作用或分子间形成的三维网络收集溢油，将液态的溢油转化为半固态，使漏油得到有效回收和再利用，此方法除油效率高，应用范围广，不会造成污染，更不会产生危害人体的物质，是溢油处理中普遍采用的方法。理想的吸油材料要求高亲油—疏水性、高吸收速率、高孔隙率、高比表面积、重复使用性能、良好的浮力性能、低成本等特点。传统的吸油材料，如天然吸油材料（包括活性炭、羊毛纤维、沸石、秸秆等）存在吸油能力差、油水选择性差等缺陷，已不能满足人们和环境的需求。而熔喷吸油材料在结构上具有独特的蓬松三维空间立体结构，纤维随机分布，细度存在差异，直径小（最细可达200nm），丰富的小孔隙增大了孔隙率和比表面积，这些特点赋予熔喷非织造材料较强的吸附能力和较大的储油空间，保油性能得到提高，同时操作工艺简便，材料使用后经处理，油品和材料本身都可回收再利用，已成为海洋吸油材料研究的热点。

熔喷非织造材料由于具有质量轻、无毒、亲油疏水、耐酸碱、不易变质的优良特性，因此被广泛用作吸油材料而备受关注。用熔喷工艺制成的熔喷吸油材料具有超细纤维的柔韧性、拒水性、高比表面积、强吸附性、优异的过滤性能和强毛细作用等优异性能。熔喷非织造材料通过两种机制吸收油：①通过聚合物分子链的亲油基团和油分子之间的范德华力将油吸附在纤维表面；②由于纤维的三维网络结构，在空隙之间的毛细作用下包裹油。

目前，熔喷吸油材料常用的原料有聚丙烯、聚乳酸、聚苯硫醚等聚合物，其中聚丙烯是使用最多的一种高分子材料。许多学者对这三种熔喷吸油材料做了研究，如凌昊等发现聚丙烯熔喷吸油材料更适合对低凝点、高黏度、高密度原油的吸收处理，但是存在使用后不可降解的问题。因此为了开发吸油性能好且环保的吸油材料，黄婷婷开发出聚乳酸（PLA）熔喷超细纤维吸油材料，发现其饱和吸油倍率是聚丙烯熔喷吸油材料的3~4倍，吸油速率更快，但由于结构蓬松，若在吸油后受到挤压，会有多余的油从孔隙中泄露，其保油率不及聚丙烯熔喷吸油材料。随着聚苯硫醚树脂和纤维的生产在国内初具规模，为了进一步探索用于熔喷吸油材料的新原料，提升吸油性能，熊思维制备了PPS熔喷超细纤维，发现其对食用油、原油、机油、柴油的饱和吸附量分别为45g/g、38g/g、39g/g、30g/g，是聚丙烯熔喷吸油材料的2~4倍，吸油速率高，对四种油的持油率都在80%以上，且在多次重复使用后，对油的吸附量仍高于聚丙烯非织造材料的吸附量。

这些纤维型吸油材料在吸油方面主要是利用超细纤维表面和纤维间空隙的毛细管作用来对溢油进行吸附，其本身具有很高的孔隙率和比表面积等优点。但作为环境吸附材料时，往往具有一定的局限性，因为在纤维表面缺乏具有功能性的化学基团，表面结构的单一性使其几乎没有特异性，从而无法产生功能性吸附，吸油倍率和保油率都不理想，不能满足需求。而改性可以赋予聚合物新的结构与性能，可以通过一系列化学作用引进特定的功能性基团，通过结构设计，结合空间结构的高比表面积，可以实现对不同污染物的特异性吸附作用。由于熔喷吸油材料具有很好的应用前景，为了改进熔喷吸油材料，许多学者做了很多研究，主要是对熔喷吸油材料进行改性，使其更能满足使用需求。

7.5.2 共混改性

共混改性是将两种或两种以上的高聚物混合在一起，或通过在纺丝原液中添加某些改性剂，从而使纺成的纤维具有多种材料共同特性的一种纤维改性方法。共混的方式有：不同熔融指数的相同聚合物共混、不同聚合物共混、聚合物和吸油树脂共混。

7.5.2.1 不同熔融指数的相同聚合物共混

为了研究不同熔融指数的相同聚合物的共混对吸油性能的影响。许庆燕在制备PP熔喷非织造材料时，发现聚合物熔融指数越高，熔体的流动速率越高，熔体的黏度越低，越容易快速拉伸成超细纤维。因此学者们通过增加熔体的流动速率，使聚合物的黏度降低，从而降低纤维的直径。Meng制备了不同熔体流动速率的共混聚丙烯纤维和一定熔体流动速率的未共混聚丙烯纤维。实验表明，共混聚丙烯纤维对菜籽油的最大吸油量为94.05g/g，远高于未共混聚丙烯纤维的吸油量。且共混的聚丙烯纤维表现出优异的重复使用性，五次循环使用后的吸附值为18.36g/g。由此可知，以不同熔体流动速率共混的聚丙烯纤维比未共混聚丙烯纤维具有更高的吸油能力和优异的重复使用性能。

7.5.2.2　不同聚合物共混

为了研究不同材料的共混对吸油性能的影响，何宏升制备了PP和5%PS/95%（质量分数）PP两种熔喷非织造吸油材料，结果表明，共混的PS/PP熔喷非织造吸油材料的吸油倍率为15.8%，5min内即可达到吸收饱和，保油率为72.6%，而PP熔喷吸油材料的吸油倍率为10%，保油率为56.1%。表明经过共混的熔喷非织造吸油材料吸油性能得到了明显提升，主要是因为这两种聚合物具有高倍差的熔融指数，在熔喷加工过程中出现了流动性差异而形成微相界面分离，降低了纤维的密度和结晶度，且无定形区的大分子有助于油分子向纤维体渗透，提升吸油速率，从而提升纤维的吸油性能。

研究者还想使用不同聚合物的共混调控结构，探索结构对吸油性能的影响。孟晓华使用熔喷纺丝技术将TPU和TPFE分别与热塑性高聚物PP共混，制备了螺旋形貌良好的PP/TPU和PP/TPFE熔喷螺旋纤维。将一种弹性高聚物和一种热塑性高聚物共混纺丝，在纺丝成型过程中，两种不同组分的高聚物相互混合，由于各组分不同的分子结构和微观形态会产生不同的收缩量，在纤维截面上产生强烈的纵向应力，使纤维发生偏离其纵轴的扭转，进而形成螺旋结构的卷曲。结果显示，PP熔喷吸油材料对菜籽油的吸油倍率为52%，经过共混制得的PP/TPU和PP/TPFE螺旋纤维吸油材料的吸油倍率分别为57%和45%，其接触角也增大了，具有很好的重复使用性能。与传统非织造纤维（直径约20μm）相比，具有螺旋结构的微纳米纤维材料不仅具有较小的纤维直径和纤维膜孔径，而且具有较高的孔隙率和较好的弹性。螺旋结构的引入，为其提供了大量的空腔，大幅度提高了纤维的比表面积，这对提高纤维集合体的吸油量和重复使用性能具有重要作用。

使用双组分纺丝法将两种聚合物通过特殊设计的纺丝喷头制成不同细度的纤维，从而得到皮芯型、海岛型等结构纤维。孟丽平制备了皮/芯复合结构熔喷非织造材料，皮层由较薄的致密非织造材料构成、内部芯层为多层疏松的PP/PEI混合熔喷非织造材料。皮层材料具有较高的亲油疏水作用，可将油分子导入吸油毡内芯，而水分子很难通过；芯层材料具有高吸油倍率，可吸附自重10～15倍的油品。由于致密的皮层材料，油品不会重新泄露，这种皮芯结构不仅使熔喷非织造材料具育较高的吸油倍率，又可降低材料的吸水率，提升保油率。

7.5.2.3 聚合物和吸油树脂共混

高吸油树脂具有三维交联网状结构，内部形成微孔，以溶胀和范德华力的方式吸油，具有吸油种类多、吸油能力强、受压时不漏油、容易储存、容易运输、回收方便等特点。高吸油树脂虽然有很好的吸油性能，但是通常为颗粒状，在实际的溢油处理工作中很难回收。而熔喷吸油材料有较好的吸油性能，力学性能比高吸油树脂好，因此有学者提出，将高吸油树脂和聚丙烯熔喷非织造材料相结合，在吸油材料基体大分子内部构建树脂交联结构来提高材料的持油性能，制备复合吸油材料。陈健以共聚甲基丙烯酸酯/聚丙烯质量配比为0/100、5/95、10/90、20/80的功能母粒为原料，制备了复合熔喷非织造材料。结果表明，加入共聚甲基丙烯酸酯后，非织造材料的持油率和力学性能均有所提高。当共聚甲基丙烯酸酯的添加量为5%（质量分数）时，复合熔喷非织造材料对甲苯、二甲苯和三氯乙烯的吸油倍率都有明显提高，但对柴油的吸油倍率明显下降。Li等将高吸油树脂和PP进行复合造粒，并采用熔喷工艺成功制备出复合吸油材料，结果表明，当高吸油树脂质量分数为5%时，吸油材料整体性能最佳，吸油倍率为11.5%，吸水率为6.6%，保油率为96.3%。赵健采用熔喷法制备聚丙烯/聚甲基丙烯酸酯非织造材料，所得非织造材料的吸油量随聚甲基丙烯酸酯含量的增加而增加，聚丙烯/聚甲基丙烯酸酯（质量比8/2）熔喷非织造材料对10%原油的吸油量较聚丙烯熔喷非织造材料提高了16.5%。所得的非织造材料具有疏水超亲油的特点，可快速吸附和处理水面浮油，经多次吸附脱附循环后，其吸油量不会发生衰减。

通过以上研究发现，不同熔融指数的相同聚合物共混、不同聚合物共混、聚合物和吸油树脂共混，这三种共混方式均能在不同程度上提升熔喷非织造材料的吸油性能，主要原因是通过共混，纤维的直径有差异，纤维的结构改变导致孔隙率增大，比表面积增大，保证了材料的快吸油速率和储油空间，因此吸油性能得到提升。

7.5.3 接枝共聚改性

除了共混改性外，还可以用接枝共聚的方法改性。其原理是将极性亲油基团引入聚合物分子链中，以提高聚合物的吸附性和保油性。若通过接枝聚合的途径在材料表面引入亲油基，可获得高吸附性能的吸油材料。接枝方法可分为化学接枝、等离子接枝、辐射接枝。

7.5.3.1 化学接枝

化学接枝改性是将助剂、添加剂混入纤维高聚物，在一定条件下与接枝大分子或单体发生化学反应，从而实现接枝改性。化学接枝法制备工艺复杂，且反应的进行会受容器有效容积的严重影响，产业化生产困难，这极大地限制了化学接枝法的适用范围。

石艳锦等采用化学接枝方法，以熔喷聚丙烯非织造材料（MBPP）为基材，甲基丙烯酸丁酯（BMA）为单体，制备出甲基丙烯酸丁酯接枝改性熔喷聚丙烯非织造材料（BMA-g-MBPP），发现其对甲苯的饱和吸油倍率为14.59%，保油率为13.1%，各种性能均得到提高。王丹选用极性较大的甲基丙烯酸十二酯（LMA），采用化学接枝法制备LMA-g-MBPP吸油材料，接枝后的材料重复使用性能和强力均有所提高，最大接枝率为11.6%，对原油的最大饱和吸油倍率为12.0%，最大保油率为9.3%。

由于氧化石墨烯（GO）具有亲水疏油的性能，而还原氧化石墨烯是亲油疏水的，李娜以甲基丙烯酸丁酯（BMA）为单体，对GO进行功能化，并将功能化的氧化石墨烯接枝到熔喷聚丙烯非织造材料（MBPP）的表面，然后将氧化石墨烯还原，制得石墨烯改性熔喷聚丙烯非织造材料（RGO-MBPP）。结果表明，MBPP的饱和吸油倍率为29.65%，在一定条件下，RGO-MBPP的饱和吸油倍率可达34.66%，重复使用4次后，吸油倍率为31.72%，仍有良好的吸油性能。

以上三位学者的研究都是将甲基丙烯酸酯类作为单体接枝到熔喷聚丙烯（MBPP）基体上，通过SEM图（图7-4）可以观察到接枝后的纤维表面出现了凹凸现象，表面变得粗糙，其吸油倍率得到了明显提升。测试表明，断裂强力及断裂伸长率也有明显提高。

熔喷聚丙烯基体具有优良的化学稳定性，但其表面非极性强，而且缺少功能性位点，经过辐照接枝引入功能性单体之后，材料的极性和对特定物质的亲和力增强。引入的两种单体：一种是功能反应单体，另一种是非功能性反应单体（如苯乙烯），这种单体具有较低的反应活性，不易发生均聚。如陈莉采用化学接枝法将苯乙烯接枝到MBPP上，在相同的吸附条件下，MBPP对柴油的吸油倍率为5.03%，保油率为68.08%，改性之后吸油倍率为14.91%，保油率为91.31%。因此在化学接枝中，要先确定好工艺条件，保证在适量的单体、引发剂浓度和反应时间下，能够得到较大的接枝率。因为较大的接枝率可以确保吸油材料具有更大的吸油倍率及更好的保油性能。

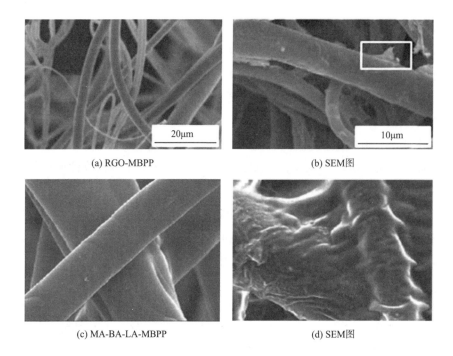

(a) RGO-MBPP   (b) SEM图

(c) MA-BA-LA-MBPP   (d) SEM图

图7-4　接枝MBPP的SEM图

7.5.3.2　等离子体接枝

等离子体接枝法首先需要对高分子材料基体表面进行等离子体处理，使材料表面被等离子体活化，然后再利用高分子材料表面产生的活性自由基引发诱导单体在基体表面发生接枝反应。等离子体接枝法的主要反应机理是将高分子材料表面的化学键打断并引发氧化、交联等离子体化学反应，促使具有特定性能的单体在高分子材料表面接枝聚合，使其具有接枝单体相应的功能。

Guo等为了改善PP熔喷吸油材料的吸附性能，使用低温等离子体对其进行改性处理，并通过在PP分子链上接枝亲油性甲基丙烯酸丁酯（BMA），成功制备出新型吸油材料PP-G-BMA，在最佳工艺条件下，接枝率为7.2%，饱和吸油倍率为13.8%，保油率为12.2%。

郭艳玲等以聚丙烯材料为基材，利用低温等离子改性技术使织物表面产生活性自由基，然后利用液相接枝法，以甲基丙烯酸丁酯为单体，在聚丙烯分子链上引入亲油性酯基，制备出PP-g-BMA吸油材料。通过单因素试验发现，随着等离子改性时间的延长，接枝率逐渐提高；随着放电功率的增加，接枝率提高，在功率40W时，接枝率最大，随着功率的进一步增大，接枝率显著下降。接枝率随气压的增大而逐渐提高，当达到一定的压强时，开始缓慢下降。液相接枝反应中，随单体质量分数的增加，接枝率呈先升高后缓慢下降的趋势。从而确定了等离子体处理PP材料的最佳工艺。

等离子体接枝法具有普遍适应性，可处理形状、结构复杂的高分子材料，对所处理的高分子材料基体也无严格要求，而且高分子材料基体的表面接枝均匀性好。此外，等离子体接枝法可以在较低的反应环境温度下进行，并且对高分子材料表面作用的最大值仅为几百纳米，因此高分子材料基体性能不受影响。但是，等离子体接枝需要真空设备，在实际使用过程中并不适合大规模操作。

7.5.3.3　辐照接枝

辐照接枝最常用的方法是紫外线接枝，利用紫外线辐照方法将亲油基接枝到熔喷吸油材料上，李绍宁等采用紫外线引发的方法接枝聚丙烯酸丁酯，制备了高吸油树脂，丙烯酸丁酯接枝纤维的接枝率为15.5%时，对柴油的吸油倍率最高，可达18.3%。李绍宁等使用紫外辐照诱导的方法，将丙烯酸（AA）、甲基丙烯酸甲酯（MMA）单体接枝到MBPP上，接枝率为18.73%时对原油的吸油倍率为22.17%。于洪健也采用两步法紫外线法将丙烯酸甲酯（MA）、丙烯酸丁酯（BA）以及丙烯酸十二酯（LA）成功地接枝到聚丙烯非织造材料上，增加其吸油性能。接枝改性后的非织造材料对原油的饱和吸油倍率和保油率分别为27.20%、24.08%。由于多单体的引入，非织造材料的断裂强力及断裂伸长率均有所增加。裴玉起等使用紫外辐射诱导接枝技术，将丙烯酸丁酯（BA）单体接枝到聚丙烯（PP）熔喷非织造材料基布表面，制备出新型吸油材料PP-g-BA，当接枝率为11.42%时，改性聚丙烯非织造材料的吸油倍率达到最大值12.55%，其具有吸附速度快、吸油倍率高、重复使用性能好、生产方法简单、成本低等多种优点。为了提高聚丙烯熔喷非织造材料的保油性，周翔宇采用紫外辐照法将丙烯酸十二酯（LA）和二甲基丙烯酸乙二醇酯（EGDMA，交联剂）接枝到聚丙烯吸油毡上，构建了高分子单向扩散层（PP-g-LA-co-EGDMA吸油毡），改性后水接触角明显提高，与PP非织造材料的吸油性相比，其对各种油类的吸油倍率有明显提升，解决了常规纤维型吸油材料吸附量低、保油性能差的问题。当发生饱和吸附时，交联层溶胀不仅能增加吸油容量，而且交联层内部的三维网状结构能够有效阻止污染物渗出，增强保油性能。同时，构建的交联层可以支撑内部的纤维结构，阻止基体内部的结构塌陷，增强重复使用性能。辛卓含提出大多数的熔喷吸油材料都只是去除厚的油层，虽然熔喷吸油材料本身是疏水亲油的，但是在水表面的厚度小于1mm的薄油层就难以靠近吸油材料，因此针对这个问题，在PP非织造材料表面接枝丙烯酸辛酯（OAC），会对四种油类的吸附量显著增加。

王丹以熔喷聚丙烯非织造材料为基材，通过紫外辐射的方法，将甲基丙烯酸丁酯（BMA）、甲基丙烯酸十二酯（LMA）两种单体接枝到非织造材料上，制备了吸附性能更好的吸油材料。接枝改性后的非织造材料对原油的饱和吸油倍率及保油率都有明显提高，对原油的最大饱和吸油倍率为18.16%，最大保油率为16.20%。其断裂强力和拒水接触角也得到了改善。

不同接枝方法的熔喷非织造材料的吸油性能见表7-2。

表7-2　不同接枝方法的熔喷非织造材料的吸油性能

接枝方法	接枝单体	油品	吸油倍率/（%）	保油率/（%）	接枝率/%
低温等离子体接枝	BMA	甲苯	13.8	12..2	7.2
化学接枝	BMA	三氯乙烯	11	8.8	13.8
	LMA	甲苯	12	9.3	11.6
	BMA	甲苯	14.5	—	15.8
	RGO	大豆油	34.66	—	—
紫外辐照接枝	BA	柴油	18.3	—	15.5
	LA	柴油	21.28	—	20.55
	AA MMA	原油	22.17	—	18.73
	BA	柴油	12.55	—	11.42
	BMA、LMA	原油	18.16	16.2	20.26
	BA、MA	原油	17.2	13.7	16.2
	MA、BA、LA	原油	27.20	24.08	26.65

为了提高熔喷非织造材料的吸油性能，在三种接枝方法中都是将亲油基团接枝到聚合物表面，性能虽然也会有提升，但是在反应中不可避免地会产生单体之间自聚的均聚反应，从而导致接枝率下降，降低吸油材料的吸油性能，影响熔喷吸油材料的重复使用性能。因此应该探讨如何阻止单体之间发生均聚现象，实际上人们通常采取在接枝工程中添加阻聚剂，但是这种方法很难消除均聚现象，只能是抑制。此外，通过两步法接枝也可以抑制均聚现象，采用化学接枝的改性过程往往需要在较高温度下进行，故对蛋白纤维进行改性存在一定的局限性。

不同接枝方法的优缺点见表7-3。

表7-3　不同接枝方法的优缺点

接枝方法	优点	缺点
化学接枝	条件简单可控，实施容易	反应速度慢
等离子体接枝	反应速度快	反应条件苛刻，一次性处理面积有限
紫外辐照接枝	反应在材料的表面进行，设备要求低，可连续化操作	反应活性和均匀度差别大

7.5.4　表面处理改性

表面处理改性是一种对纤维表面进行涂层、氧化、刻蚀、减量等处理的改性方式。表面处理改性在高性能纤维材料改性中的应用最为广泛。如今也出现了许多对纤维表面改性的新方法，如低温等离子体技术，是利用等离子体技术可以对纤维表面进行刻蚀、交联、接枝等改性，而等离子体处理仅增加极性、亲水性和聚合物表面的电荷，以利于黏附、可染及等离子体诱导聚合物沉积，而单体气体被直接引用等离子体进行聚合。等离子体表面处理是用等离子体刻蚀聚合物表面，增加粗糙度的同时引入极性基团，从而实现亲水化改性。但这些官能团是不稳定的，随着时间的推移，极性官能团会逐渐减少，亲水性能下降。陈宁等对熔喷聚乳酸非织造材料的低温等离子体处理方法进行了研究测试。发现低温等离子体处理方法可以加速聚乳酸材料的自然降解，产品的残留量会随着等离子体处理时间的增长而减少，分解速率得到提高，是一种可发展的材料处理方法。

作为一种操作简易且低成本的技术，刻蚀法常用来构造超疏水表面的粗糙结构。根据制备过程中是否使用溶液，刻蚀法又可以进一步分为干刻蚀和湿刻蚀。通常，一些简单的设备能用湿刻蚀，但很难控制好表面形态，特别是对于微型材料。相反，由于没有溶液残留，干刻蚀能够很好地控制表面形态，但需要更为复杂和昂贵的设备。一些工程金属与合金可以通过溶液刻蚀实现粗糙化。

刻蚀法是制备超疏水表面粗糙结构的重要方法之一，一般采用化学或物理方法将聚合物表面刻蚀成粗糙形貌，主要包括化学刻蚀、激光刻蚀、等离子体刻蚀等。Zhang用熔喷法制备了PP/PET微纳米海岛纤维，然后用氢氧化钠刻蚀PET纤维表面，制备了具有线谷状表面纹理的聚丙烯/聚酯复合织物，由于表面粗糙度的提高，使接触角变大，孔隙率增加，吸油倍率也增加了。骆霁月以稀盐酸为刻蚀溶液，对碳酸钙/聚丙烯共混改性纤维进行刻蚀处理得到的改性纤维，对柴油的吸油倍率达到26.5%，保油率为61%，对甲苯的吸油倍率达到23.5%，保油率为67%。并且发现，刻蚀液的浓度对吸油性能有很大影响，浓度越大，纤维表面越粗糙，纤维的比表面积越大，因此提高了纤维的吸油效率，但是当浓度达到某一个值时，吸油倍率开始不变，保油率开始下降。另外，刻蚀对纤维的断裂强度也有一定影响，刻蚀后纤维的断裂强度明显低于刻蚀前，因此，在刻蚀改性中要注意刻蚀液的浓度值，以期达到最好的吸油性能和力学性能。

7.5.5 熔喷非织造吸油材料的发展趋势

熔喷非织造吸油材料具有高比表面积、高孔隙率等优点，在吸油领域有很大的应用价值。吸油材料随着工业水平的不断提高，油类污染的日益严重，吸油材料的主要发展趋势如下。

7.5.5.1 原料创新

目前来看，在大部分学者做的研究中，聚丙烯仍是主流原料，因此在未来的开发中应该注重原料的创新。目前的接枝改性是基于将单体接枝到熔喷非织造材料上，单体比较单一，因此可以尝试进行改变基体，改变接枝单体，进行原料创新。

7.5.5.2 工艺优化

现在的改性方法都有优缺点，如共混改性的熔喷非织造材料还是不可避免地会出现吸油又吸水的情况，接枝改性也会面临化学反应时间长等问题，因此需要对改性工艺进行优化，以便制备性能优良的吸油材料。

7.5.5.3 趋于环保

熔喷非织造吸油材料尽管有着诸多优良的性能，但却很难重复利用。目前，吸油材料使用后的处理方式大多为填埋，少量被直接焚烧，这既严重污染了环境，又使泄漏油品的回收成本大大增加。故开发可重复利用、可生物降解的熔喷非织造吸油材料，且使吸油材料的使用价值最大化，将是熔喷非织造吸油材料未来不断追求和完善的目标。

7.5.5.4 工业化需求

学者们进行的研究都是在实验室进行的，产品表现出良好的吸油性能，但能否应用在工业上还是一个问题。大部分吸油性能的测试都是在理想状态下的单一油种中进行的。由于实际应用情况要复杂得多，因此在使用过程中很难达到预期的效果，如果要满足工业化需求，就要考虑实际的使用环境，还需要有稳定的物理化学性质，以便消除环境对所制备材料的负面影响，从而使产品达到最佳的应用状态。

7.6 吸声材料

熔喷气体过滤材料具有较大的比表面积和较高的孔隙率（≥75%），可以吸纳声波，阻止声波利用其他介质向空间扩散，能够达到较高的除音、静音效果，在汽车、飞机、油轮机、室内装饰中得到广泛应用。如汽车内电脑盒、高级音响外层等都需要采用熔喷非织造材料层来隔离，而且这方面的应用刚刚开始，有很大的发展空间。

噪声是人类产生的第三大污染。为有效屏蔽或隔绝噪声的扩散，宽频带强吸声的隔音材料成为研究的热点。对已产生的噪声实施降噪主要有两种方式：一是隔声，二是吸声。隔声更多地强调反射，但这将造成二次或多次污染，而且由于材料属于高密度材料，成本较高。吸声主要是利用声波能量的耗散手段，降低环境中的噪声。

多孔吸声隔音材料是目前应用最广泛的吸声降噪材料。多孔材料的结构特征是材料内部具有大量的细小孔隙，孔隙与孔隙之间是相互连通的，不仅深入材料内部，而且具有一定的透气性能。当声波入射到多孔材料时，一部分反射到材料外部，另一部分则向材料内部传播。在传播过程中，声能衰减的主要原因是声波引起小孔或材料纤维之间孔隙中的空气运动，使孔内空气和孔壁摩擦，因摩擦和黏滞力的作用，使一部分声能转化为热能，从而耗散一部分声能；其次是空气与孔壁或纤维之间的热传递所引起的热损失，也会使声能发生衰减。由于高频声波可以促使孔隙间空气质点振动速度加快，空气与孔壁的热交换也加快，因此多孔材料具有良好的高频吸声性能。

熔喷非织造材料是由纤维集合体组成的典型多孔降噪材料，具有多孔的疏松结构和较多的界面，且有一定的阻尼特性，集吸声与隔声为一体，可以使声波通过空气的低通滤波器作用和以内耗等形式有不同程度的衰减。且其原料来源广泛、成本低、品种多、工艺变化多、应用领域广泛，因其超细的纤维及多孔结构、工艺流程短、可回收、形态及吸声稳定性好等特点，近年来逐渐为人们所关注。

近年来，合成纤维中的聚丙烯纤维、聚酯纤维、聚酰胺纤维等也用于降噪材料的制造，应用合成纤维代替传统吸声纤维是吸声材料的一个发展方向。这类纤维具有强度高、吸声、防腐、绝缘等优良性能，且加工成本低，应用更广泛。研究指出，聚酯纤维在频率范围内的吸声系数较高，是较好的吸声材料。有人研究出一种以芳纶与涤纶为原料的吸声隔音非织造材料来替代常规材料，经对比，其在超过的频率上比玻璃丝非织造材料的吸声性能要优异得多。

7.6.1 熔喷非织造吸声材料制备技术

7.6.1.1 双组分熔喷技术

双组分熔喷技术是将两种不同的高分子聚合物利用两台独立的挤出机和一个特定的喷丝孔来制备双组分熔喷材料。在成型过程中，以分裂纤维的方式得到更细的纤维。目前，美国希尔斯公司和诺信公司的双组分熔喷设备和技术处于世界领先水平，2007年，天津泰达公司引进了一条双组分熔喷生产线，可生产PP/PET、PA/PP双组分纤维，纤维直径最细可达0.7μm。

7.6.1.2 插层式双组分熔喷复合技术

镇垒制备出一种PP/PET插层式双组分吸声材料，他通过熔喷法得到超细PP短纤维，然后通过冷空气将开松后的卷曲PET中空短纤维吹入超细PP短纤维中进行混合、成网，并靠自身黏结加固获得熔喷非织造材料。这种方法利用高卷曲PET中空短纤维的刚性和粗细纤维互相补偿的方式改善了材料的孔隙结构，解决了PP熔喷非织造材料耐压性和弹性回复性差及孔隙结构易发生变化的问题，大幅提高了材料的吸声性能。

7.6.1.3 熔喷纺粘复合技术

熔喷纺粘复合技术是将纺粘法和熔喷法相结合，利用互补原则，使产品具有强度高、耐磨性好等特点。王双闪等对三明治结构吸声体的吸声性能进行了研究，吸声体分为三层：上层为纺粘层，结构紧密；芯层是卷曲涤纶短纤维，排列松散；下层为熔喷层，纤维散乱分布，其主要应用于板材。这种复合方法的优点是：三明治结构板材刚度大，抗冲击性能优良，产品的隔热、降噪性能优于其他材料。缺点是：这种板材质量大，材质很坚硬，不宜进行柔性加工，从而限制了它的应用范围。

7.6.1.4 熔喷纳米技术

据了解，美国希尔斯公司在原有的双组分技术基础上，以均聚物为原料开发了纳米级纤网，单丝平均直径小于250nm。NTI公司利用直径为63.5μm的喷丝孔制备纳米纤维，因它比一般喷丝孔细得多，所以能纺制直径约为500nm的熔喷纤维，单纤直径最细可达200nm。纳米材料中纤维的尺寸达到了纳米级别，且纤维之间形成了纳米级微孔，当声波进入材料内部时，可被纳米纤维网形成的薄层高效转化成热能，从而赋予材料优异的吸声性能。

7.6.2　影响非织造材料吸声性能的因素

7.6.2.1　空气流阻的影响

在一定条件下，吸声性能随着流阻的增大而增强，当流阻增至一定值，吸声效果最好，继续增加流阻，吸声性能减弱。这是因为：流阻过大，材料密实，空气较难通过多孔材料，因而材料对声波的吸收效果减弱；流阻过小，材料稀疏，声能因摩擦力、黏滞力减小而损耗降低，吸声效果减弱。

7.6.2.2　厚度的影响

栾巧丽等研究了羊毛非织造材料的吸声性能，并对厚度与吸声性能的关系做了全面研究。研究表明，在一定条件下，厚度增加，材料对中低频声波的吸收效果增强，因为厚度的增加使材料内部孔隙甬道增长，声波进入时受到曲折通道的阻碍增多，声能损耗就越多。但厚度增加对高频吸声性能几乎没有影响。

7.6.2.3　面密度的影响

丁先锋采用插层式分散复合技术制备了PET/PP复合材料，作者对面密度和吸声性能的关系做了全面研究。结果表明，在一定前提下，样品面密度的增加使单位体积内的纤维根数增加，缩小了纤维间的距离，孔隙率增大，从而使吸声效果增强。Lee研究发现，在材料中添加超细纤维可以增加材料的面密度，使声波与材料的作用时间增长，损耗更多的声能，从而使材料的吸声性能增强。2012年，Young研究了面密度对多层纳米纤维网吸声性能的影响，研究表明，纳米纤维网面密度增加，材料的吸音效果增强。

7.6.2.4　纤维细度的影响

臧传锋等探讨了纤维细度与针刺涤纶材料吸声性能的关系，研究表明，在一定条件下，纤维越细，纤维的根数越多，纤维之间的距离越小，孔隙率增加，声波与纤维的作用更充分，因此声能损耗增加，材料的吸声效果更好。

7.6.2.5　孔隙率的影响

非织造材料的孔隙率对材料吸声性能的影响较为复杂，因为它与材料的密度、厚度、流阻等有关。研究表明，在一定条件下，孔隙率增大，声波易发生漫反射或折射，薄壁振动加强，声能损耗增加，其中由孔隙引起的摩擦和空气黏滞损耗占主导地位，所以材料的吸声性能增强。但当材料的孔隙率增加至一定值后，随着材料的孔隙率增加，声能损失减小，这是因为孔隙率过大，使材料过于稀疏，声波进入后易发生透射，而使空气黏滞损耗降低，材料的吸声性能减弱。

7.6.2.6 异形截面的影响

Kino等以中空、圆形以及三角形截面的涤纶材料为对象，对异形截面与吸声性能的关系做了全面研究，研究表明，吸声性能最好的是三角形截面材料。因为异形截面比表面积较大，纤维之间的间隙较小，孔隙率较大，声波与材料之间的摩擦更充分，能将更多的声波转化为热能消耗掉。其次，不规则的异形截面形状使孔隙的形态多样化，从而增加了声波的漫反射，使声波在材料内部与纤维的作用时间增加，更多的声能被损耗掉，从而提高了材料的吸声性能。

7.6.3 熔喷非织造吸声材料的发展现状

1995年，美国3M公司通过熔喷复合工艺制备了Thinsulate系列车用吸声材料，其是在PP熔喷纺丝过程中吹入PET短纤，所得产品的吸音系数高于同质量毛毡的20%以上，此产品在高频下的吸声性能很好。2009年，齐烨等对美国3M公司的熔喷工艺进行了改进，提高了产品的流阻和孔隙率，所制备的汽车吸声材料的吸声系数大于0.2。

2004年，Schmidft等利用纺粘法和热风穿透加固法制备了高蓬松双组分PP/PE复合材料，并将其分别与SMS和聚乙烯薄膜复合，并测试其吸声系数，研究表明，与SMS复合的材料吸声性能更优异。2007年，捷克Elmarco公司联合奥地利Oerlikon Neumag公司开发出纳米/非织造复合材料——AcousticWeb，由于所含静电纺纳米纤维的比表面积非常大，AcousticWeb产品的吸声性能较普通非织造材料大幅提高，在宽频段范围内吸声性能较好，1000Hz以下的吸声性能尤为优异。2010年，天津泰达公司将PBT纤维与PET熔喷纤维混合、成网，靠自身黏合加固制备出PET/PBT双组分吸声材料，在1000~5000Hz频段的吸声系数高达0.52~0.98。2012年，丁先锋等以三维卷曲PET短纤和PP切片为原料，通过分散复合熔喷技术制备出PET/PP吸声材料，具有工艺简单、质轻、成本低、吸声性能优异等特点，尤其在高频下具有优异的吸声性能。

2013年，史磊等将熔喷材料与玻璃纤维材料进行热熔黏合制成复合材料，并对其吸声性能进行了研究，研究表明，材料对高频特别是1000~2000Hz范围的声波吸收效果最好。2015年，刘伦贤等研究出了一种阶梯密度熔喷非织造吸声材料，其密度沿厚度方向呈阶梯式递减，沿长度和宽度方向密度相同，此吸声材料是在沿阶梯密度熔喷非织造材料的上下两层分别复合一层纺粘材料制成的，优点是其在低频和高频下均具有良好的吸声效果。

Ding等以三维卷曲PET短纤维和PP切片为原料，采用分散复合熔喷技术制备了PET/PP吸声材料，具有工艺简单、重量轻、成本低、可回收利用、吸声性能优异等特点，尤其是在高频波段范围内具有明显的降噪效果，克服了传统吸声材料在高频处吸声性能欠佳的缺陷。并对材料厚度、克重及纤维结构等对吸声性能的影响进行了测试分析。结果表明，随着材料厚度的增加，声波间碰撞次数增多，引起纤维孔隙中空气的振动频率加快，因而声波能量损失，吸声系数提高。而样品克重和纤维直径的变化对吸声性能的影响并不明显，但是适当增加克重或减小纤维直径，吸声系数也会增加，但增加幅度较小。将其吸声性能与羽毛/PP非织造材料、车用废纺毡吸声材料、Thinsulate系列车用降噪材料的吸声性能作定性比较，其吸声效果比较显著，值得进一步研究开发。

东华大学于伟东教授课题组以聚丙烯熔喷非织造材料为研究对象，系统地探讨了材料厚度、密度、纤维直径以及材料的孔径参数对材料隔声性能的影响，研究了不同孔隙率的材料以不同组合方式构成的梯度结构的隔音性能。研究表明，在一定范围内，厚度对隔声性能的影响成线性正相关；非织造材料的纤维越细，隔声效果越好。孔隙率减小有利于透射损失的提高，孔隙直径越小，孔径分布越均匀，材料的隔声效果越好。反之，孔隙直径越大，孔径分布离散性越大，材料的隔声效果越差。

Lee等将PP/PET双组分熔喷非织造材料应用于吸声材料的设计，该吸声材料采用三层复合结构，以超细纤维（0.5~3μm，80%）和高模量中空纤维（30μm，20%）熔喷非织造材料作为表层，以纤维直径分布在15~30μm和3~10μm的熔喷非织造材料分别作为中间层和底层。作者采用驻波管探究了纤网重量、厚度以及气体渗透性对材料吸声性能的影响。结果表明，随着纤网重量和厚度的增加，吸声系数变大，当气体渗透性减小时，吸声系数有所提高。在声波频率为1000~5000Hz时，PP/PET双组分熔喷吸声材料表现出优异的吸声性能。

Shi等以熔喷非织造材料（两侧）和玻璃纤维材料（中间层）为原料，通过PA丝网状热熔胶将其复合制成吸声材料，对声波频率和材料层数（厚度）等因素与吸声性能的关系进行了全面研究。结果表明，当声波频率低于1000Hz时，该材料吸声系数较小，随着声波频率的增加，吸声系数曲线呈先上升后变平缓或有所下降的趋势。此外，在一定范围内，材料层数增加时，材料在中、低频段的吸声性能有较大提高，吸声系数的峰值向中、低频段移动。

7.7　工业及家庭用揩布

擦拭布是工业生产和日常生活中必不可少的清洁材料。传统擦拭布多以棉纱、碎布作为原料制备而成，生产效率低、成本高，清洁能力和纳污能力不足，且擦拭后易留下毛屑和水迹，难以满足高端应用领域的使用需求。熔喷非织造材料的疏水性好，纤维直径细，使其吸液率高、吸污性强、手感柔软，能有效保护被揩拭物的表面。经过特殊整理的擦拭材料还具有一定的抗菌、抗静电、耐高温等功能，国外有的企业用熔喷非织造材料制作的婴儿用、家庭用、个人用揩拭布都很受欢迎，另外熔喷揩拭布也可用于汽车、精密机床、精密仪器等的揩拭。随着我国非织造产业的快速发展，非织造擦拭布以其高产量、低成本的特点占据了擦拭布的主要市场。

于洪健等用紫外光接枝法，以二苯甲酮为引发剂，将丙烯酸甲酯、丙烯酸丁酯和丙烯酸十二酯接枝到聚丙烯熔喷非织造材料上，以提高其吸油性能。结果表明，接枝后的熔喷非织造材料对原油的饱和吸油倍率为27.20%，是改性前的1.5倍。韩涛发明了一种聚乳酸熔喷吸油擦拭布，通过添加适量的吸油树脂和膨胀石墨对原料进行共混改性，进一步增强了熔喷擦拭布的吸油性能。聚丙烯熔喷非织造材料是一种拒水材料，需要通过使用含有烷基苯磺酸钠的亲水母粒与熔喷原料进行共混改性，或使用亲水油剂对材料表面进行整理等方式赋予其亲水性能，以进一步拓展熔喷擦拭布的应用范围。李孙辉等发明了一种利用亲水油剂雾化"在线上液"的方法对熔喷非织造材料进行在线亲水整理。雾化亲水油剂伴随冷却风对熔喷纤维进行亲水改性，在提高熔喷纤网蓬松度、纤网孔隙率和表面摩擦力的同时，提高了材料的亲水性，从而有效提高了熔喷非织造材料的吸水、保水能力和纳污能力。德国Innovate公司采用熔喷法生产出新型非织造擦拭布，这种擦拭布以聚丙烯为原料，并对其进行浸渍、涂层等亲水整理，通过对其局部压花并使之热熔，从而提高熔喷非织造材料的强度。该擦拭布具有很高的强度、良好的吸水性能，手感又十分柔软，并且热压出的花型十分美观。

用不同纺丝成网工艺、不同原料制成的非织造擦拭布具有不同的特性，可适应不同的使用场景。但由单一非织造材料制成的擦拭布，或多或少会存在一些缺点而限制其使用范围。熔喷非织造材料中的纤维较细、孔隙率高，去污能力、吸收能力强，但是其强力相对较低、耐磨性不佳。因此，将不同生产工艺的非织造材料进行复合，可达到优势互补的效果，能进一步拓展非织造擦拭布的应用领域。如一种是以熔体纺丝成网为代表的SM或MSM（S—纺粘法纤网，M—熔喷法纤维或纤网）纺熔复合非织造材料。李孙辉等采用"一步法""一步半法"生产了具有SM、MSM结构的纺熔复合非织造材料，并通过雾化循环上液系统对复合材料进行在线亲水整理，使产品具有良好的吸水性和去污能力。另一种是以气流成网为代表的MPM（M—熔喷法纤维或纤网，P—木浆气流纤网）熔喷木浆复合非织造材料。该类材料可采用两种不同的方式进行复合，第一种是传统的熔喷、木浆、熔喷三层纤维网叠层复合；第二种是采用纤维"混杂"工艺，将熔喷纤维和木浆纤维在空间相互交错而成的"混杂"结构。郑庆中等开发了一种MSPM结构的四层复合非织造擦拭布。上、下表层的熔喷纤维交织于邻接的纺粘长纤维网或木浆纤维网中，构成交织的网状结构，使木浆短纤难以移动，能有效防止擦拭布中的木浆短纤维在吸水后团聚，而纺粘长纤维网与其他纤维网固结后，所形成的复合擦拭布的力学强度也大大提高，解决了擦拭布在使用时容易断裂、力学强度低的问题。

7.8　电池隔膜材料

熔喷非织造材料具有孔径小、孔隙率高、电阻小、质量轻、可封袋使用等特点，且材料相对便宜，可以代替PVC隔板，其早期应用于电池隔膜。随着熔喷技术的不断进步，聚丙烯/聚酰胺、聚丙烯/聚乙烯、聚丙烯/聚苯乙烯等共混原料也可用于熔喷非织造材料的制备。由于熔喷非织造材料的耐热性不好，通过熔喷法制备出的电池隔膜就不宜在温度过高的条件下使用。

利用熔喷工艺制造锂离子电池隔膜的公司主要有日本王子制纸株式会社、日本东洋纺株式会社等。Exxon Mobil公司为该用途开发出了聚丙烯三层热轧层压材料（美国专利USP4078124等）。20世纪70年代，Riegel Produucts公司的Roy Volkman工业化生产出一种铅酸免保养电池用聚丙烯熔喷非织造材料隔膜，不过因润湿性与材料的抗磨损性使其应用受到了影响。但Toa Nenryo公司在碱性电池隔板上已成功克服了这些问题（USP4743494与USP5089360）。Entek公司（USP5230949）由高负载超高分子量聚乙烯生产出了隔膜用纤网，其上的微孔是纺丝成网后萃取形成的。

随着蓄电池工业的发展，对隔膜材料的电性能、化学性能和力学性能的要求越来越高。PP材料具有优良的耐酸碱性能，受到电池行业的青睐。PP熔喷非织造隔膜材料具有孔径小、孔隙率大、电阻小以及产品变化多样的特点，在我国迅速得到推广应用。高会普探究了经过热处理后PP熔喷非织造材料的性能变化，并制备出PVDF-HFP/SiO_2熔喷复合隔膜。结果表明，在一定牵伸条件下，PP熔喷非织造材料的纵向断裂伸长率一直下降，而纵向强力提高了很多，在130℃时增强了45.2%；制备出的PVDF-HFP/SiO_2熔喷复合隔膜与商业化PE隔膜相比，表现出更优异的孔隙率和热稳定性，该熔喷复合隔膜组装的锂离子电池也具有良好的循环稳定性和较高的容量保持率。

Wang等将以丙酮和SiO_2纳米粒子为原材料的混合物涂覆于熔喷非织造材料上作为锂离子电池隔膜，并将隔膜组装成电池。研究发现，薄熔喷非织造材料更适用于电池隔膜，用厚熔喷非织造材料虽然电池隔膜的强力得到显著性提高，但电池能量密度十分低；使用含量为6%的SiO_2涂覆的隔膜组装的电池，其初始放电比容量明显高于8%的商业隔膜电池。运用电子束诱导辐照的方法将聚丙烯酸接枝到PP熔喷非织造材料上，接枝后试样的保水量、吸附速率和K^+交换量均有显著提升，很好地改善了熔喷PP非织造材料的润湿性。

我国中科院生物能源与过程研究所以纤维素为原料，采用熔喷和湿法非织造材料耦合工艺制得生物基锂离子电池隔膜，该产品具有良好的热性能和安全使用性能。并于2012年开始年产能30万 m^2 的生产性试验。

Tian等制备了一种梳理纤维网、熔喷非织造纤网、梳理纤维网（CMC）非织造复合材料，并对该材料的孔径、力学强度、电解质吸收和保持能力以及化学稳定性和电解电阻等进行了研究，并将其与磺化后处理的商业隔膜进行了比较。结果表明，CMC复合材料具有优异的化学稳定性和长期的电池性能，可代替作为镍氢电池隔膜的传统湿法非织造材料。

随着新型环保节能混合动力汽车的推广使用，镍氢动力电池产量迅速提升，镍氢动力电池隔膜市场会持续高速增长。在今后相当长的一段时期内，镍氢动力电池隔膜产品将供不应求，隔膜价格也将维持在一个很高的水平，其产品的经济效应相当显著。同时我国镍氢电池的生产能力还在逐年快速上升，因此镍氢动力电池隔膜的市场需求量很大，熔喷非织造材料应用于镍氢动力电池隔膜的市场前景将十分广阔。

7.9 特殊应用领域

7.9.1 特种过滤领域

工业烟气中通常含有水蒸气及碳、氮、硫的氧化物，因而呈现弱酸性，滤料长期在这种工况下工作，再加上高温的作用，会使滤料迅速老化，性能下降。因此在过滤用纺织品中，除了常用的纤维原料外，用高性能纤维（如聚酰亚胺P84、芳纶1313、聚四氟乙烯PTFE、聚苯硫醚PPS等）为原料制成的耐高温、耐腐蚀、抗静电、阻燃的高性能滤料，主要用于火力发电、冶炼、垃圾焚烧处理、水泥、煤化工、公路建设沥青搅拌、化工等行业，对各种工业微细粉尘进行过滤收集，对许多液体的微粒进行过滤以及对污水处理厂的水质进行过滤等。

国内滤料企业近年来快速发展，装备水平和研发实力进一步提升。其中包括际华3521公司、厦门三维丝、上海博格等一批龙头滤料企业正在不断发展壮大，成为能与国外企业相抗衡的国内企业。值得一提的是，南京际华3521公司和东北大学、江苏瑞泰科技有限公司等共同参与的国家"863"计划，自行研发的PPS纤维和滤料，标志着我国在打破PPS纤维行业的国际垄断之后，进一步将成果产业化，为我国电力行业袋式除尘的推广解决了原料瓶颈，有利于中国化纤行业的结构调整和产业升级。

通过熔喷技术制得到的PPS熔喷非织造材料，其优势有：①PPS熔喷非织造材料加工成本低，生产流程短；②PPS熔喷非织造材料孔隙率高、比表面积大，大幅提高了过滤精度，实现了高效低阻过滤，纤维膜通量可提升数十倍；③PPS具有优良的耐溶剂性，能实现腐蚀性有机溶剂的直接处理及强酸性或强碱性流体的直接分离；④PPS具有极佳的热稳定性，能实现高温一步过滤，在显著提高膜通量的同时，能有效降低膜污染和膜分离能耗等。其主要应用在耐高温和耐酸碱分离过滤材料上。

7.9.2 其他领域

通过熔喷原料的功能化和高性能化，以及熔喷技术和其他技术的组合，熔喷非织造材料在医疗、能源、电子信息和军工领域的应用将更加广泛。

Erben等结合熔喷工艺与静电纺丝在制备纤维过程中添加矿物羟磷灰石粉末，将其作为人体骨组织工程支架。该支架具有足够的表面活性和多孔微观孔隙结构，有利于细胞的生长、黏附和增殖，可作为生物工程应用中的骨组织替代物。

随着后加工技术的不断开发，日本可乐丽公司利用聚芳酯（Polyarylate）液晶聚合物生产出Vecrus熔喷非织造材料。该产品的零湿气吸收与低介电系数使其能够应用于信息技术设备电路板、绝缘与锂离子电池隔板等领域。较高的抗热性使其可用于工业抛光机械、重型发动机与航空航天蜂窝材料等。高频信号现越来越多地被用在移动电话与其他精密设备上。因此Vecrus将有可能取代电路板上的玻璃与有机材料。

可乐丽公司还生产出苯乙烯弹性体聚合物熔喷非织造材料，可用于松紧带、黏性药膏与伤口护理。Pall公司取得了用于血液过滤的熔喷滤材专利（USP5582907）；BBA公司的聚三氟氯乙烯熔喷非织造材料（Halar）用于高温过滤等领域。

参考文献

［1］周晨，刘超，靳向煜. 医用防护口罩熔喷滤料外置式驻极性能研究［J］. 非织造布，2010，18（6）：38-41.

［2］陈钢进，肖慧明，尤健明，等. 熔喷聚丙烯驻极体过滤材料对医用消毒剂的耐受性研究［J］. 中国个体防护装备，2013（3）：5-8.

［3］刘朝军，刘俊杰，丁伊可，等. 空气过滤用高容尘膨体聚四氟乙烯复合材料的制备及其性能［J］. 纺织学报，2021，42（5）：31-37.

［4］常敬颖，李素英，张旭，等. 可降解聚乳酸熔喷超细纤维空气滤材的制备［J］. 纺织导报，2016（6）：96-97.

［5］鲍纬，韩向业，臧传锋. 抗菌空气过滤材料的制备及其性能研究［J］. 纺织科技进展，2020（1）：17-21.

［6］严华荣. 键合型抗菌防霉非织造布（FN025-4），2013-01-25.

［7］康卫民，程博闻，焦晓宁，等. 远红外聚丙烯熔喷超细纤维非织造布的研究［J］. 产业用纺织品，2006（2）：19-22，35.

［8］焦晓宁，程博闻，裘康，等. 远红外熔喷保暖絮片的光蓄热性能［J］. 纺织学报，2006（8）：76-79.

［9］高勇. 夹心式复合结构防寒鞋靴用系列保暖材料研制成功［J］. 中国个体防护装备，2006（4）：56.

［10］赵爱景，程博闻，张伟力，等. PP/PET混合型熔喷保暖材料的研制［J］. 化纤与纺织技术，2011，40（1）：6-8，23.

［11］SHI L，KANG W M，ZHUANG X P，et al. Preparation and properties of PP melt-blown nonwoven wadding blended PET crimp fibers［J］. Advanced Materials Research，2011，332-334：1287-1290.

［12］杜康. 羽绒复合保暖絮片的开发与性能研究［D］. 北京：北京服装学院，2008.

［13］赵国通. 熔喷法聚丙烯聚酯双组分非织造保暖材料的制备与研究［D］. 上海：华东理工大学，2012.

［14］陈思，蔡光明，邹俊彬，等. 聚丙烯/聚酯熔喷非织造材料的保暖性与透气性［J］. 合成纤维，2012，41（10）：25-30.

［15］仇何，路绮雯，张伟，等. PLA/PAE仿鹅绒高效保暖材料的制备与工艺研究［J］. 南通大学学报（自然科学版），2016，15（1）：34-38.

［16］汪阳，杨树. 熔喷非织造布包覆羊毛复合絮片的制备及其性能研究［J］. 毛纺科技，2017，45（4）：4-8.

［17］陈影，周蓉，李萌萌. 熔喷保暖材料的工艺制备与产品性能研究［J］. 山东纺织科技，2018，59（4）：4-7.

［18］高娟. 多孔聚乙烯醇/聚丙烯熔喷非织造复合保暖材料的制备研究［D］. 上海：东华大学，2020.

［19］顾闻彦，陆韵颖. 熔喷/针刺多层非织造材料结构设计对服用保暖性能的影响［J］. 南通大学学报（自然科学版），2020，19（4）：63-68.

［20］LIU T Q，LI Z J，SHI G M，et al. Facile preparation of Fe_3O_4@C/Cu core-shell sub-micron materials for oil removal from water surface［J］. Applied Surface Science，2019，466：483-489.

［21］TRUPP F，TORASSO N，GRONDONA D，et al. Hierarchical selective membranes combining carbonaceous nanoparticles and commercial permeable substrates for oil/water separation［J］. Separation and Purification Technology，2020，234：116053.

［22］SHI Y，FENG X，YANG R. Preparation of recyclable corn straw fiber as oil absorbent via a one-step direct modification［J］. Materials Research Express，2021，8（1）：015506.

［23］周翔宇. 聚丙烯无纺布表面亲疏水位点的构建及其吸附性能研究［D］. 天津：天津工业大学，2017.

［24］辛卓含. 表面功能化非织造布对水中微量重金属和浮油的吸附性能研究［D］. 天津：天津工业大学，2020.

［25］JIANG G H，HU R B，WANG X H，et al. Preparation of superhydrophobic and superoleophilic polypropylene fibers with application in oil/water separation［J］. Journal of the Textile Institute, 2013, 104（8）：790–797.

［26］HAITAO Z, SHANSHAN Q, WEI J, et al. Evaluation of electrospun polyvinyl chloride/ polystyrene fibers as sorbent materials for oil spill cleanup［J］. Environmental Science & Technology, 2011, 45（10）：4527–4531.

［27］J G J, L V, A F M, et al. Spatial and temporal distribution of dissolved/dispersed aromatic hydrocarbons in seawater in the area affected by the prestige oil spill［J］. Marine Pollution Bulletin, 2006, 53（5–7）：250–259.

［28］LIM T T, HUANG X F. Evaluation of kapok［Ceiba pentandra（L.）Gaertn.］as a natural hollow hydrophobic–oleophilic fibrous sorbent for oil spill cleanup［J］. Chemosphere, 2007, 66（5）：955–963.

［29］郭洪霞. 微量油水体处理用活性炭性能评价体系构建研究［D］. 北京：中国石油 大学, 2017.

［30］CAO E J, XIAO W L, DUAN W Z, et al. Metallic nanoparticles roughened calotropis gigantea fiber enables efficient it absorption of oils and organic solvents［J］. Industrial Crops and Products, 2018, 115：272–279.

［31］SAMADI S, YAZD S S, ABDOLI H, et al. Fabrication of novel chitosan/PAN/magnetic ZSM-5zeolite coated sponges for absorption of oil from water surfaces［J］. International Journal of Biological Macromolecules, 2017, 105：370–376.

［32］WANG J T, HAN F L, ZHANG S C. Durably superhydrophobic textile based on fly ash coating for oil/water separation and selective oil removal from water［J］. Separation and Purification Technology, 2016, 164：138–145.

［33］孟丽平, 钱晓明, 张恒, 等. 熔喷非织造吸油材料的研究［J］. 山东纺织科技, 2014, 55（1）：47–50.

［34］黄婷婷, 仇何, 张瑜, 等. 聚乳酸熔喷超细纤维吸油材料的研发及其吸油性能 ［J］. 上海纺织科技, 2016, 44（1）：28–30, 44.

［35］YU Y, XIONG S W, HUANG H, et al. Fabrication and application of poly（phenylene sulfide）ultrafine fiber［J］. Reactive & Functional Polymers, 2020, 150：104539.

［36］郭贺. 苎麻改性制备溢油应急处理的吸附材料及性能分析［D］. 天津：天津理工 大学, 2016.

［37］黄婷婷, 仇何, 张瑜, 等. 可降解聚乳酸熔喷吸油材料的研发及性能测试［J］. 上 海纺织科技, 2015, 43（12）：24–27.

［38］CHOI H M, MOREAU J P. Oil sorption behavior of various sorbents studied by sorption capacity measurement and environmental scanning electron microscopy［J］. Microscopy Research and Technique, 1993, 25（5–6）：447–455.

［39］DESCHAMPS G，CARUEL H，BORREDON M E，et al. Oil removal from water by selective sorption on hydrophobic cotton fibers. Ⅰ. Study of sorption properties and comparison with other cotton fiber-based sorbents［J］. Environmental Science & Technology，2003，37（5）：1013-1015.

［40］YU F，MA J，WU Y Q. Adsorption of toluene，ethylbenzene and m-xylene on multi-walled carbon nanotubes with different oxygen contents from aqueous solutions［J］. Journal of Hazardous Materials，2011，192（3）：1370-1379.

［41］凌昊，沈本贤，陈新忠. 熔喷聚丙烯非织造布对不同原油的吸油效果［J］. 油气储运，2005（5）：24-27，62，65-66.

［42］覃俊，陈丽萍，何勇. 聚苯硫醚熔喷超细纤维的应用前景展望［J］. 纺织科技进展，2020（10）：1-5，10.

［43］熊思维. 聚苯硫醚熔喷超细纤维的制备及其吸油性能研究［D］. 武汉：武汉纺织大学，2018.

［44］余红伟，赵秋光，王源升. 高分子材料表面接枝的方法及应用［J］. 胶体与聚合物，2003（3）：34-38.

［45］蒲熠. 纤维及非织造材料的功能改性及性能研究［D］. 青岛：青岛大学，2020.

［46］许庆燕. 等离子体改性熔喷PP非织造布及其复合滤材的制备与表征［D］. 上海：东华大学，2013.

［47］MENG X H，WU H H，ZENG Y C. Blended polypropylene fiber of various MFR via a melt-blowing device for oil spill cleanup［J］. Applied Mechanics and Materials. 2014，624：669-672.

［48］何宏升. 熔喷PS/PP非织造布制备与性能研究［D］. 天津：天津工业大学，2018.

［49］孟晓华. 熔喷螺旋结构微纳米纤维的制备及其性能研究［D］. 上海：东华大学，2015.

［50］孟丽平. 吸油用熔喷非织造布的结构优化［D］. 天津：天津工业大学，2014.

［51］封严，李娜. 高性能吸油材料研究进展［J］. 纺织导报，2016（S1）：63-67.

［52］陆平，王晓丽，彭士涛，等. 高吸油材料的研究进展［J］. 现代化工，2019，39（4）：22-26.

［53］陈健. 共聚甲基丙烯酸酯/聚丙烯复合吸油材料的研究［D］. 天津：天津工业大学，2013.

［54］李峰，张超，栾国华，等. 一种基于高吸油树脂与聚丙烯复合吸油材料［J］. 河北工业大学学报，2015，44（1）：45-49.

［55］赵健. 含交联结构聚甲基丙烯酸酯系吸油纤维制备及其性能研究［D］. 天津：天津工业大学，2013.

［56］曹亚峰，刘兆丽，韩雪，等. 丙烯酸酯改性棉短绒高吸油性材料的研制与性能［J］. 精细石油化工，2004（3）：20-23.

［57］李绍宁. 辐射接枝制备新型功能化改性聚丙烯吸油纤维及其性能研究［D］. 天津：天津工业大学，2012.

［58］石艳锦，封严，李瑞欣. 甲基丙烯酸酯接枝改性熔喷聚丙烯非织造布制备及性能研究［J］. 化工新型材料，2013，41（7）：54-56，65.

［59］王丹，崔永珠，魏春艳，等. 化学接枝改性制备聚丙烯非织造布吸油材料［J］. 印染，2015，41（13）：31-34.

［60］李娜，封严. 石墨烯改性熔喷聚丙烯非织造布制备及其吸附性能［J］. 精细化工，2018，35（8）：1283-1287.

［61］ZHANG S，HORROCKS A R. A review of flame retardant polypropylene fibres［J］. Progress in Polymer Science，2003，28（11）：1517-1538.

［62］WOJNÁROVITS L，FÖLDVÁRY C M，TAKÁCS E. Radiation-induced grafting of cellulose for adsorption of hazardous water pollutants：a review［J］. Radiation Physics and Chemistry，2010，79（8）.

［63］陈莉，邹龙，孙卫国. 改性废弃丙纶的吸油性能［J］. 纺织学报，2015，36（3）：6-10.

［64］郭艳玲，崔永珠，吕丽华，等. 低温等离子体改性制备聚丙烯吸油材料［J］. 大连工业大学学报，2015，34（6）：453-457.

［65］李绍宁，魏俊富，赵孔银，等. 聚丙烯接枝丙烯酸丁酯吸油纤维的制备和表征［J］. 功能材料，2011，42（S3）：559-561.

［66］李绍宁，张迎东，崔莉，等. 应用两步接枝法制备新型改性聚丙烯基吸油材料［J］. 功能材料，2014，45（18）：18036-18041.

［67］于洪健，崔永珠，何佩峰，等. 紫外改性聚丙烯吸油材料的吸附性能［J］. 印染，2018，44（23）：14-17.

［68］裴玉起，储胜利，齐智，等. 紫外辐照法制备聚丙烯-丙烯酸酯接枝共聚吸油材料［J］. 天津工业大学学报，2012，31（6）：10-13.

［69］王丹，崔永珠，王晓，等. 紫外接枝双单体制备熔喷聚丙烯非织造布吸油材料［J］. 大连工业大学学报，2017，36（1）：41-45.

［70］王文华，王静，寇希元，等. 纳米聚丙烯纤维吸油特性及对水面浮油的吸附研究［J］. 海洋技术，2013，32（2）：106-109，119.

［71］沈丽香. UV固化超疏水复合涂层的制备及其性能研究［D］. 广州：华南理工大学，2019.

［72］于海涛，刘宇，王文才，等. 碳纳米管的等离子体表面功能化及其聚合物基复合材

料的研究进展［J］. 塑料，2012，41（4）：107，109-113.

［73］陈宁，李亚滨. 低温等离子体处理对聚乳酸非织造布材料性能的影响［J］. 天津工业大学学报，2012，31（1）：33-36.

［74］ZHANG H，ZHEN Q，YAN Y，et al. Polypropylene/polyester composite micro/nano-fabrics with linear valley-like surface structure for high oil absorption［J］. Materials Letters，2020，261：127009.

［75］骆霁月，安树林，刘淑珍，等. 改性聚丙烯纤维刻蚀工艺与吸附性能的研究［J］. 天津工业大学学报，2012，31（2）：20-22，31.

第8章 熔喷非织造材料的标准与测试方法

8.1 熔喷原料熔融指数测试

熔融指数又称熔体流动速率，可表征热塑性熔喷非织造原料在熔融状态下的黏流特性，是确定聚合物切片加工温度的重要依据，对保证熔喷纤维及非织造产品的质量和调整生产工艺都有重要的指导意义。一般熔喷非织造材料用聚合物切片的流动速率高于400g/10min，常见的为800~1500g/10min。其测试参考国家标准GB/T 3682.1—2018《塑料 热塑性塑料熔体质量流动速率（MFR）和熔体体积流动速率（MVR）的测定》与国际标准EN ISO 1133-1：2011《热塑性塑料熔体质量流动速率（MFR）和熔体体积流动速率（MVR）的测定 第1部分：标准方法》。

8.1.1 试验原理

在规定的温度和负荷下，由通过规定长度和直径的口模挤出的熔融物质，计算熔体质量流动速率（MFR，单位：g/10min）和熔体体积流动速率（MVR，单位：cm³/10min）

8.1.2 试验仪器

（1）挤出式塑度仪

一台在设定温度条件下操作的挤出式塑度仪，基本结构如图8-1所示。热塑性材料装在垂直料筒中，在承受负荷的活塞作用下经标准口模挤出。该仪器由下列必要部件组成：

①料筒。固定在垂直位置，由能够在加热体系达到最高温度下抗磨损和抗腐蚀的材料制成，而且与被测样品不发生反应，对某些特殊材料，测试温度要求能达到450℃。料筒长度为115~180mm，内径为9.550mm ± 0.025mm，底部的绝热板应使金属暴露面积小于4cm²，建议用三氧化二铝陶瓷纤维或其他合适的材料用作底

部绝热材料，以免黏附挤出物。

料筒内腔硬度应不小于500（HV5~100）维氏硬度；表面粗糙度Ra（算术平均值）应小于0.25μm（GB/T 1031—1995），如果需要，可安装一个活塞导向套，以减少因活塞不对中所引起的摩擦，并且使实际负荷与标称负荷间的误差不大于±0.5%。

②活塞。其工作长度应不短于料筒长度，应有一个长6.35mm±0.10mm的活塞头，活塞头直径应为9.474mm±0.007mm，上部边缘应光滑，活塞头上部的活塞杆直径应≤9mm。活塞头下边缘应有半径0.4$_{-0.1}^{0}$mm的圆角，上边缘应去除尖角。在活塞顶部可加一个柱形螺栓以支撑可卸去的负荷砝码，但活塞和负荷绝热体在活塞杆上应刻有两条相距30mm的环形细参照标线，当活塞头底部与模口上部相距20mm时，上标线与料筒口平齐，这两条标线作为测量时的参照点。

为了保证仪器运转良好，料筒和活塞应采用不同硬度的材料制成，为方便维修和更换，料筒宜用比活塞更硬的材料制成。

活塞可以中空，也可以实心。在使用小负荷试验时，活塞应该是空心的，否则可能达不到规定的最小负荷。当使用较大负荷试验时，空心活塞是不适合的，因为较大负荷可能使其变形，应使用实心活塞，或使用具有活塞导承的空心活塞。如果使用后者，由于这种活塞杆比通常的活塞杆长，应确保沿活塞的热损失不会改变材料的试验温度。

③温度控制系统。对于设定的任何料筒温度在整个试验过程中，从模口到可允许加料高度整个范围内的温度都应得到有效控制，在筒壁所测温度的差异不得超过表8-1规定的范围。

注：料筒壁温可通过装在壁内的铂热电偶温度计测量，如果仪器未配有此类装置，则根据所用温度计的类型，在离筒壁一定距离的熔体中测定。

温度控制系统应满足以0.1℃或更

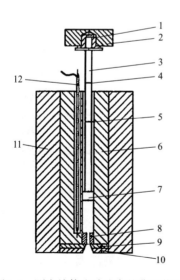

图8-1　测定熔体流动速率的典型装置

1—绝热体　2—可卸负荷　3—活塞　4—上参照标线
5—下参照标线　6—料筒　7—活塞头　8—口模
9—口模挡板　10—绝热板　11—绝热体　12—温度传感器

小的间隔设置试验温度。

表8-1　试验温度随距离和时间变化的最大允差　　　　　单位：℃

试验温度T	最大温度允差[①]	
	在标准口模顶部[②]以上（10±1）mm	标准口模顶部[②]（10±1）~（70±1）mm
≥125，<250	±1.0[③]	±2.0
≥250，<300	±1.0[③]	±2.5
≥300	±1.0	±3.0

①最大温度允差即温度真实值和所要求的测试温度之间的差异，在一个正常的试验周期（通常不超过25min）之后应进行评估。

②当使用长4mm的半口模时，读数的位置应该在口模顶部以上再增加4mm。

③当测试温度<300℃时，口模顶部以上10mm的温度随时间的变化应不超过1℃。

④口模。由碳化钨或高硬度钢制成，长8.000mm±0.025mm，内孔应圆而直，内径为2.095mm且均匀，其任何位置的公差应在0.005mm范围内。

内孔硬度应不小于维氏硬度500（HV5~100），表面粗糙度Ra（算术平均值）应小于0.25μm（GB/T 1031—1995）。口模不能突出于料筒底部（图8-1），其内孔的安装必须与料筒内孔同轴。

⑤安装并保持料筒完全垂直的方法。一个垂直于料筒轴线安置的双向气泡水平仪和可调仪器支脚适合使料筒保持垂直。

注：这样可避免活塞因受到过分摩擦或在大负荷下发生弯曲。一种上端带有水平仪的仿真活塞可用于检查料筒是否完全垂直。

⑥可卸负荷。位于活塞顶部，由一组可调节砝码组成，这些砝码与活塞所组合的质量可调节到所选定的标称负荷，准确度达0.5%。对于较大负荷，可选用机械加载负荷装置。

（2）附件

①通用附件。包括将样品装入料筒的装置，由无磨损作用的材料制成的装料杆；清洁装置；通止规（塞规）；料筒温度的热电偶、铂电阻温度计或其他温度测量装置；口模塞；活塞/负荷支架；预成型装置。

②根据不同的方法（方法A或方法B），还需要配备一些其他附件。

方法A所用附件：切断工具，应有足够的精度使挤出料条的切断时间最大允许误差为切断时间间隔的±1%，用于切割挤出的试样，可用边缘锋利的刮刀；秒表，准确至±0.1s；天平，准确至±0.5mg。

方法B所用附件：测量装置，可自动测量活塞移动的距离和时间。

8.1.3　试样

（1）只要能够装入料筒内腔，试样可为任何形状，如粉料、粒料或薄膜碎片。

注：有些粉状材料若不经预先压制，试验时将不能得到无气泡的小条。

（2）试验前应按照材料的规格标准对材料进行状态调节，必要时，还应进行稳定化处理。

8.1.4　试验步骤

（1）控温系统的校正

①温度控制系统的准确性应定期校准。为此，先要调节温度控制系统，使控制温度计显示的料筒温度恒定在要求的温度。把校准温度计预热到同样温度，然后将一些受试材料或替代材料按试验时的同样步骤（方法A或B中的第②步）加入料筒，材料完全装好后等4min，将校准温度计插入样品中，并没入材料，直到水银球顶端离口模上表面10mm为止。再过4~10min，用校准温度计与控制温度计的读数差值来校正控制温度计所显示的温度。还应沿料筒方向校准多点温度，以每10mm的间隔测定试料温度，直到离口模上表面60mm的点为止。两个极端值的最大偏差应符合表8-1规定。

②温度校正时选用的材料必须能够充分流动，以使水银温度计的球在插入时不至于用力过大而受损坏，在校正温度时，熔体流动速率（MFR）大于45g/10min（2.16kg负荷）的材料是合适的。

如果温度校正时使用某种材料代替较黏稠的受试材料，则替代材料的导热性应与受试材料一致，以使它们有相似的热行为。温度校正时的加料量应能使校正温度计杆有足够的长度插入其中，以使测量准确。这可通过取出校正温度计、检查材料在温度计杆上的黏覆高度来确定。

（2）通过方法A进行试验

①清洗仪器。在开始做一组试验前，要保证料筒在选定温度恒温不少于15min。

②根据预先估计的流动速率，将3~8g样品装入料筒（表8-2）。装料时，用手持装料杆压实样料。对于氧化降解敏感的材料，装料时应尽可能避免接触空气，并在1min内完成装料过程，根据材料的流动速率，将加负荷或未加负荷的活塞放入料筒。

如果材料的熔体流动速率高于10g/10min，在预热过程中试样的损失就不能忽视。在这种情况下，预热时就要用不加负荷或只加小负荷的活塞，直到4min预热期结束再把负荷改变为所需要的负荷。当熔体流动速率非常高时，则需要使用口模塞。

表8-2 不同熔体流动速率时加入的样品质量及切断时间间隔

MFR/（g/10min） MVR①/（cm³/10min）	料筒中试样质量②③⑤/g	挤出料条切断时间间隔⑥/s
>0.1，≤0.15	3～5	240
>0.15，≤0.4	3～5	120
>0.4，≤1	4～6	40
>1，≤2	4～6	20
>2，≤5	6～8	10
>5④	6～8	5

①如果本试验中所测得的数值小于0.1g/10min（MFR）或0.1cm³/10min（MVR），建议不测熔体流动速率。MFR>100g/10min时，仅当计时器的分辨率为0.01s且使用方法B时，才可以使用标准口模。或者在方法A中使用半口模。

②当材料密度大于1.0g/cm³，可能需增加试样量，低密度试样用少的试样量。

③试样量是影响试验重复性的重要因素，因此需将试样量的变化控制在0.1g，以减小各次试验间的差异。

④当测定MFR>10g/10min的试样时，为获得足够的准确度，要么进一步提高测量时间的精度且选用更长的切断时间间隔，要么使用方法B。

⑤当使用半口模时，应适当增加试样量以弥补口模减小的体积，所需额外试样的体积约为0.3cm³。

⑥切断时间间隔应满足挤出料条的长度在10～20mm。在此限制条件下操作，特别是于测定挤出切断时间间隔较短的高MFR试样时，有时可能无法实现。采用更长的切断时间间隔可以减少试验误差。仪器分辨率对误差的影响根据仪器的不同而不同，可通过不确定度预估分析来进行评估。

③在装料完成后4min，温度应恢复到所选定的温度，如果原来没有加负荷或负荷不足的，此时应把选定的负荷加到活塞上。让活塞在重力作用下下降，直到挤出没有气泡的细条，根据材料的实际黏度，该现象可能在加负荷前或加负荷后出现。这个操作时间不应超过1min。用切断工具切断挤出物，并丢弃。然后让加负荷的活塞在重力作用下继续下降。当下标线到达料筒顶面时，开始用秒表计时，同时用切断工具切断挤出物并丢弃。

然后，逐一收集按一定时间间隔挤出的挤出物切段，以测定挤出速率，切段时间间隔取决于熔体流动速率，每条切段的长度应不短于10mm，最好为

10~20mm，标准时间间隔见表8-2。

对于MFR（和MVR）较小和（或）模口膨胀较高的材料，在240s的最大切段间隔内，可能难于获得不小于10mm的切段长度。在这种情况下，只有在240s内得到的每个切段质量达到0.04g以上时，才能使用方法A，否则应使用方法B。

当活塞杆的上标线达到料筒顶面时停止切割。丢弃肉眼可见有气泡的切段。冷却后，将保留下的切段（至少3个）逐一称量，精确到1mg，计算它们的平均质量。如果单个称量值中的最大值和最小值之差超过平均值的15%，则舍弃该组数据，并用新样品重做试验。

从装料到切断最后一个样条的时间不应超过25min。

④根据8.1.5中方法A对应的流程计算熔体质量流动速率（MFR）。

（3）通过方法B进行试验

①见方法A中第①步。

②见方法A中第②步。

③在装料完成后4min，温度应恢复到所选定的温度，如果原来没有加负荷或负荷不足的，此时应把选定的负荷加到活塞上。让活塞在重力作用下下降，直到挤出没有气泡的细条，根据材料的实际黏度，该现象可能在加负荷前或加负荷后出现。这个操作时间不应超过1min。用切断工具切断挤出物并丢弃。然后让加负荷的活塞在重力作用下继续下降。当下标线到达料筒顶面时，开始用秒表计时，同时用切断工具切断挤出物并丢弃。

当下标线达到料筒顶面时，开始自动测定。

熔体质量流动速率（MFR）和熔体体积流动速率（MVR）的测定采用如下两条原则之一：a.测定在规定时间内活塞移动的距离；b.测定活塞移动规定距离所用的时间。为使介于0.1~50g/10min的MFR或介于0.1~50cm³/10min的MVR的测定有重复性，活塞位移的测量应精确到0.1mm，时间测量应精确到0.1s。

如果采用a原则，则测量活塞在预定时间内的移动距离；如果采用b原则，则测量活塞移动规定距离所需的时间。当活塞杆上标线达到料筒顶面时停止测量。

从加料开始到测得最后一个数据的时间不得超过25min。

④根据8.1.5中方法B对应的流程计算熔体体积流动速率（MVR）与熔体质量流动速率（MFR）。

（4）仪器清洗

每次测试后，都要把仪器彻底清洗，料筒可用布片擦净，活塞应趁热用布擦净，口模可用紧密配合的黄铜绞刀或木钉清理。也可以在约550℃的氮气环境下用热裂解的方法清洗。但不能使用磨料及可能会损伤料筒、活塞和口模表面的类似材料。必须注意，所用的清洗程序不能影响口模尺寸和表面粗糙度。

如果使用溶剂清洗料筒，要注意其对下一步测试可能产生的影响是可忽略不计的。

注：建议对常用仪器在较短时间间隔，如每周一次清洗，将图8-1中安装的绝热板和口模挡板拆下，对料筒进行彻底清洗。

8.1.5 数值计算

（1）根据方法A计算结果

用式（8-1）计算熔体质量流动速率（MFR）值，单位为g/10min。

$$\text{MFR}(\theta, m_{\text{nom}}) = \frac{t_{\text{ref}}m}{t} \tag{8-1}$$

式中：θ——试验温度，℃；

m_{nom}——标称负荷，kg；

m——切段的平均质量，g；

t_{ref}——参比时间（10min），s（600s）；

t——切段的时间间隔，s。

取两位有效数字表示结果，并记录所使用的试验条件（如190℃/2.16kg）。

（2）根据方法B计算结果

用式（8-2）计算熔体体积流动速率（MVR），单位为cm³/10min。

$$\text{MVR}(\theta, m_{\text{nom}}) = \frac{At_{\text{ref}}l}{t} = \frac{427l}{t} \tag{8-2}$$

式中：θ——试验温度，℃；

m_{nom}——标称负荷，kg；

A——活塞和料筒的截面积平均值（等于0.711cm²），cm²；

t_{ref}——参比时间（10min），s（600s）；

t——预定测量时间或各个测量时间的平均值，s；

l——活塞移动预定测量距离或各个测量距离的平均值，cm。

用式（8-3）计算熔体质量流动速率（MFR），单位为g/10min。

$$\text{MFR}(\theta, m_{\text{nom}}) = \frac{At_{\text{ref}}l\rho}{t} = \frac{427l\rho}{t} \tag{8-3}$$

$$\rho = \frac{m}{0.711l} \tag{8-4}$$

式中：ρ——熔体在测定温度下的密度，g/cm^3，按式（8-4）计算；

   m——称量测得的活塞移动 l（cm）时挤出的试样质量，g。

结果用两位有效数字表示，并记录所用试验条件（如190℃/10.0kg）。

（3）计算流动速率比（FRR）

两个MFR（或MVR）值之间的比值关系称为流动速率比，如式（8-5）所示。

$$FRR = \frac{MFR（190℃/10.0kg）}{MFR（190℃/2.16kg）} \tag{8-5}$$

一般用来表征材料分子量分布对其流变行为的影响。

注：用于测定流动速率比的条件，列在相应的材料标准中。

8.1.6 其他注意事项

用本方法测量特定材料时，应考虑导致降低重复性的因素，以确保精密度，这些因素包括：

（1）在预热或试验时，由于材料的热降解或交联，会引起熔体流动速率的变化（需要长时间预热的粉状材料对此影响更为敏感，在某些情况下，需要加入稳定剂以减小这种变化）。

（2）对填充或增强材料，填料的分布状况或取向可影响熔体流动速率。

因尚未获得实验室的试验数据，本方法的精密度尚不能确定。因涉及的材料很多，用单一的精密度来描述是不合适的，但能够获得 ±10%的变异系数。

8.2 熔喷非织造材料定量测试

熔喷非织造材料的定量是指单位面积的质量，也称面密度或克重。它反映了产品的原料用量，与产品的厚度、质量有一定的关系。用于不同用途的非织造材料，其厚度、质量不同时，其定量也将不同。其性能测试参考国家标准GB/T 24218.1—2009《纺织品　非织造布试验方法　第1部分：单位面积质量的测定》与国际标准ISO 9073-1—1989《纺织品　非织造布试验方法　第1部分：单位面积质量的测定》。

8.2.1 试验原理

通过测定试样的面积及质量，计算出试样单位面积的质量，单位为克每平方米（g/m^2）。

8.2.2 试验仪器

称量电子天平一台，误差范围在测量质量的 ± 0.1%之间；试样裁剪器，可选用裁剪试样面积至少为50000mm²的圆刀裁样器（如250mm × 200mm），并配有裁刀的方形模具或分度值为1mm并配有裁刀的钢尺。

8.2.3 试验步骤

（1）使用上述圆刀裁样器，或使用方形模具从样品上裁取至少三个试样，每个试样面积至少为50000mm²。若提供的样品不足以裁取规定尺寸的试样，则尽可能裁取最大尺寸的矩形试样，并用上述钢尺测量试样的面积。注意所取样品上不得有影响试验质量的明显折痕和疵点，并注意剪下的试样不能有纤维的散失。

（2）将试样依据标准GB/T 6529—2008《纺织品 调湿和试验用标准大气》，放在标准大气环境下（温度为20℃ ± 2℃、相对湿度为65% ± 4%）进行调湿，调湿期间应使空气能畅通地流过该纺织品，直至连续称量（间隔为2h）纺织品的重量递变量不超过0.25%时，方可认为达到平衡状态。

（3）在与调湿环境相同的标准大气条件下，将经过调湿平衡后的每块试样放在天平上称其质量，连续称量五个试样并记录。

8.2.4 数值计算

根据计算得出的五个试样质量的算术平均值，折算出每平方米克重数（g/m^2），同时算出变异系数CV（%）值，以反映重量不匀的情况。

8.3 熔喷非织造材料厚度测试

熔喷非织造材料的厚度是指在承受规定的压力下，材料两表面间的距离。非织造材料的厚度影响产品的性能。不同类型、不同用途的非织造材料的厚度不同，同一类产品也有不同厚度规格之分。也就是说，非织造材料的性能随厚度的变化相应改变，而且还与原料组成、加工工艺及用途有关，其对使用性能影响很大。厚度的测试将为后续的加工参数提供依据。其性能测试参考国家标准GB/T 24218.2—2009《纺织品　非织造布试验方法　第2部分：厚度的测定》与国际标准 ISO 9073-2—1995《纺织品　非织造布试验方法　第2部分：厚度的测定》。

8.3.1　试验原理

将熔喷非织造材料试样放置在水平基准板上，与基准板平行的压脚对试样施加规定的压力，将基准板与压脚之间的垂直距离作为试样厚度，单位为毫米（mm）。

8.3.2　试验仪器

针对常规类熔喷非织造材料、最大厚度为20mm的蓬松类熔喷非织造材料及厚度大于20mm的蓬松类熔喷非织造材料，应采取不同的试验装置。

对于常规类熔喷非织造材料，将试样置于压脚（上圆形板）及基准板（下圆形板）之间，其中压脚（面积为2500mm²）可上下移动，并与基准板（直径至少大于压脚直径50mm）保持平行，通过分度值为0.01mm的测量装置，测试压脚与基准板之间的距离。

对于最大厚度为20mm的蓬松类熔喷非织造材料，将试样竖直悬挂在压脚（面积为2500mm²）与竖直基准板（面积为1000mm²）之间，如图8-2（a）所示。将质量为2.05g±0.05g的平衡物置于与基准板相连的弯肘杆处，而后转动螺旋使压脚向左移动对试样施加压力，压力逐渐增大，直至克服平衡物所产生的力，使接触点接触、小灯泡发亮，刻度表显示基准板与压脚间的距离。

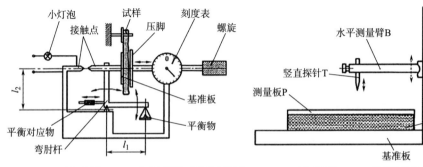

(a) 用于厚度≤20mm的蓬松类熔喷非织造材料　　(b) 用于厚度＞20mm的蓬松类熔喷非织造材料

图8-2　试验装置示意图

对于厚度大于20mm的蓬松类熔喷非织造材料，将试样置于表面光滑的水平方形基准板（面积为300mm×300mm）上，如图8-2（b）所示，上端施放由玻璃制成的面积为（200±0.2）mm×（200±0.2）mm、质量为（82±2）g、厚度为0.7mm的方形测量板（可以通过增加重物提供0.02kPa的压强），借助装有可调竖直探针的水平测量臂（探针距离刻度尺为100mm），在刻度为毫米（mm）的竖直刻度尺上读出试样厚度。

8.3.3 试验步骤

（1）根据不同的试样类型，按表8-3中列出的试样面积裁取10块试样，注意取样时确保试样上无明显疵点和褶皱。若无法确定试样类型，可根据表8-3中预试验的裁取试样面积及试验步骤进行判定，确定好熔喷非织造材料的类型后，再按对应的试样类型进行试验。

（2）将试样依据标准GB/T 6529—2008《纺织品 调湿和试验用标准大气》，放在标准大气环境下（温度为20℃±2℃、相对湿度为65%±4%）进行调湿，调湿期间应使空气能畅通地流过该纺织品，直至连续称量（间隔为2h）纺织品的重量递变量不超过0.25%时，方可认为达到平衡状态。

（3）在与调湿环境相同的标准大气条件下进行试验，根据不同的试样类型，试验步骤见表8-3。

表8-3 不同熔喷非织造材料厚度测试的裁取试样面积及试验步骤

试样	裁取试样面积	试验步骤
预试验（判定试样类型）	>2500mm²	（1）使用上述用于常规熔喷非织造材料的厚度测定装置，调整压脚上的载荷达到0.1kPa的均匀压强，并调节仪器示值为零 （2）抬起压脚，在无张力状态下将准备试样放置在基准板上，确保试样对着压脚的中心位置，降低压脚直至接触到试样 （3）保持10s，调节仪器测定样品厚度记录读数，单位为毫米（mm）；对其余9块试样重复进行以上步骤 （4）调整压脚上的载荷达到0.5kPa的均匀压强，并调节仪器示值为零。对相同的10块试样重复进行测量 （5）计算每块准备试样在压强为0.1kP和0.5kPa时所得结果的变化率（即压缩率），并确定其平均厚度（注：建议定期用已知厚度的试样来校正试验设备） （6）若非织造材料试样的压缩率小于20%，则按照常规熔喷非织造材料的步骤进行试验；反之，则根据试样的厚度是小于20mm还是大于20mm来确定按照哪一种蓬松类熔喷非织造材料进行试验（注：对于不同的样品，需用相同的方法进行对比试验）

试样	裁取试样面积	试验步骤
常规熔喷非织造材料	>2500mm²	（1）使用上述用于常规熔喷非织造材料的厚度测定装置，调整压脚上的载荷达到0.5kPa的均匀压强，并调节仪器示值为零 （2）抬起压脚，在无张力状态下将试样放置在基准板上，确保试样对着压脚的中心位置 （3）降低压脚直至接触试样，保持10s （4）调节仪器测量样品厚度，记录读数，单位为毫米（mm） （5）对其余9块试样重复进行以上步骤
最大厚度为20mm的蓬松类熔喷非织造材料	(130 ± 5) mm × (80 ± 5) mm	（1）使用上述用于最大厚度为20mm的蓬松类熔喷非织造材料的厚度测定装置，当2.5g ± 0.05g的平衡物被放置好后，检查装置的灵敏度，并确定指针是否在零位 （2）向右移动压脚，将试样固定在支架上，以使试样悬挂在基准板和压脚之间 （3）转动螺旋，使压脚缓慢向左移动直至小灯发亮 （4）10s后，在刻度表上读取厚度值，用毫米（mm）表示，精确至0.1mm（注：如果在10s内试样进一步压缩导致接触点分离，则在读取厚度值前先调整压脚位置使小灯再次发亮） （5）对其余9块试样重复进行以上步骤
厚度大于20mm的蓬松类熔喷非织造材料	(200 ± 0.2) mm × (200 ± 0.2) mm	（1）使用上述用于厚度大于20mm的蓬松类熔喷非织造材料的厚度测定装置，将测量板放在水平基板上，如果需要，调整探针高度，使其刚好接触到测量板中心时，刻度尺上的读数为零 （2）试样中心对着探针，测量板完整地放置在试样上而不施加多余的压强 （3）10s后，向下移动测量臂直至探针接触到测量板表面，从刻度尺上读取厚度值，用毫米（mm）表示，精确至0.5mm （4）其余9块试样重复进行以上步骤

8.3.4　数值计算

用测得的10个数据计算非织造材料的平均厚度，单位为毫米（mm），并同时算出变异系数CV（%）值。

8.4　熔喷非织造材料力学性能测试

熔喷非织造材料的力学性能是其物理机械性能的重要方面之一，不同熔喷工艺参数得到的熔喷非织造材料，其力学性能也存在巨大的差异。熔喷非织造材料的力学性能主要指断裂强力、断裂伸长率、撕破强力、顶破强力等。

8.4.1　熔喷非织造材料拉伸断裂强力及拉伸断裂长度测试

断裂强力是指按所规定的条件进行测试，拉伸材料至断裂，取其至断裂时最低值的力。断裂伸长率是指材料受外力作用至拉断时，拉伸后的伸长长度与拉伸前长度的比值，用百分率表示。其性能测试参考国家标准GB/T 24218.3—2010《纺织品　非织造布试验方法　第3部分：断裂强力和断裂伸长率的测定（条样法）》与国际标准ISO 9073-3—1989《纺织品　非织造布试验方法　第3部分：断裂强度和断裂伸长的测定》。

8.4.1.1　试验原理

对规定尺寸的试样，沿其长度方向施加产生等速伸长的力，测定其断裂强力和断裂伸长率。

8.4.1.2　试验仪器

等速伸长型拉伸试验仪，如YG（B）026，能够自动记录施加于试样上的力和夹持器间距。

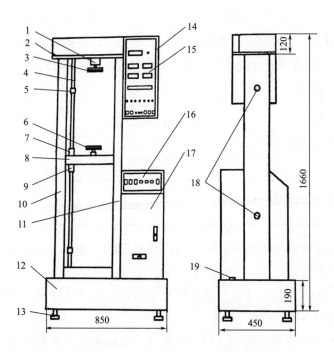

图8-3　YG(B)026电子强力机简图

1—上夹钳缩紧装置　2—上横梁　3—上夹持器　4—限位杆　5—上限位撞块　6—下夹持器
7—上限撞击螺母　8—行车　9—下限撞击螺母　10—左立柱　11—右立柱　12—底座　13—垫脚
14—微机控制箱　15—显示面板　16—控制面板　17—电气控制箱　18—加油孔　19—水准泡

8.4.1.3 试验步骤

（1）分别沿样品纵向（机器输出方向）和横向（布匹幅宽方向）各取5块试样，试样宽度为50mm±0.5mm，长度应满足名义夹持距离200mm，所裁取的试样离布边至少100mm，且均匀地分布在样品的纵向和横向上，确保所取样品没有明显的缺陷和褶皱等。

（2）将试样依据标准GB/T 6529—2008《纺织品　调湿和试验用标准大气》，放在标准大气环境下（温度为20℃±2℃、相对湿度为65%±4%）进行调湿，调湿期间应使空气能畅通地流过该纺织品，直至连续称量（间隔为2h）纺织品的重量递变量不超过0.25%时，方可认为达到平衡状态。

（3）在与调湿环境相同的标准大气条件下进行试验，在夹持器中心位置夹持试样。

（4）设置参数

①名义夹持距离设定为200mm±1mm，如果名义夹持距离200mm不适宜，经有关双方同意，可采用较短的试样，并在试验报告中注明。

②预张力可采用GB/T 3923.1—2013《纺织品　织物拉伸性能　第1部分：断裂强力和断裂伸长率的测定（条样法）》中的规定，根据试样的单位面积质量加载，见表8-4，若断裂强力较低时，可按断裂强力的（1±0.25）%确定预张力，并在试验报告中注明。

表8-4　预张力的设定

试样单位面积质量/（g/m²）	预张力/N
≤200	2
>200，≤500	5
>500	10

③拉伸速度设定为100mm/min，经有关双方同意，也可采用其他拉伸速度，并在试验报告中注明。

④启动机器，以恒定速度拉伸试样直至断裂，记录每块试样的断裂强力、断裂伸长率及强力—伸长曲线。

⑤如需要进行湿态试验，试样可在每升含有1g非离子型润湿剂的蒸馏水中至少浸泡1h。取出试样，去除过量水分，立即按上述步骤3与步骤4进行试验。注：如经有关双方同意，试样自然浸泡时间可少于1h，但需在试验报告中注明。

⑥对其他9块试样，逐个重复以上操作。

8.4.1.4　数值计算

（1）记录试样拉伸过程中最大的力，作为断裂强力，单位为牛顿（N）。如果测试过程中出现多个强力峰，取最高值作为断裂强力，在试验报告中记录该现象。

（2）记录试样在断裂强力时的伸长率，作为断裂伸长率。

（3）如果断裂发生在钳口位置或试样在钳口滑脱，试验数据无效，需另取一块试样重新试验，替代无效试样。

（4）分别计算纵向和横向上5块试样的平均断裂强力，单位为牛顿（N），结果精确至0.1N；平均断裂伸长率精确至0.5%，并计算其变异系数。

8.4.2　熔喷非织造材料梯形法撕破强力测试

非织造材料的撕破强力指的是材料局部纤维受到集中负荷的作用，并使非织造材料撕开时所需要的力。使用梯形撕裂的方法是一种拉伸试验，其中熔喷非织造材料的撕破强度主要受纤维间摩擦力的影响，由复合结构的纤维及其黏合或互锁作用决定。梯形法撕破强力是在两个夹持器内的试样呈梯形，撕破梯形试样时所需的最大力。其测试法适用于各类非织造材料。其性能测试参考国际标准ISO 9073-4—2021《纺织品 非织造布试验方法 第4部分：梯形法撕破性能的测定》。

8.4.2.1　试验原理

将画有梯形的条形试样，在其梯形短边中点，剪一条一定长度的切口作为撕裂的起始点，然后将梯形试样沿夹持线夹于强力试验机的上下夹钳口内，对试样施加连续增加的负荷，使试样沿着切口撕裂，并逐渐扩展直至试样全部撕断，计算出平均最大抗撕裂强度，单位为牛顿（N）。

8.4.2.2　试验仪器

等速伸长型或等速牵引型拉伸试验机，配备自动记录仪以记录施加的力，宽度足以容纳试样的整个宽度夹具，模板尺寸如图8-4所示。

8.4.2.3　试验步骤

（1）分别沿样品纵向（机器输出方向）和横向（布匹幅宽方向）各取5块试样，试样尺寸为（75±1）mm×（150±2）mm，使用图8-4所示模板将试样裁剪为梯形，所裁取的试样离布边至少100mm，且均匀地分布在样品的纵向和横向上，确保所取样品没有明显的缺陷和褶皱等。注：也可采用其他尺寸，应在测试报告中注明，但用不同的试样尺寸测得的值无法比较。

（2）将试样依据标准GB/T 6529—2008《纺织品 调湿和试验用标准大

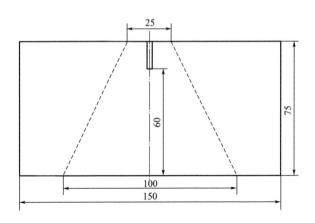

图8-4 裁取样品尺寸示意图

气》，放在标准大气环境下（温度为20℃±2℃、相对湿度为65%±4%）进行调湿，调湿期间应使空气能畅通地流过该纺织品，直至连续称量（间隔为2h）纺织品的重量递变量不超过0.25%时，方可认为达到平衡状态。

（3）在与调湿环境相同的标准大气条件下进行试验，试验开始时，设置仪器上夹钳和下夹钳之间的隔距为（25±1）mm、拉伸速度为100mm/min，并选择试验机的力范围，使断裂发生在机器量程的10%~90%范围内。

（4）将试样置于上、下夹钳内，使夹持线与夹钳钳口线相平齐，然后旋紧上下夹钳螺丝，同时要注意试样在上下夹钳中间的对称位置，使梯形试样的短边保持垂直状态。（梯形短边应保持拉紧，长边处于褶皱状态）。

（5）启动强力试验机，待试样全部撕断，记录最大撕破强力值，以牛顿（N）为单位，直至做完全部试样。如试样从夹钳中滑出或不在切口延长线处撕破断裂，则应剔除此次试验数值，并在原样品上再裁取试样，补足试验次数。

8.4.2.4 数值计算

分别计算纵向和横向上5块试样的平均断裂强力，单位为牛顿（N），并计算其变异系数。

8.4.3 熔喷非织造材料弹子法顶破强力测试

织物在一垂直于其平面的负荷作用下，顶起或鼓起扩张而破裂的现象称为顶破（顶裂）或胀破。顶破与单向拉伸断裂不同，它属于多向受力破坏。如服装的肘部、膝部的受力情况，袜子、鞋面布、手套等的破坏形式，降落伞、气囊袋、滤尘袋等的受力方式都属于这种类型。其性能测试参考国家标准GB/T 24218.5—

2016《纺织品　非织造布试验方法　第5部分：耐机械穿透性的测定（钢球顶破法）》与国际标准ISO 9073-5—2008《纺织品　非织造布的测试方法　第5部分：抗机械穿透性（球爆程序）》。

8.4.3.1　试验原理

将试样夹持在固定基座的环形夹持器内，钢球顶杆以恒定的移动速度垂直地顶向试样，使试样变形直至破裂，测得顶破强力。

8.4.3.2　试验仪器

（1）等速伸长试验仪

配有钢球顶破装置，可设为压缩模式。在仪器全量程内的任意点，指示或记录顶破强力的误差应不超过±1%。

（2）钢球顶破装置

包括抛光钢球顶杆和环形试样夹持器。抛光钢球顶杆的钢球直径为（25.00±0.02）mm。环形试样夹持器的内径为（4.0±0.5）mm。在试验过程中，试样夹持器固定，钢球顶杆以恒定的速度移动（图8-5）。如果相关方同意，抛光钢球直径和环形试样夹持器的内径可采用其他尺寸，但需在试验报告中注明。

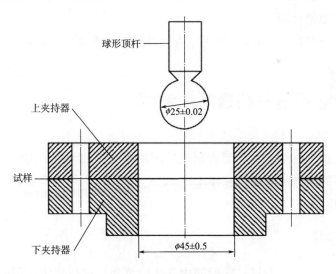

图8-5　顶破装置示意图

8.4.3.3　试验步骤

（1）从每个样品上取5个边长至少125mm的正方形或直径至少125mm的圆形试样进行试验，试样可不裁剪，但不应在距布边300mm内取样。

（2）将试样依据标准GB/T 6529—2008《纺织品　调湿和试验用标准大

气》，放在标准大气环境下（温度为20℃±2℃、相对湿度为65%±4%）进行调湿，调湿期间应使空气能畅通地流过该纺织品，直至连续称量（间隔为2h）纺织品的重量递变量不超过0.25%时，方可认为达到平衡状态。

（3）在与调湿环境相同的标准大气条件下进行试验，设定钢球顶杆移动速度为（300±10）mm/min。设定动程时，应使钢球顶杆顶破试样后不与基座接触。

（4）如需要，通过测试已知试样的钢球顶破强力来校验整个试验系统，并与已知试样的以往数据比较。注：每天试验前以及更换传感器后宜对试验系统进行校验。对已知试样进行测试，计算钢球顶破强力平均值和标准偏差，比较其新测数据和以往数据，如果新测数据超出偏差范围，检查试验系统并分析引起偏差的原因。

（5）将试样平整的放入环形夹持器内，用适当方式固定。启动试验仪，使钢球顶杆移动，直到试样顶破。记录试样的钢球顶破强力。

（6）舍弃在环形夹持器边缘破坏或滑移的试样数据，另取试样进行试验，获得5个有效数据。注：如果发生滑移，通常比较容易发现，因为环形夹持器会在试样上留下滑移痕迹。

8.4.3.4 数值计算

计算顶破强力的平均值，以牛顿（N）为单位，修约至整数位。

8.5 熔喷非织造材料透气性测试

透气性是指气体通过非织造材料的性能，通常用透气量来衡量。非织造材料的透气性参考国家标准GB/T 24218.15—2018《纺织品非织造布试验方法　第15部分：透气性的测定》。

8.5.1 试验原理

在规定的压差下，测试一定时间内气流垂直通过试样规定面积的流量，计算透气率。

8.5.2 试验仪器

（1）测试头

能够提供20cm^2、38.3cm^{2}或50cm^{2}的圆形测试面积，测试面积的允差应不超过

0.5%。

（2）夹持系统

用于固定试样，能够使试样牢固地固定在测试头上面，不产生扭曲，同时保证试样边缘不漏气。

（3）真空泵

为垂直通过试样的测试面积提供一个稳定的气流，通过适当调整气流流速，从而为试样的上下表面间提供100～2500Pa（10～250mm H_2O）的压差。真空泵要求能够提供100Pa、125Pa或200Pa的压差。

（4）压力传感器或压力计

连接到试样的测试头上，用于测试试样两侧的压差，以Pa（mm H_2O）表示，精确到±2%。

（5）流量计或测量孔径

用于测定通过规定面积内的气流流量，以升每秒（L/s）或其他等同单位表示。允差应不超过±2%，若使用其他测试单位，应经过利益双方协商确定，并在试验报告中给出。

（6）校正板或其他工具

用于校准试验设备，由耐久性材料制成，在规定压差下具有已知的透气性能值。还有计算和显示测试结果的装置。

（7）切割模或模板

用于剪切试样，尺寸为100mm×100mm。

8.5.3 取样

依据产品标准或相关方协商确定取样。对于可直接测试大尺寸非织造材料的试验设备，可在大尺寸非织造材料上随机选取至少5个部位作为试样进行测试；对于无法测试大尺寸试样的试验设备，则用切割模或模板剪取至少5块100mm×100mm大小的试样。将试样从普通环境中放入标准大气环境中调湿至平衡。握持试样的边缘，避免改变非织造材料测试面积的自然状态。

8.5.4 操作步骤

（1）将试样放置在测试头上，用夹持系统固定试样，防止测试过程中试样扭曲或边缘气体泄漏。当试样正反两面透气性有差异时，应在试验报告中注明测试面。对于涂层试样，将试样的涂层面向下（朝向低压力面）以防止边缘气体泄漏。

（2）打开真空泵，调节气流流速直至达到所要求的压差，即100Pa、125Pa或200Pa。在一些新型的仪器上测试压力值是数字预选的，测量孔径两侧的压差以所选的测试单位数字显示，以方便直接读取。

（3）如果使用压力计，直到所要求的压力值稳定，再读取透气性值，以升每平方厘米秒表示［L/（cm² · s）］。经利益双方协商确定，也可使用其他同等单位。当测试织物非常稀疏或非常紧密时，可能需要测试除标准规定外的其他压差，同时增加的压差应在报告中说明。

8.5.5 数值计算

根据式（8-6）计算每块试样的透气率，结果取所有试样的算术平均值，其中每块试样的测试值及算术平均值均修约到三位有效数字。计算变异系数并精确至0.1%。

$$R = \frac{q_v}{A} \tag{8-6}$$

式中：R——透气率，L/（cm² · s）；

q_v——平均气流量，L/s；

A——试验面积，cm²。

注：在海拔高于2000m的地区测试透气性时，如果测试设备不能够进行校准，则需要一个修正因子计算结果。

8.6 熔喷非织造材料透湿性测试

透湿性是指水蒸气透过非织造材料的性能。非织造材料的透湿性参考GB/T 12704.2—2009《纺织品 织物透湿性试验方法 第1部分：吸湿法》和GB/T 12704.2—2009《纺织品 织物透湿性试验方法 第2部分：蒸发法》。

8.6.1 试验原理

（1）吸湿法

把盛有干燥剂并封以非织造材料试样的透湿杯放置于规定温度和湿度的密封环境中，根据一定时间内透湿杯质量的变化，计算出透湿率、透湿度和透湿系数。

（2）蒸发法

把盛有一定温度蒸馏水并封以非织造材料试样的透湿杯放置于规定温度和湿度的密封环境中，根据一定时间内透湿杯质量的变化，计算出透湿率、透湿度和透湿系数。

8.6.2 试验仪器

（1）试验箱

试验箱内应配备温度和湿度传感器和测量装置，温度控制精度为±2℃，相对湿度控制精度为±4%，循环气流速度为0.3~0.5m/s。

（2）透湿杯及附件

尺寸如图8-6所示。

（3）其他仪器

电子天平、标准圆片冲刀、量筒、织物厚度仪。

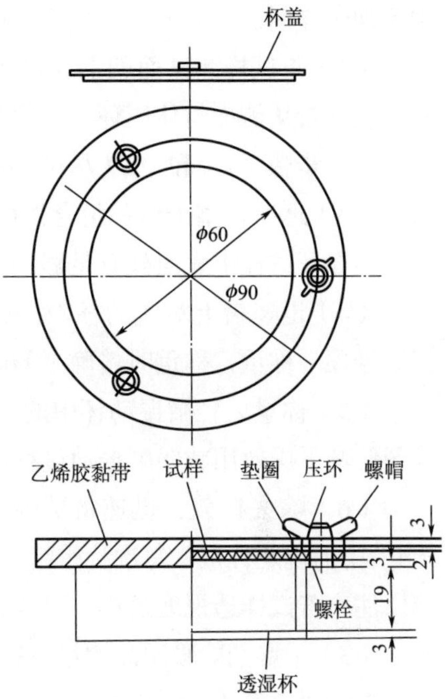

图8-6 透湿杯及附件

8.6.3 取样

（1）样品应在距布边1/10幅宽，距匹端2m外裁取，样品应具有代表性。

（2）从每个样品上至少剪取三块试样，每块试样直径为70mm。对两面材质不同的样品（如涂层织物），若无特别指明，应在两面各取三块试样，且应在试验报告中说明。

（3）对于涂层织物，试样应平整、均匀，不得有孔洞、针眼、皱折、划伤等缺陷。

（4）对于试验精确度要求较高的样品，应另取一个试样用于空白试验。

（5）试样按GB/T 6529规定进行调湿。

8.6.4 操作步骤

8.6.4.1 吸湿法

（1）向清洁、干燥的透湿杯内装入规定的干燥剂约35g，并振荡均匀，使干燥剂成一个平面。干燥剂装填高度为距试样下表面位置4mm左右。空白试验的杯中不加干燥剂。

（2）将试样测试面朝上放置在透湿杯上，装上垫圈和压环，旋上螺帽，再用乙烯胶黏带从侧面封住压环，垫圈和透湿杯，组成试验组合体。

注：步骤（1）和（2）尽可能在短时间内完成。

（3）迅速将整个试验组合体倒置后水平放置在已达到规定试验条件的试验箱内（要保证试样下表面处有足够的空间），经过1h平衡后取出。

（4）迅速盖上对应的杯盖，放在20℃左右的硅胶干燥器内平衡30min。然后按编号逐一称重，称重时精确至0.001g，每个组合体称重时间不超过15s。

（5）称量后轻微振动杯中的干燥剂，使其上下混合，以免长时间使用上层干燥剂使其干燥效用减弱。振动过程中尽量避免使干燥剂与试样接触。

（6）除去杯盖，迅速将试验组合体放入试验箱内，经过1h吸湿后取出，按（4）中的规定称重，每次称重组合体的先后顺序应一致。

注：若试样透视度过小，可延长（6）的试验时间，并在试验报告中说明。

（7）干燥剂的吸湿总增量不得超过10%。

8.6.4.2 蒸发法

（1）方法A（正杯法）

①用量筒精确量取与试验条件温度相同的蒸馏水34mL，注入清洁、干燥的透湿杯内，使水距试样下表面位置10mm左右。

②将试样测试面朝下放置在透湿杯上，装上垫圈和压环，旋上螺帽，再用乙烯胶黏带从侧面封住压环、垫圈和透湿杯，组成试验组合体。

注：步骤①和②尽可能在短时间内完成。

③迅速将整个试验组合体倒置后水平放置在已达到规定试验条件的试验箱内，经过1h平衡后，按编号在试验箱内逐一称重，称重时精确至0.001g。若在箱外称重，每个组合体称重时间不超过15s。

④随后经过试验时间1h后，按③规定以同一顺序称重。

⑤整个试验过程中要保持试验组合体水平，避免杯内的水沾到试样的内表面。

注：若试样透视度过小，可延长④的试验时间，并在试验报告中说明。

（2）方法B（倒杯法）

①用量筒精确量取与试验条件温度相同的蒸馏水34mL，注入清洁、干燥的透湿杯内。

②将试样测试面朝上放置在透湿杯上，装上垫圈和压环，旋上螺帽，再用乙

烯胶黏带从侧面封住压环、垫圈和透湿杯，组成试验组合体。

注：步骤①和②尽可能在短时间内完成。

③迅速将整个试验组合体倒置后水平放置在已达到规定试验条件的试验箱内（要保证试样下表面处有足够的空间），经过1h平衡后，按编号在试验箱内逐一称重，称重时精确至0.001g。若在箱外称重，每个组合体称重时间不超过15s。

④随后经过试验时间1h后，按③规定以同一顺序称重。

注：若试样透视度过小，可延长④的试验时间，并在试验报告中说明。

8.6.5 数值计算

试样透湿率按式（8-7）计算，试验结果以三块试样的平均值表示。

$$WVT = \frac{\Delta m - \Delta m'}{At} \quad (8-7)$$

式中：WVT——透湿率，g/（m^2·h）或g/（m^2·24h）；

Δm——同一试验组合体两次称重之差，g；

$\Delta m'$——空白试验的同一试验组合体两次称重之差，g；不做空白试验时，$\Delta m'=0$；

A——有效试验面积（本部分中的装置为0.00283m^2），m^2；

t——试验时间，h。

试样透湿度按式（8-8）计算。

$$WVP = \frac{WVT}{\Delta p} = \frac{WVT}{p_{CB}(R_1 - R_2)} \quad (8-8)$$

式中：WVP——透湿度，g/（m^2·Pa·h）；

Δp——试样两侧水蒸气压差，Pa；

p_{CB}——在试验温度下的饱和水蒸气压力，Pa；

R_1——试验时试验箱的相对湿度，%；

R_2——透湿杯内的相对湿度，%。

注：透湿杯内的相对湿度可按0计算。

如果需要，按式（8-9）计算透湿系数。

$$P_V = 1.157 \times 10^{-9} WVP \cdot d \quad (8-9)$$

式中：P_V——透湿系数，g·cm/（cm^2·s·Pa）；

d——试样厚度，cm。

注：透湿系数仅对于均匀的单层材料有意义。

对于两面不同的试样，若无特别指明，分别按以上公式计算其两面的透湿率、透湿度和透湿系数，并在试验报告中说明。

8.7 熔喷非织造材料吸水性测试

熔喷非织造材料的吸水性是指材料的微孔及空隙中吸入并保留液体（通常指水）的性能。熔喷非织造材料的吸水性参考GB/T 23320—2009/ISO 18696：2006《纺织品 抗吸水性的测定 翻转吸收法》。

8.7.1 试验原理

试样称量后在水中翻转一定时间，取出并去除多余的水分后再次称量。用质量增加的百分比来表征非织造材料的吸水性。

8.7.2 试验仪器

（1）动态吸水测试仪

用直径为（145±10）mm、长为（300±5）mm的机械旋转桶，由玻璃、瓷器或者抗腐蚀金属制成，滚筒能够绕其中心以（55±2）r/min的速度不停旋转。仪器示意图如图8-7所示。

注：如果能够得到相同的试验结果，可以是用其他等效试验仪。

（2）轧水装置（电动机驱动）

施加在织物表面的压力通过砝码或者操纵杆装置控制，施加的总压力（砝码或者操纵杆装置和压辊的总重）保持在（27±0.5）kg。

（3）天平

精度为0.1g。

（4）白色吸水纸

厚度约为0.7mm，单位面积质量为

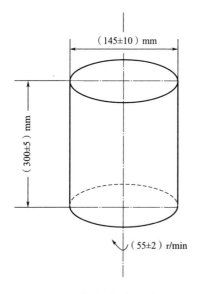

图8-7 吸水性测试仪示意图

（385±4.5）g/m²，吸水率为（200±30）%。

（5）塑料容器

容积大约为3.8L，或者用容积相同、可重复使用的防漏型塑料袋。

（6）其他

蒸馏水。

8.7.3 取样

每组样品包括五块，每块试样的尺寸为20cm×20cm。剪取时，试样一边应与样品纵向成45°角。在各组试样上做好标记，便于区分，每个样品要测试两组试样。

在测试之前，依照GB/T 6529的规定对试样和吸水纸至少调湿4h。如果经协商后采用的调湿及试验大气与GB/T 6529有所不同，应该在试验报告中加以说明。

8.7.4 操作步骤

（1）清除测试仪滚筒罐内的杂质，尤其是皂液、清洗剂及润湿剂。

（2）将每组试验的五块试样一起放在天平上称重（形成一个试样组），精确至0.1g。

（3）向测试仪中倒入2L水温为（27±1）℃的蒸馏水，将两组试样同时放入一起，旋转20min。

（4）取出一组试样中的一片，将试样一边平行于轧水装置的压辊，以2.5cm/s的速度通过压辊。然后将试样夹在两块未用过的吸水纸中间并再次通过压辊。将吸水纸夹着的试样放置一边，对同组剩下的四块试样重复以上操作。最后，去掉吸水纸，将同组的五块试样一起放到称过净重的塑料容器或密封盒里，盖好容器盖，与试样一起称重，精确至0.1g。吸水后试样的质量不应该超过调湿后质量的两倍。

（5）对第二组试样重复上述（4）的操作。

8.7.5 数值计算

按照公式（8-10）计算每组试样的吸水量，以百分率表示，精确至0.1%。

$$A_w = \frac{m_w - m_c}{m_c} \times 100\% \qquad (8-10)$$

式中：A_w——吸水量，%；

m_w——试样吸水后的质量，g；

m_c——试样调湿后的质量；g。

用两组试样吸水量的平均值表示非织造材料的吸水量。

8.8 熔喷非织造材料吸油性测试

熔喷非织造材料具有孔隙率高且比表面积大的特点，在吸油领域有广泛的应用前景。熔喷非织造材料的吸油量可达到本身重量的20~50倍，吸油速度快、吸油后能长期浮于水面不变形，水油置换性能好，可以处理工厂设备泄油、海洋环境保护、污水治理以及其他油料溢出和油污治理等，另外一些饭店，甚至包括家庭用途的吸油产品也在逐步推广。其性能测试参考纺织行业标准FZ/T 01130—2016《非织造布吸油性能的检测和评价》。

8.8.1 试验原理

试样在液态油表面被完全浸润所用的时间记为吸油时间。试样在液态油中浸泡，然后悬挂规定时间后进行称量，通过试样吸油前后的质量来计算吸油量。以吸油量来评价试样的吸油性能。

8.8.2 试验仪器

（1）试液

试液采用符合GB 11121—2006《汽油机油标准》规定的SL/CF10w—40通用内燃机油。

（2）试验容器

具有足够面积和深度的容器，方便试验操作。

（3）天平

分度值为0.01g。

（4）秒表

分度值为0.1s。

（5）量尺

分度值为1mm。

（6）其他

镊子、称量器皿、手套等。

8.8.3　试验步骤

（1）在样品上裁取五块具有代表性的试样，每块试样尺寸为（100±1）mm×（100±1）mm，分别与样品纵横向平行，裁剪时离布边至少100mm以上，避开褶皱、沾污、破洞等。

（2）将试样依据标准GB/T 6529—2008《纺织品　调湿和试验用标准大气》，放在标准大气环境下（温度为20℃±2℃、相对湿度为65%±4%）进行调湿至少24h，并且在相同环境下进行试验，试液在相同环境下平衡至少24h后使用。

（3）对调湿后的试样进行称量，称量结果记为m_0，精确至0.01g。

（4）将试液倒入试验容器中，试液深度为（10±0.5）cm。

（5）将试样从不高于液面2cm处轻轻水平放下并开始计时，直至试样被完全浸润时停止计时，记录该时间，即为试样的吸油时间，读数精确至0.1s。若360s时试样还没有被完全浸润，则停止计时，并记录吸油时间为>360s。

注：可以通过观察试样表面是否变暗来判断试样是否被完全浸润。

（6）使用镊子将第（5）步中试验完毕的试样完全浸入试液底部，试样在试液中浸泡120s，用镊子夹持试样的一角将试样竖直取出并开始计时，保持试样竖直沥油30s，然后将试样放入称量器皿中进行称量（提前将称量器皿放在天平上清零），称量结果记为m_1，精确至0.01g。

（7）重复第（3）~（6）步，对剩余试样进行试验。

8.8.4　数值计算

（1）吸油时间

计算五块试样吸油时间的平均值，结果精确至1s。若需要计算变异系数，精确至0.1%。

（2）吸油量

按式（8-11）计算每块试样的吸油量，表示每克试样吸收试液的质量。计算五块试样吸油量的平均值，结果精确至0.1g/g。若需要计算变异系数，精确至0.1%。

$$OAC = \frac{m_1 - m_0}{m_0} \tag{8-11}$$

式中：OAC——试样的吸油量，g/g；

　　　m_1——吸油后质量，g；

m_0——吸油前质量，g。

（3）样品吸油性能

当吸油量为10.0g/g，则样品具有吸油性能。

8.9　熔喷非织造材料驻极性能测试

熔喷非织造材料的驻极性能是指熔喷非织造材料经过电晕充电后带有几百到几千伏的电压，当粉尘经过熔喷非织造材料时，静电作用不仅能有效吸引带电粉尘粒子，而且以静电感应效应捕获极化的中性粒子。材料的静电势越高，电荷密度越大，带电电荷越多，静电作用越强。熔喷非织造材料的驻极性参考执行GB/T 12703.1—2021《纺织品　静电性能的评定　第1部分：电晕充电法》。

8.9.1　试验原理

通过电晕充电装置对熔喷非织造材料进行充电，在停止施加高压电的瞬间，样品静电压值达到最大。试样上的静电压值开始自然衰减，但不一定降到零。通过确定峰值电压和半衰期，或者衰减到一定的百分比，来量化测试样品的静电性能。

8.9.2　试验仪器

（1）放电电极

如图8-8、图8-9所示，其为带负电的针电极，可以提供（-10±1）kV的电压，当高电压作用于该电极时，会发生电晕放电，从而向试样充电。

表面包覆物（聚氯乙烯）

表面包覆物（铝）

图8-8　放电电极外观

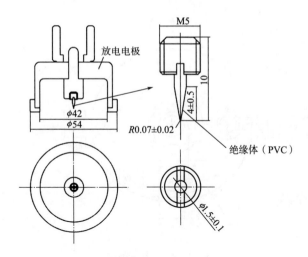

图8-9　放电电极尺寸

注：除特殊说明的位置，其他部分尺寸的允许偏差为±0.5mm。

（2）感应电极

如图8-10、图8-11所示的平板式感应电极，平板直径为（28±0.5）mm，量程为0～-10kV，精确度为±5%，响应时间小于4ms。

（3）转动平台

如图8-12、图8-13所示，转动平台是直径为（200±4）mm、转速大于1000r/min的固体纯金属平台。转动平台尺寸如图8-12所示，从转动平台中心到试样中心和电极中心的距离均为（72±2）mm。转动平台应能够从主轴通过导电碳刷接地。

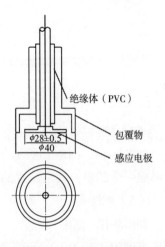

图8-11　感应电极尺寸

注：所有尺寸的允许偏差为±0.5mm

图8-10　感应电极外观

253

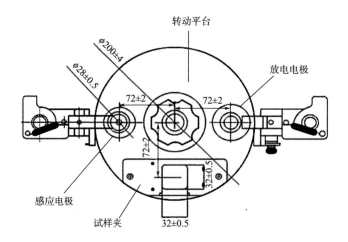

图8-12 转动平台俯视图

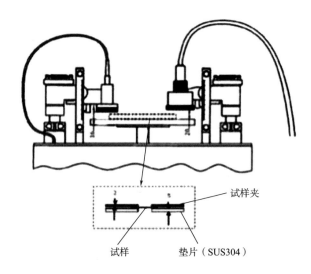

图8-13 转动平台侧视图
注：上述尺寸允许偏差±0.1mm

（4）垫片

如图8-14、图8-15所示，垫片材质为铝，厚度为（5±1）mm，垫片在试样下方形成一个凹槽，其空位置的面积与试样夹实际的试验面积一致。

（5）试样夹

如图8-12~图8-14所示，试样夹是内框尺寸为（32±0.5）mm×（32±0.5）mm、材质厚度为（2±0.1）mm的金属材料。

测试仪的金属部分及其他组件应通过小于10Ω的电阻接地。

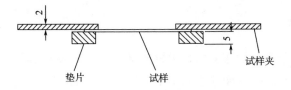

图8-14 垫片、试样夹和试样
注：上述尺寸允许偏差为 ± 0.1mm

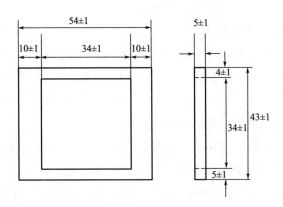

图8-15 垫片尺寸

（6）数据记录设备

可记录试验中电压随时间的变化情况。

（7）静电消除装置

自放电型或叠加电压型。

（8）烘箱

用于（70±3）℃预烘样品。

8.9.3 取样

（1）使用洁净、无绒毛的手套小心取样，避免污染样品。

（2）如果需要，可选择以下程序对样品进行洗涤。

水洗：按照GB/T 8629中4N或4M程序，使用GB/T 8629中规定的洗涤剂，在40℃水温下循环洗涤3次，按照GB/T 8629中自然晾干程序干燥样品。

干洗：按照GB/T 19981.2或GB/T 19981.3对样品进行干洗。

（3）样品调湿：先在70℃下预烘1h，将预烘后的样品置于GB/T 6529规定的条件下至少调湿24h。

8.9.4　操作步骤

（1）调整测量电极位置。将放电针的针尖与试样表面的距离调至（18±0.1）mm，将感应电极与试样表面的距离调至（13±0.1）mm。

注：因为试样夹厚度为（2±0.1）mm，所以放电针的针尖与试样表面的距离为（20±0.1）mm，感应电极与试样表面的距离为（15±0.1）mm。

（2）将试验仪器与数据记录设备连接。

（3）将试验电压设置为–10kV。

（4）调湿后，剪取五块尺寸为（45±1）mm×（45±1）mm的试样。

（5）用静电消除装置对试样表面进行消电处理。

（6）将试样置于垫片（图8-15）上，并用试样夹压紧（图8-13、图8-14）。

（7）驱动转动平台并使其转动速度达到稳定。

（8）在转动平台转动过程中，放电电极对试样施加–10kV电压并持续30s。

（9）30s后平台继续转动，放电电极停止施加电压。

（10）记录峰值电压及其随时间的衰减情况。若120s后仍未达到试样的半衰期，则停止试验，记录试验结果＞120s。

（11）从试样夹下取出试样。

（12）剩余的四块试样重复（5）~（11）中所述的试验过程。

8.9.5　数值计算

试验结果以五块试样峰值电压及半衰期的算术平均值表示，结果修约至两位有效数字。试验结果评价见表8-5。

表8-5　试验结果评价

项目	半衰期时间HDT/s			
	HDT≤10	10<HDT≤30	30<HDT≤60	60<HDT
抗静电性能评价	优异	较好	好	差

8.10　熔喷非织造材料过滤性能测试

熔喷非织造过滤材料的性能指标有过滤效率、过滤阻力、容尘时间、容尘量等，其性能测试参考GB/T 38413—2019《纺织品细颗粒物过滤性能测试试验方法》。

8.10.1　试验原理

通过气溶胶发生系统产出一定粒径的气溶胶，以气溶胶作为模拟环境中细颗粒物的试验尘源。在规定试验条件下使气溶胶通过试样，气溶胶在试样表面不断积累，当试样上达到一定的气溶胶加载质量时或当过滤阻力达到一定值时，计算过滤效率、初始阻力、终阻力、容尘时间和容尘量，以此来表示样品的过滤性能。

8.10.2　试验仪器

主要包括气溶胶发生系统和测试系统。过滤测试装置示意图如图8-16所示。

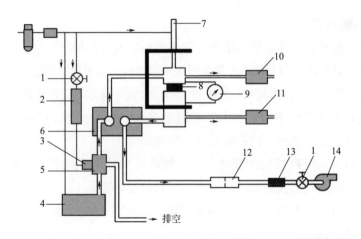

图8-16　过滤测试装置示意图

1—流量调节阀　2—加热器　3—气溶胶中和器　4—气溶胶发生器　5—混合腔　6—开关阀　7—气压缸
8—试样　9—压力计　10—上游光度计　11—下游光度计　12—流量计　13—滤料　14—真空泵

8.10.3　取样

从过滤用样品上均匀裁剪圆形试样，直径至少为150mm，或者方形试样，边长至少为150mm，试样上不应出现折痕、褶皱、孔洞、污物或其他异常。针对每种气溶胶，在每个检测气流量条件下需要三块试样，按照需要测试的气溶胶种类、气流量、预处理等条件相应增加试样数量。

根据产品测试需要，对样品进行预处理。

（1）将样品从原包装中取出，按下列步骤处理：

①在（38.0±2.5）℃和（85±5）%相对湿度环境下放置（24±1）h；

②在（70±3）℃干燥环境下放置（24±1）h；

③在（−30±3）℃环境下放置（24±1）h。

在进行上述②和③处理步骤前，应使样品温度恢复室温至少4h后再进行后续步骤。步骤③结束后样品应放置在气密性容器中，并在10h内进行测试。

（2）将样品按照GB/T 8629−2017中的A型标准洗衣机，洗涤程序4H，使用标准洗涤剂3连续洗涤3次，洗涤后悬挂晾干。根据产品标准或利益相关方协商确定洗涤次数，也可另行规定，但需在试验报告中说明。

（3）测试在温度为（25±5）℃、相对湿度为（30±10）%的大气环境中进行。

8.10.4　操作步骤

（1）仪器准备

①检查气溶胶发生器中的溶液量，量不足时应及时添加。

②打开外部气源，打开仪器电源，根据采用油性气溶胶发生器或非油性气溶胶发生器的情况，调节夹具压力阀、气溶胶发生器压力阀等参数，使设备进入测试状态。

③当进行非油性气溶胶测试时，开启气溶胶中和器，消除颗粒所带的静电。当进行油性气溶胶测试时，则不需要开启中和器。

④当进行非油性气溶胶测试时，开启加热器，对气溶胶进行干燥形成NaCl颗粒物。当进行油性气溶胶测试时，则不需要开启加热器。

⑤仪器开启后，需要至少30min的时间使仪器处于稳定状态。

（2）设置气流量

气流量设置范围应为（0~100）L/min。一般情况下，口罩气流量为85L/min（如采用多重过滤元件，应平分流量，如采用双过滤元件，每个过滤元件的检测气流量应为42.5L/min；若多重过滤元件单独使用，应按单一过滤元件的检测条件检测），空气过滤器用过滤织物气流量为32L/min。也可按照产品标准要求或者客户要求设置气流量，但需在试验报告中给出。

（3）启动测试

①取一块试样并称其质量，记录为初始质量，结果精确至0.1mg。将试样安装在试样夹具上并固定，使试样的迎尘面朝向气流来的方向，并防止在测试过程中试样扭曲或边缘气体泄漏。

②启动测试按钮，气体流过试样，开始持续观察并记录试样的过滤效率，电子压力传感器或压力计测量试样两侧的压差。测试试样的初阻力值，并记录，结

果精确至0.1Pa（注：约15s可测出初阻力值）。

③持续观察过滤阻力，当过滤阻力达到初阻力值的2倍或达到终阻力值时，立即停止测试，并记录容尘时间T，结果精确至0.1min。将整个容尘时间T过程中所获得的过滤效率最小值作为试样的过滤效率，结果精确至0.1%。将试样从夹具上卸载下来，卸载过程应非常小心，避免已捕集的粉尘掉落而影响测试结果。称取试样的质量，记录为最终质量，结果精确至0.1mg（注：根据产品标准或利益相关方协商确定终阻力值）。

④按照①～③的要求依次测试剩余试样。

8.10.5 数值计算

（1）过滤效率

以三块试样过滤效率的平均值作为该样品过滤效率的测试结果，以百分数（%）表示。当平均值低于90%时，结果保留一位小数；当平均值为90%～99%时，结果保留两位小数；当平均值大于或等于99%时，结果保留三位小数。

（2）初阻力值

初阻力值为在规定条件下，纺织品过滤前洁净状态时的阻力值。以三块试样初阻力值的平均值作为该样品初阻力的测试结果，单位为帕（Pa），结果保留一位小数。

（3）容尘时间

容尘时间为在规定条件下，纺织品经过滤达到一定容尘量或一定过滤阻力时所需的测试时间。对于过滤用织物，以三块试样容尘时间的平均值作为该样品容尘时间的测试结果，单位为分（min），结果保留一位小数。

（4）终阻力值

终阻力值为在规定条件下，纺织品过滤容尘后需要更换或再生时的阻力值。对于过滤用织物，如果选取终阻力值等于初阻力值的2倍，则直接计算初阻力值的2倍即为该样品终阻力的测试结果，单位为帕（Pa），结果保留一位小数；如果终阻力值由产品标准或利益相关方协商确定，则以该值作为测试结果，单位为帕（Pa），结果保留一位小数。

（5）容尘量

容尘量为在规定条件下，纺织品过滤容尘后单位面积织物捕集细颗粒物的质量。按式（8-12）分别计算每块试样的容尘量，以三块试样容尘量的平均值作为该样品容尘量的测试结果，结果保留一位小数。

$$C = \frac{\Delta W}{S} \qquad\qquad (8-12)$$

式中：C——容尘量，mg/cm^2；

ΔW——试样最终质量和初始质量的差值，mg；

S——有效过滤面积，一般为100cm^2。

8.11　熔喷非织造材料吸声系数测试

吸音性能检测试验方法参考GB/T 33620—2017《纺织品　吸音性能的检测和评价》，此试验方法适应于各类织物及其制品。

8.11.1　试验原理

将试样装在阻抗管的一端，另一端为无规噪声声源，其产生的平面波垂直入射到试样表面，通过采用固定位置上的两个传声器测量声压，根据声传递函数计算得出试样的法向入射吸声系数。用吸声系数表征试样的吸音性能。

8.11.2　试验仪器

吸声性能试验设备由信号发生器、功率放大器、扬声器、阻抗管、试件筒、传声器、频率分析器、声校准器组成。试验装置如图8-17所示。

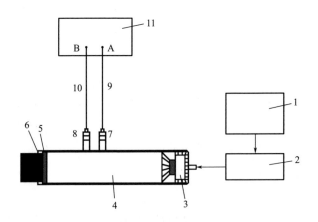

图8-17　试验装置示意图

1—信号发生器　2—功率放大器　3—扬声器　4—阻抗管　5—试样　6—试件筒
7—传声器A　8—传声器B　9—通道1　10—通道2　11—频率分析器

8.11.3　取样

试样按GB/T 13760选取代表性试样三组，每组由直径分别为（100±0.5）mm、（29.0±0.5）mm或（100±0.5）mm、（30.0±0.5）mm的两块试样组成。

8.11.4　操作步骤

首先开机预热至少10min，进行传声器标定，将试样安装在试件筒内，通过缓慢推动套筒的金属杆，使试样朝声源面与接触端面平齐，保证试样充分填充筒内空腔。采用交通通道重复测量的方法完成传声器失配的矫正后，将传声器恢复初始位置，按不同频率对试样进行吸声系数测试，并记录测量值。

8.11.5　数值计算

计算三组试样在相应频率下的吸声系数算术平均值，结果按GB/T 8170修约至小数点后两位。如三组试样测试结果中有明显偏离或出现其他异常情况，应增加试样，选取三组有效测试结果计算算术平均值。

8.11.6　性能评价

对汽车内饰用吸音毡、帘幕、地毯、墙布等有吸音要求的产品，可采用吸声系数评价其吸声性能，见表8-6。

表8-6　吸声性能评价

样品种类		吸声系数≥				
		250Hz	500Hz	1000Hz	2000Hz	4000Hz
汽车内饰用吸声毡		0.04	0.06	0.18	0.40	0.65
公共建筑内饰用纺织品	帘幕	0.20	0.35	0.45	0.55	0.65
	地毯	0.04	0.05	0.10	0.25	0.45
	墙布	0.02	0.04	0.05	0.08	0.20

注　1. 试验频率也可由供需双方协商确定。其他产品可参照近似类别的样品进行测试评价。

　　2. 表中帘幕测试时空气层厚度为10cm，实际测试所用的空气层厚度可由供需双方协商确定。

8.12 熔喷非织造材料保暖性测试

隔热保暖是纺织品及其他用途的产业用纺织品的重要性能，通常采用平板式（织物）保暖仪来测试，该法适用于各种纺织品及非织造材料。

8.12.1 试验原理

将试样覆盖在平板式织物保暖仪的试验板上，试验板、底板及周围的保护都用电热装置控制相同的温度，并使其保持恒温，使试验板的热量只能通过试样的方向散发。测定试验板在一定时间内保持恒温所需的加热时间来计算被测试样的保暖指标——保温率、传热系数和克罗值。

8.12.2 试验仪器

平板式织物保温仪，有温度自动调控装置，用于设定试验板、保护板、底板的温度，温度可在0~50℃范围内调节，精度达到1℃。仪器的温度指示计指示试验板、保护板、底板和罩内空气等处的温度，温度范围0~50℃，精度0.5℃。

数字式计时表用于分别记录试验总时间和试验板的累计加热时间，测量范围1~9999s。

8.12.3 取样

每个样品裁取试样三块，尺寸为30cm×30cm，试样应平整、无折皱。并在温度为（20±2）℃，相对湿度为（65±2）%的标准大气条件下调湿24h，测试时的条件与之相同。

8.12.4 操作步骤

8.12.4.1 空白试验

（1）开启仪器总电源开关，设定试验板、保护板和底板温度为36℃。

（2）仪器预热一定时间，等试验板、保护板和底板温度达到设定温度，且温度差异稳定在0.5℃以内时，即可开始试验。

（3）试验板加热指示灯熄灭时立即按下"启动"键，空板试验开始。空板试验测试应不少于5个加热周期，当最后一个加热周期结束时，立即读取试验总时间和累计加热时间，同时应随着试验板加热的停止与启动，随时记录试验过程中仪

器的罩内空气温度。（通常每天开机只需做一次空白试验）

8.12.4.2　有试样试验

（1）放置试样，将试样正面朝上，平铺在试样板上，将试验板四周全部覆盖。

（2）预热一定时间，对于不同厚度和回潮率的试样，预热时间可不等，一般为30~60min。

（3）当试验板加热到指示灯灭时，立即按下"启动"键，开始试验。至少测试5个加热周期。当最后一个加热周期结束时，立即读取试验总时间和累计加热时间，并记录试验过程中仪器罩内的空气温度。

8.12.5　数值计算

（1）保温率

$$Q = \frac{Q_0 - Q_1}{Q_0} \times 100\% \qquad （8-13）$$

式中：Q——保温率，%；

　　　Q_0——无试样覆盖时试验板的散热量，W/℃；

　　　Q_1——有试样覆盖时试验板的散热量，W/℃。

$$Q_0 = \frac{N\frac{t_1}{t_2}}{T_P - T_a} \qquad （8-14）$$

$$Q_1 = \frac{N\frac{t_1'}{t_2'}}{T_P - T_a'} \qquad （8-15）$$

式中：N——试验板电热功率，W；

　　t_1、t_1'——无试样、有试样累计加热时间，s；

　　t_2、t_2'——无试样、有试样试验总时间，s；

　　　T_P——试验板平均温度，℃；

　T_a、T_a'——无试样、有试样罩内空气平均温度，℃。

（2）传热系数

纺织品表面温差为1℃时，通过单位面积的热流量。

$$U = \frac{U_0 U_1}{U_0 - U_1} \qquad （8-16）$$

式中：U_0——无试样时试验板传热系数，W/（m²·℃）；

　　　U_1——有试样时试验板传热系数，W/（m²·℃）。

$$U_0 = \frac{P}{A\ (T_P - T_a)} \qquad (8-17)$$

$$U_1 = \frac{P'}{A\ (T_P - T_a')} \qquad (8-18)$$

式中：A——试验板面积，m^2；

P、P'——无试样、有试样的热量损失，W。

$$P = N\frac{t_1}{t_2} \qquad (8-19)$$

$$P' = N\frac{t_1'}{t_2'} \qquad (8-20)$$

（3）克罗值（CLO）

克罗值（CLO）的物理意义是：在室温为21℃，相对湿度小于50%，风速不超过0.1m/s的环境中（无风），试穿者静坐不动，其基础代谢为51.15W/m^2［50kcal/（$\text{m}^2\cdot\text{h}$）］，感觉舒适并可维持其体表平均温度在33℃时，所穿衣服的热阻值（保温值）被定义为1克罗值（CLO）。1CLO热阻值=0.155℃·m^2/W。

克罗值与传热系数的关系为：

$$CLO = \frac{1}{0.155U} \qquad (8-21)$$

式中：U——试样的传热系数，W/（$\text{m}^2\cdot$℃）。

8.13　熔喷非织造材料压缩回弹性测试

熔喷非织造材料的压缩回弹性能可参照GB/T 24442.1—2009《纺织品　压缩性能的测定　第1部分：恒定法》。

8.13.1　试验原理

方法A：压脚以一定速度相继对参考板上的试样施加恒定的轻、重压力，保持规定时间后记录两种压力下的厚度值，然后卸除压力，试样得到恢复，在规定时间后再次测定轻压下的厚度值。由此计算压缩性能指标。

方法B：压脚以一定速度压缩试样至规定压缩变形时停止压缩，记录此刻及保持此变形一定时间后的压力，即可得到应力松弛性能指标。如果分别测定恒定压缩变形前后的轻压厚度，可得到厚度损失率。

8.13.2 试验仪器

（1）压脚及参考板

表面应平整并相互平行，平行度小于0.2%。压脚面积可调换，并按200cm²、100cm²、50cm²、20cm²、10cm²、5cm²、2cm²系列配置；参考板直径大于压脚直径至少50mm。压脚应与参考板中心轴线重合，且压脚可沿参考板轴线方向匀速移动，速度可调范围至少为0.5~12mm/min。

（2）位移测定系统

测量范围至少60mm，示值误差：3mm内，±0.01mm；3~10mm，±0.03mm；10mm以上，±0.05mm。

（3）压力测定系统

压力范围至少为0.02~100kPa，示值误差±1%。

（4）压力恒定系统

使试样承受的压力始终保持在预设压力，如采用压力自动闭合回路，压力响应不超过量程的1%。

（5）具有位移及压力显示和记录系统

必要时应配备参数预置、曲线记录、数据处理等功能。

（6）集样器

用于纤维类测定，用有机玻璃制成高50~55mm，面积200cm²、100cm²、50cm²等。

（7）线框

用于纱线类测定，以硬性薄板制作，一般为方形，其内边长至少大于压脚直径40mm。

（8）其他

在一对边有固定纱端的部件，如夹板、双面胶等。

8.13.3 取样

调湿和试验用标准大气按GB/T 6529规定的标准大气预调湿、调湿和试验。试验前样品应在松弛状态下平衡，通常需调湿16h以上，合成纤维样品至少调湿2h，公定回潮率为0的样品可直接测定。样品的抽取方法和数量按产品标准规定或与有关方面进行协商。从每个样品中取一个实验室样品，纱线类不少于5个基本卷装单元；纤维类50~100g；纺织制品不少于1个独立单元。

8.13.3.1 织物类样品

按上面采集的实验室样品可直接作为试样，试验时测定部位应在距布边150mm以上区域内均匀排布，各测定点均不在相同的纵向和横向位置上，且应避开影响试验结果的疵点和褶皱。对于易变形或有可能影响试验操作的样品，如某些针织物、非织造材料或宽幅织物以及纺织制品等，应裁取足够数量的试样，裁样要求按上述规定，试样面积不小于压脚尺寸。

8.13.3.2 纤维类样品

充分开松后铺放成均匀的絮片，厚度为30~50mm，面积不小于压脚尺寸，试样应不含硬结、杂物等，处理中尽量不要损伤纤维。如不能按要求铺放或根据考核需要，也可将开松后的试样放入集样器，用约0.2kPa的压力压放3~5次，集样器内试样总高约50mm。

8.13.4 操作步骤

8.13.4.1 方法A（定压法）

按表8-7设定主要试验参数。

表8-7 方法A主要试验参数

样品类型	加压压力/kPa		加压时间/s		恢复时间/s	压脚面积/cm²	速度/（mm/mim）	试验数量/次
	轻压	重压	轻压	重压				
普通	1					100, 50, 20, 10, 5, 2	1~5	
非织造材料	0.5	30, 50	10	60, 180, 300	60, 180, 300			不少于5
毛绒疏软	0.1							
蓬松	0.02	1, 5				200, 100	4~12	

注 表中参数列有多个规定值的按排列顺序选用，其中恢复时间不低于重压时间，并以二者相等为优先。

（1）清洁压脚和参考板，驱使压脚以规定压力压在参考板上并将位移清零，而后使压脚升至适当的初始位置，一般蓬松试样将压脚设定在距试样表面4~10mm的位置，其他试样设定在1~5mm为宜。如采用集样器测定，应先将集样器放在参考板相应位置上，再进行以上操作。

（2）将试样平整无张力地置于参考板上。制好的纱框要把纱线层一面紧贴于参考板。如使用集样器，则应将其置于与压脚相对应的位置。

（3）启动仪器，压脚逐渐对试样加压，压力达到设定的轻压力时保持恒定，并在达到规定时间时记录轻压厚度T_0。

（4）继续对试样加压，压力达到设定的重压力时保持恒定，并在达到规定时间时记录重压厚度T_m。

（5）重压保持规定时间后提升压脚，卸除压力，试样恢复规定时间（包括压脚提升及返回的过程）后，再次测定轻压下的厚度，即恢复厚度T_r。然后使压脚回至初始位置，一次试验完成。

（6）移动试样位置或更换另一试样，重复（3）~（6），直至测完所有试样。

8.13.4.2　方法B（定形法）

按表8-8设定试验参数。

表8-8　方法B主要试验参数

样品类型	定压缩率/%	松弛时间/s	恢复时间/s	备注
普通	20，30，40			
毛绒疏软	40，50	180，300	180，300	其余参数有关说明见表8-7
蓬松	40，50，60			

（1）按方法A中的步骤（1）~（3）进行。

（2）继续压缩试样，当达到设定压缩率时停止压缩，并记录此刻的压力p_i；保持压脚位置不变，在规定松弛时间后记录松弛压力p_s。

注：如果需要，也可设定一个初始压力p_i，当压力达到p_i时停止压缩并保持压脚位置不变，在规定时间后记录松弛压力p_r。其中p_i可取30kPa或50kPa，蓬松类可取1kPa或5kPa。

（3）提升压脚至初始位置使试样卸除压力，试样恢复规定时间后再次测定轻压下的松弛厚度T_s。如不需要厚度损失率，可不进行此步骤。

（4）移动试样位置或更换另一试样，重复（3）~（4），直至测完所有试样。

8.13.5　数值计算

8.13.5.1　方法A（定压法）

根据上面的测定值按式（8-22）、式（8-23）计算每个试样（或测定点）的压缩率C、压缩弹性率R，并修约至小数点后两位。

$$C = \frac{T_0}{T_c} \times 100\% = \frac{T_0 - T_m}{T_c} \times 100\% \qquad (8-22)$$

$$R = \frac{T_{cr}}{T_c} \times 100\% = \frac{T_r - T_m}{T_0 - T_m} \times 100\% \qquad (8-23)$$

式中：C——压缩率，即试样压缩变形量对轻压厚度的百分率，%；

$\quad R$——压缩弹性率，即变形回复量对压缩变形量的百分率，%；

$\quad T_0$——轻压厚度，即恒定轻压力作用下，试样在厚度方向不发生明显变形时的厚度，单位为毫米，mm；

$\quad T_m$——重压厚度，即在恒定重压力作用下，试样在厚度方向变形趋于稳定时的厚度，单位为毫米，mm；

$\quad T_r$——恢复厚度，即试样在卸除重压力，并经一定时间恢复后的轻压力作用下的厚度，单位为毫米，mm；

$\quad T_c$——压缩变形量，即试样重压厚度与轻压厚度之差，单位为毫米，mm；

$\quad T_{cr}$——变形回复量，即试样重压厚度与恢复厚度之差，即压缩变形量的回复量，单位为毫米，mm。

分别计算试样 T_0、T_m、C、R 的算术平均值，T_0、T_m 修约至0.01mm，C、R 修约至0.1%。如需要，计算有关指标的变异系数 CV（%）及95%的置信区间。

8.13.5.2　方法B（定形法）

根据上面的测定值，按式（8-24）、式（8-25）计算每个试样（或测定点）的应力松弛率 R_p 和厚度损失率 R_T：

$$R_p = \frac{p_i - p_s}{p_i} \times 100\% \qquad (8-24)$$

$$R_T = \frac{T_0 - T_s}{T_0} \times 100\% \qquad (8-25)$$

式中：R_p——应力松弛率，即松弛压力与初始压力之差对初始压力的百分率，%；

$\quad R_T$——厚度损失率，即松弛厚度与轻压厚度之差对轻压厚度的百分率，%；

$\quad T_s$——松弛厚度，即在恒定变形达到规定时间时卸除压力，恢复一定时间后的轻压厚度，mm；

$\quad p_i$——初始压力，即试样变形至规定压缩率而停止压缩的瞬时承受的压力，kPa；

$\quad p_s$——松弛压力，即试样保持恒定变形一定时间后所承受的压力，kPa。

分别计算试样的松弛压力 p_s、松弛厚度 T_s、应力松弛率 R_p 和厚度损失率 R_T 的算术平均值，p_s 修约至0.01kPa，T_s 修约至0.01mm，R_p、R_T 修约至0.1%。

附　录

附录1　口罩测试相关标准

1. 《医用防护口罩技术要求》GB 19083—2010
2. 《一次性使用医用口罩》YY/T 0969—2013
3. 《医用外科口罩》YY 0469—2011
4. 《儿童口罩技术规范》GB/T 38880—2020
5. 《儿童口罩》T/ZFB 0004—2020
6. 《一次性使用儿童口罩》T/GDMDMA 0005—2020
7. 《普通防护口罩》T/CTCA 7—2019
8. 《民用卫生口罩》T/CNTAC 55—2020T/CNITA 09104—2020
9. 《PM2.5防护口罩》T/CTCA 1—2015
10. 《日常防护型口罩技术规范》GB/T 32610—2016
11. 《呼吸防护用品　自吸过滤式防颗粒物呼吸器》GB 2626—2006
12. 《呼吸防护用品　自吸过滤式防颗粒物呼吸器》GB 2626—2019
13. 《呼吸防护装置　颗粒防护用过滤半面罩　要求、检验和标记》BS EN 149—2001+A1—2009、EN 149—2001+A1—2009
14. 《医用口罩　要求和试验方法》BS EN 14683—2019
15. 《医用口罩　要求和试验方法》EN 14683—2019+AC—2019
16. 《医用一次性口罩》AS 4381—2015
17. 《医用口罩材料性能标准规范》ASTM F2100—2019
18. 《呼吸保护装置》AS/NZS 1716—2012
19. 《呼吸护具标准》CFR Part 84—2019
20. 《聚氨酯海绵口罩》T/TTGA 002—2020

附录2 部分口罩测试标准基本指标对比

序号	标准号	基本要求	鼻夹	口罩带	过滤效率	气流阻力	合成血液穿透	表面抗湿性	微生物指标			环氧乙烷残留量	阻燃性能	皮肤刺激性	密合性
									细菌菌落	真菌菌落	其他				
1	GB 19083—2010	应覆盖佩戴者的口鼻部,应有良好的面部密合性,表面不得有破洞、污渍,不应有呼气阀	口罩上应配有鼻夹,鼻夹应具有可调节性	调节与面罩体连接点强力≥10N	气体流量85L/min时对非油性颗粒过滤效率:1级≥95%;2级≥99%;3级≥99.97%	气体流量85L/min时吸气阻力≤343.2Pa(35mmH₂O)	将2mL合成血液以10.7kPa(80mmHg)压力喷向口罩,口罩内侧应不出现渗透	外表面沾水等级≥3级(12 GB/T 4745-1997)	≤200 CFU/g	≤100 CFU/g	不得检出大肠菌群、绿脓杆菌、金黄色葡萄球菌、溶血性链球菌	≤10 µg/g	不易燃,续燃时间≤5s	原发性刺激记分≤1	良好,总适合因数≥100
2	YY/T 0969—2013	应能罩住佩戴者的口、鼻至下颌,应符合设计的尺寸,最大偏差应±5%	口罩上应配有鼻夹,鼻夹长度≥8.0cm	口罩带与口罩体连接处的断裂强力应≥10N	细菌过滤效率应≥95%	口罩两侧面进行气体交换的通气阻力应≤49Pa/cm²	—	—	≤100 CFU/g	不得检出	不得检出大肠菌群、绿脓杆菌、金黄色葡萄球菌、溶血性链球菌	≤10 µg/g	—	—	—

续表

序号	标准号	基本要求	鼻夹	口罩带	过滤效率	气流阻力	合成血液穿透	表面抗湿性	微生物指标			环氧乙烷残留量	阻燃性能	皮肤刺激性	密合性
									细菌菌落	真菌菌落	其他				
3	YY 0469 —2011	应能罩住佩戴者的鼻、口至下颚	口罩上应配有鼻夹，鼻夹长度应≥8.0 cm	口罩带与口罩体连接点处的断裂强力应≥10N	细菌过滤效率应≥95%，对非油性颗粒的过滤效率应≥30%	符合下列要求之一：a.两侧面进行气体交换的压力差≤49Pa/cm²; b.两侧面进行气体交换时，气体流速≥264mm/s; c.吸气阻力≤49Pa，呼气阻力≤29.4Pa	2 mL合成血液以16.7kPa（120mmHg）压力喷向口罩外侧面后，口罩内侧面不应出现渗透	外侧面沾水等级≥3级（GB/T 4745—1997）	≤20 CFU/g	不得检出	不得检出大肠菌群、绿脓杆菌、金黄色葡萄球菌、溶血性链球菌	≤10 μg/g	不易燃，续燃时间≤5s	应无皮肤刺激反应	—

续表

序号	标准号	基本要求	鼻夹	口罩带	过滤效率	气流阻力	合成血液穿透	表面抗湿性	微生物指标			环氧乙烷残留量	阻燃性能	皮肤刺激性	密合性
									细菌菌落	真菌菌落	其他				
4	GB/T 38880—2020	应能安全罩住口、鼻、下颌，无异味，不应明显影响视野	应采用可塑性材质，鼻夹长度≥5.5 cm	宜采用可调节口罩带，口罩带与罩体连接点处的断裂强力：儿童卫生口罩≥15N；儿童防护口罩≥10N	儿童卫生口罩 细菌过滤效率≥95%；颗粒物过滤效率≥95%　儿童防护口罩 颗粒物过滤效率≥90%	通气阻力≤30 Pa/cm²　吸气阻力≤45Pa 呼气阻力≤45Pa	—	—	≤200 CFU/g	≤100 CFU/g	不得检出大肠菌群、绿脓杆菌、金黄色葡萄球菌、溶血性链球菌	—	不易续燃，续燃时间≤5s	应无皮肤刺激反应	—
5	T/ZFB 0004—2020	应能安全罩住口，护住口、鼻和下颌	平面型：≥8.0cm（小童5.0cm）　立体型：≥5.0cm	口罩带与口罩体连接点处的断裂强力应≥10N	颗粒物过滤效率≥90%	通气阻力≤30 Pa/cm²	—	—	≤200 CFU/g	≤100 CFU/g	不得检出大肠菌群、绿脓杆菌、金黄色葡萄球菌、溶血性链球菌	不得检出	—	应无皮肤刺激反应	—

续表

序号	标准号	基本要求	鼻夹	口罩带	过滤效率	气流阻力	合成血液穿透	表面抗湿性	微生物指标			环氧乙烷残留量	阻燃性能	皮肤刺激性	密合性
									细菌菌落	真菌菌落	其他				
6	T/GD MDMA 0005—2020	应能罩住佩戴者的鼻、口至下颌,应符合标称尺寸,最大偏差≤±1cm	鼻夹可由塑性材料制成,长度≥6.0cm	口罩带与口罩体连接处的断裂强力≥10N	口罩细菌过滤效率应≥95%;对非油性颗粒的过滤效率应≥80%	通气阻力≤40Pa/cm²	—	—	≤100 CFU/g	不得检出	不得检出大肠菌群、绿脓杆菌、金黄色葡萄球菌、溶血性链球菌	≤10 μg/g	—	原发刺激计分≤0.4	—
7	T/CTCA7—2019	能安全牢固护住口鼻,不存在可触及的锐利角和边缘/滴,便于佩戴/滴除,无明显压迫感,对头部影响小	—	口罩带与口罩体连接处的断裂强力≥10N	口罩细菌过滤效率应≥95%;颗粒物过滤效率应≥80%	通气阻力≤80Pa/cm²	—	—	≤200 CFU/g	≤100 CFU/g	不得检出大肠菌群、绿脓杆菌、金黄色葡萄球菌、溶血性链球菌	≤10 μg/g	—	—	—

续表

序号	标准号	基本要求	鼻夹	口罩带	过滤效率	气流阻力	合成血液穿透	表面抗湿性	微生物指标			环氧乙烷残留量	阻燃性能	皮肤刺激性	密合性
									细菌菌落	真菌菌落	其他				
8	T/CNTAC 55—2020 T/CNTTA 09104—2020	能安全牢固护住口鼻，不存在可触及的锐利角和边缘，便于佩戴/摘除，无明显压迫感，对头部影响小	成人用：≥8.0cm 儿童用：≥5.5cm	口罩带与口罩体连接点处的断裂强力应≥5N	细菌过滤效率≥95%；对非油性颗粒的过滤效率≥90%	成人用：≤49Pa/cm² 儿童用：≤30Pa/cm²	—	—	≤200 CFU/g	≤100 CFU/g	不得检出大肠菌群、绿脓杆菌、金黄色葡萄球菌、溶血性链球菌	≤10 μg/g	儿童不用；易燃，续燃时间≤5s		
9	T/CTCA1 —2019	—	—	—	—	总吸气阻力≤350Pa 总呼气阻力≤250Pa	—	—	—	—			—		—

续表

序号	标准号	基本要求	鼻夹	口罩带	过滤效率	气流阻力	合成血液穿透	表面抗湿性	微生物指标			环氧乙烷残留量	阻燃性能	皮肤刺激性	密合性
									细菌菌落	真菌菌落	其他				
10	GB/T 32610 —2016	能安全牢固护住口鼻，不存在可触及的锐利角和边缘，便于佩戴/摘除，无明显压迫感，对头部影响小	—	口罩带与口罩体连接点处的断裂强力≥20N	盐性介质 I级≥99%; II级≥95%; III级≥90% 油性介质 I级≥99%; II级≥95%; III级≥80%	吸气阻力≤175Pa 呼气阻力≤145Pa	—	—	≤200 CFU/g	≤100 CFU/g	不得检出大肠菌群、绿脓杆菌、金黄色葡萄球菌、溶血性链球菌	≤10 μg/g	—	—	—

续表

序号	标准号	基本要求	鼻夹	口罩带	过滤效率		气流阻力	合成血液穿透	表面抗湿性	微生物指标			环氧乙烷残留量	阻燃性能	皮肤刺激性	密合性
										细菌菌落	真菌菌落	其他				
11	GB 2626 —2006	无害，足够的强度，不易变形，头带可调，有较大视野，密合性好	—	—	NaCl 颗粒物	KN90≥ 90.0% KN95≥ 95.0% KN100≥ 99.97%	总吸气阻力 ≤350Pa 总呼气阻力 ≤250Pa	—	—	—	—	—	—	从火焰移开后不应燃烧，若燃烧，续燃时间≤5s	—	60 s内每个全面罩内的负压下降应≤100 Pa
					油类 颗粒物	KP90≥ 90.0% KP95≥ 95.0% KP100≥ 99.97%										

续表

序号	标准号	基本要求	鼻夹	口罩带	过滤效率		气流阻力		合成血液穿透	表面抗湿性	微生物指标			环氧乙烷残留量	阻燃性能	皮肤刺激性	密合性
											细菌菌落	真菌菌落	其他				
12	GB 2626—2019	无害，有足够的强度，不易变形，头带可调，有较大视野，密合性好	—	—	NaCl颗粒物	KN90≥90.0% KN95≥95.0% KN100≥99.97%	无呼气阀随弃式面罩	吸气阻力与呼气阻力 KN90/KP90≤170Pa；KN95/KP95≤210Pa；KN100/KP100≤250Pa	—	—	—	—	—	—	若设计阻燃，从火焰移开后续燃时间≤5s		60s内每个面罩内的负压下降应≤100Pa
					油类颗粒物	KP90≥90.0% KP95≥95.0% KP100≥99.97%	有呼气阀随弃式面罩	吸气阻力 KN90/KP90≤210Pa；KN95/KP95≤250Pa；KN100/KP100≤300Pa；呼气阻力≤150Pa									
							可更换式半面罩和全面罩	吸气阻力 KN90/KP90≤250Pa；KN95/KP95≤300Pa；KN100/KP100≤350Pa；呼气阻力≤150Pa									

续表

序号	标准号	基本要求	鼻夹	口罩带	级别	最大穿透率/% 95 L/min(氯化钠)	最大穿透率/% 95 L/min(石油蜡)	气流阻力 最大允许电阻/mbar 30 L/min(吸入)	95 L/min(吸入)	160 L/min(呼气)	合成血液穿透	表面抗湿性	细菌菌落	真菌菌落	其他	环氧乙烷残留量	阻燃性能	皮肤刺激性	密合性
13	BS EN 149—2001+A1—2009	颗粒过滤半面罩覆盖鼻子、嘴巴和下巴，并且能具有吸入和/或呼气阀。所用材料应适于承受处理和磨损。在所有测试中，所有测试样品均应符合要求	—	头带可调节，并且应足够坚固，以将颗粒过滤半面罩牢固定在适当的位置，并能够满足设备的总向内泄漏要求	FFP1	20	20	0.6	2.1	3.0	—	—			—	—	从火焰移开后续燃时间≤5s	与佩戴者皮肤接触的材料不应被认为可能引起刺激或产生任何其他对健康不利影响	—
					FFP2	6	6	0.7	2.4	3.0									
					FFP3	1	1	1.0	3.0	3.0									
14	BS EN 14683—2019	能够紧密地贴合佩戴者的鼻子、嘴和下巴上，并确保口罩的两侧紧密贴合	—	—	I型	BFE≥95%		<40Pa/cm²			不需要	—			≤30CFU/g	—	—	—	—
					II型	BFE≥98%		<40Pa/cm²			不需要								
					IIR型	BFE≥98%		<60Pa/cm²			≥16 kPa								

278

续表

序号	标准号	基本要求	鼻夹	口罩带	过滤效率		气流阻力	合成血液穿透	表面抗湿性	微生物指标			环氧乙烷残留量	阻燃性能	皮肤刺激性	密合性
										细菌菌落	真菌菌落	其他				
15	EN 14683—2019+AC—2019	紧密罩住佩戴者鼻、口部和下巴,并紧贴两侧。在预期使用时不得破裂、开裂或撕裂,材料精洁度高	—		I型	BFE≥95%	<40Pa/cm²	不需要	—	≤30CFU/g			—	—	—	—
					II型	BFE≥98%	<40Pa/cm²	不需要								
					IIR型	BFE≥98%	<60Pa/cm²	≥16 kPa								
16	AS 4381—2015	面罩应覆盖佩戴者的鼻子、嘴巴和下巴。面罩应紧贴脸部两侧	可延展材料制成,易弯曲,以符合佩戴者鼻子和脸颊轮廓。鼻夹牢固固定且不与佩戴者皮肤直接接触	环和带应能够保持使用位置稳定的材料成	1级	BFE≥95%	<4.0mmH₂O/cm²	≥80 mmHg	—	—	—	—	—	—	—	—
					2级	BFE≥98%	<5.0mmH₂O/cm²	≥120 mmHg								
					3级	BFE≥98%	<5.0mmH₂O/cm²	≥160 mmHg								

续表

序号	标准号	基本要求	鼻夹	口罩带	过滤效率		气流阻力	合成血液穿透	表面抗湿性	微生物指标			环氧乙烷残留量	阻燃性能	皮肤刺激性	密合性
										细菌菌落	真菌菌落	其他				
17	ASTM F2100—2019	面罩应覆盖佩戴者的鼻子、嘴巴和下巴。面罩应紧贴脸部两侧	—	—	1级	BFE ≥95%	<5.0mmH$_2$O/cm^2	≥80mmHg	—	—	—	—	—	1级	—	—
					2级	BFE ≥98%	<6.0mmH$_2$O/cm^2	≥120mmHg						1级		
					3级	BFE ≥98%	<6.0mmH$_2$O/cm^2	≥160mmHg						1级		
18	AS/NZS 1716—2012	设计为适合工作场所人群的各种面部轮廓和头部尺寸。允许可能需要的组件易于拆卸以进行维护和清洁,应尽可能减少对语音和视觉的干扰	每个带子、带扣及其固定的设计应能最大程度地防止移位或打滑,承受持续10s的150N的轴向拉力(半面罩10N)		—		—	—	—	—	—	—	—	—	—	—

续表

序号	标准号	基本要求	鼻夹	口罩带	过滤效率		气流阻力	合成血液穿透	表面抗湿性	微生物指标			环氧乙烷残留量	阻燃性能	皮肤刺激性	密合性
										细菌菌落	真菌菌落	其他				
19	CFR Part 84 —2019	—	—	—	P100 R100 N100	≥99.97%	最小吸入阻力必须大于水柱高度的0，最大呼气阻力必须小于水柱高度的89mm	—	—		—		—	—	—	—
					P99 R99 N99	≥99%										
					P95 R95 N95	≥95%										
20	T/ TTGA 002 —2020	口罩应能牢固地罩住口、鼻、下颏。应无明显异味，贴肤面应平滑，接缝处应无毛刺。无破损、油污、霉斑、变形或其他明显缺陷	—	口罩带强力：$N \geqslant 8$（聚氨酯海绵口罩）；$N \geqslant 20$（面料复合型聚氨酯海绵口罩）	—		—	—	—	≤200 CFU/g	不得检出	不得检出	—	—	—	—

附录3 防护服测试相关标准

1. 《医用一次性防护服技术要求》GB 19082—2009

2. 《一次性使用医用防护鞋套》YY/T 1633—2019

3. 《一次性使用医用防护帽》YY/T 1642—2019

4. 《病人、医护人员和器械用手术单、手术衣和洁净服》YY/T 0506—2016
《第2部分：性能要求和试验方法》YY/T 0506.2—2016与《第8部分：产品专用要求》YY/T 0506.8—2019

5. 《紧急医疗事故现场防护服》NFPA 1999—2018

6. 《防护服 防传病毒防护服的性能 要求和试验方法》BS EN 14126—2003

7. 《防护服 通用要求》ISO 13688—2013

8. 《化学防护服 化学防护服材料、接缝、连接和装配的试验方法和性能分类》EN 14325—2018

9. 《医疗保健设施中使用的防护服和防护布的液体阻挡层性能和分类》AAMI PB70—2012

10. 《手术服和手术单—要求和测试方法》BS EN13795—2019《第1部分：手术服和手术衣》BS EN 13795-1—2019与《第2部分：清洁服》BS EN 13795-2—2019

11. 《防固体颗粒用防护服 第1部分：全身防气载固体颗粒用化学防护服的性能要求（第5类服装）》ISO 13982-1—2004

12. 《一次性使用普通防护服》T/GDBX 026—2020

13. 《医疗设施用隔离服的标准规范》ASTM F3352—2019

14. 《医用及民用防护用品 加速老化试验》T/TTGA 001—2020

附录4 部分防护服测试标准基本指标对比

序号	标准号	液体阻隔性能				力学性能		过滤效率	阻燃性能		抗静电性		微生物指标			其他
		抗渗水性（静水压）	透湿量	穿透性	表面抗湿性	断裂强力	断裂伸长率		损毁长度	续燃时间	带电量	静电衰减时间	细菌菌落	真菌菌落	其他	
1	GB 19082—2009	≥1.67kPa (17cmH₂O)	≥2500g/(m²·24h)	抗合成血液穿透性≥1.75kPa (2级)	外侧面沾水等级≥3级	关键部位≥45N	关键部位≥15%	关键部位及接缝处对非油性颗粒的过滤效应≥70%	≤200 mm	≤15s	≤0.6 μC/件	≤0.5s	≤200 CFU/g	≤100 CFU/g	不得检出大肠菌群、绿脓杆菌、金黄色葡萄球菌、溶血性链球菌	皮肤刺激性：原发性刺激记分≤1；环氧乙烷残留量≤10μg/g
2	YY/T 1633—2019	≥1.67kPa (17cmH₂O)	—	抗合成血液穿透性≥1.75kPa (2级)	外表面沾水等级≥2级	≥40N	≥15%	材料及成品接缝处对非油性颗粒的过滤效应≥70%	—	—	—	—	≤200 CFU/g	≤100 CFU/g	不得检出大肠菌群、绿脓杆菌、金黄色葡萄球菌、溶血性链球菌	环氧乙烷残留量≤10μg/g

续表

序号	标准号		液体阻隔性能				力学性能		过滤效率	阻燃性能			抗静电性	静电衰减	微生物指标			其他
			抗渗水性（静水压）	透湿量	穿透性	表面抗湿性	断裂强力	断裂伸长率		损毁长度	续燃时间	阴燃时间	带电量	时间	细菌菌落	真菌菌落	其他	
3	YY/T 1642—2019		≥1.67kPa (17cmH₂O)	≥2500g/(m²·24h)	抗合成血液穿透性 ≥1.75kPa (2级)	外表面沾水等级≥3级	主体材料≥40N	主体材料≥15%	材料及成品接缝处对非油性颗粒的过滤效率应≥70%	≤20mm	≤15s	≤10s	≤0.6μC/件	≤0.5s	≤200 CFU/g	≤100 CFU/g	不得检出大肠菌群、绿脓杆菌、金黄色葡萄球菌、溶血性链球菌	护目片对可见光的透光率不应小于90%，护目片雾度应≤4%
4	YY/T 0506—2019	手术衣	关键非关键区域≥ 20/10cmH₂O	—	—	—	—	—	—	—	—	—	—	—	—	—	—	透气性≥150mm/s；环氧乙烷残留量≤15μg/g
		手术单	关键非关键区域≥ 30/10cmH₂O	—	—	—	—	—	—	—	—	—	—	—	—	—	—	透气性≥150mm/s；环氧乙烷残留量≤15μg/g
		洁净服	关键非关键区域≥ 20/10cmH₂O	—	—	—	—	—	—	—	—	—	—	—	—	—	—	环氧乙烷残留量≤15μg/g

续表

序号	标准号		液体阻隔性能				力学性能		过滤效率	阻燃性能			抗静电性	静电衰减	微生物指标			其他
			抗水性（静水压）	透湿量	穿透性	表面抗湿性	断裂强力	断裂伸长率		损毁长度	续燃时间	阴燃时间	带电量	时间	细菌菌落	真菌菌落	其他	
5	NFPA 1999—2018	一次性紧急医疗服装	根据ASTM F1359测试，无液体渗透	≥650 g/(m²·24h)			顶破强力 ≥66N	耐穿刺性 ≥12N		火焰蔓延≥3.5s								
		多用途紧急医疗服装	根据ASTM F1359测试，8min后无液体渗透				拉伸强力 ≥225.5N；顶破强力 ≥178N；耐穿刺性 ≥25N	撕裂强力 ≥36N		火焰蔓延≥3.5s			—	—	—	—	—	—

285

续表

序号	标准号	液体阻隔性能				力学性能		过滤效率	阻燃性能			抗静电性	静电衰减	微生物指标			其他
		抗渗水性（静水压）	透湿量	穿透性	表面抗湿性	断裂强力	断裂伸长率		损毁长度	续燃时间	阴燃时间	带电量	时间	细菌菌落	真菌菌落	其他	
6	BS EN 14126—2003	耐静水压等级6/5/4/3/2/1，耐静水压20/14/7/3.5/1.75/0kPa	—	污染液体气溶胶穿透比：等级3，logCFU>5；等级2，3<logCFU≤5；等级1，1<logCFU≤3 固体污染颗粒穿透力：等级3，logCFU≤1；等级2，1<logCFU≤2；等级1，2<logCFU≤3	—	按照prEN14325相关条款规定的实验方法和性能分类系统进行试验和分类		—	按照prEN14325相关条款规定的实验方法和性能分类系统进行试验和分类			—	—	—	—	—	—
7	ISO 13688—2013	—	—	—	—	—	—	—	—			—	—	—	—	—	3.5<pH<9.5；镍释放量应小于0.5µg/cm²

续表

序号	标准号	抗渗水性（静水压）	液体阻隔性能 透湿量	液体阻隔性能 穿透性 表面抗湿性（对液体的排斥）	力学性能 断裂强力	力学性能 断裂伸长率	过滤效率	阻燃性能 损毁长度	阻燃性能 续燃时间/阴燃时间	抗静电性 带电量	静电衰减 时间	微生物指标 细菌菌落	微生物指标 真菌菌落	微生物指标 其他	其他
8	EN 14325—2018	—	—	等级 3 >90%；2 >80%；1 >70%；渗透指数 等级 3 <1%；2 <5%；1 <10%	突破时间/min 等级 6 ≥480；5 ≥240；4 ≥120；3 ≥60；2 ≥30；1 ≥10	接缝强度/N 等级 6 >500；5 >300；4 >125；3 >75；2 >50；1 >30	—	等级 3；2；1	火焰暴露 3 试样在火焰中停留5s；2 试样在火焰中停留1s；1 试样不停地通过火焰	—	—	—	—	—	—

续表

液体阻隔性能中 AAMI PB70—2012 的抗渗水性（静水压）分级：

试验方法	透湿量 1级	穿透性 2级	穿透性 3级	表面抗湿性 4级
AATCC 42	≤4.5g	≤1.0g	≤1.0g	N/A
AATCC 127	N/A	≥20cm	≥50cm	N/A

力学性能（AAMI PB70—2012 断裂强力与断裂伸长率）：

项目	试验方法	断裂伸长率等级
拉伸强度	D5034	≥30N
撕裂强度	D5587 D5733	≥10 N
接缝强度	D1683/D1683M	≥30N

续表（各标准汇总）：

序号	标准号	液体阻隔性能 抗渗水性（静水压）	力学性能 断裂强力	过滤效率	阻燃性能 损毁长度	续燃时间	阴燃时间	抗静电性 带电量	静电衰减 时间	微生物指标 细菌菌落	真菌菌落	其他	其他
9	AAMI PB70—2012	见上表	见上表	—	—			—	—	无菌			—
10	BS EN 13795—2019	手术服 ≥20cmH₂O；手术衣 ≥30cmH₂O	手术服 ≥20N；手术衣 ≥15N	—	—			—	—	≤300CFU/100cm²			—
11	ISO 13982-1—2004	—	按照EN 14325：2004的规定测试和分类，各力学水平至少达到一级	—	分类标准同EN 14325—2018，火焰暴露水平至少达到一级			—	—	—		—	—

续表

序号 12　T/GDBX 026—2020

液体阻隔性能					力学性能		过滤效率	阻燃性能			抗静电性	静电衰减	微生物指标			其他
抗渗水性（静水压）	透湿量		穿透性	表面抗湿性	断裂强力	断裂伸长率		损毁长度	续燃时间	阴燃时间	带电量	时间	细菌菌落	真菌菌落	其他	
≥1.8kPa	A级 ≥2500g/(m²·d) AA级 ≥5000g/(m²·d) AAA级 ≥8000g/(m²·d)		阻干态微生物穿透性 — 阻湿态微生物穿透性 300CFU、2.8lb	— —	≥20N	—	—	≤200ms	≤15s	≤10s	—	—				—

序号 13　ASTM F 3352—2019

液体阻隔性能（透湿量按 AAMI PB 70规定的4个等级）：

试验方法	1级	2级	3级	4级
AATCC 42	≤4.5 g	≤1.0 g	≤1.0 g	N/A
AATCC 127	N/A	≥20 cm	≥50 cm	N/A
F1671/F1671M	N/A	N/A	N/A	PASS

力学性能（断裂伸长率 根据 AAMI PB 70规定）：

强度	试验方法	断裂强力
拉伸强度	D5034	≥30N
撕裂强度	D5587 D5733	≥10 N
接缝强度	D1683/D1683M	≥30N

过滤效率 —，阻燃性能（损毁长度 —、续燃时间 —、阴燃时间 —），抗静电性 带电量 —，静电衰减 时间 —，其他 —